住房和城乡建设部"十四五"规划教材
"十二五"普通高等教育本科国家级规划教材
教育部高等学校建筑学专业教学指导分委员会建筑数字技术教学工作委员会推荐教材
高等学校建筑数字技术系列教材

数字化建筑设计概论（第三版）

An Introduction to Digital Architecture Design（3rd Edition）

《数字化建筑设计概论》编写组　编著

肖毅强　李建成　主编

许　蓁　主审

中国建筑工业出版社

图书在版编目（CIP）数据

数字化建筑设计概论 = An Introduction to Digital Architecture Design（3rd Edition）/《数字化建筑设计概论》编写组编著；肖毅强，李建成主编. 3版 . -- 北京：中国建筑工业出版社，2025.7.（住房和城乡建设部"十四五"规划教材）（"十二五"普通高等教育本科国家级规划教材）（教育部高等学校建筑学专业教学指导分委员会建筑数字技术教学工作委员会推荐教材）等 . -- ISBN 978-7-112-31071-5

Ⅰ . TU201.4

中国国家版本馆 CIP 数据核字第 2025ST6897 号

责任编辑：王　惠　陈　桦
责任校对：党　蕾

为了更好地支持教学，我们向采用本书作为教材的教师提供课件，可实名（学校全称＋姓名）加 QQ 群 746551517 下载。

住房和城乡建设部"十四五"规划教材
"十二五"普通高等教育本科国家级规划教材
教育部高等学校建筑学专业教学指导分委员会建筑数字技术教学工作委员会推荐教材
高等学校建筑数字技术系列教材

数字化建筑设计概论（第三版）
An Introduction to Digital Architecture Design（3rd Edition）
《数字化建筑设计概论》编写组　编著
肖毅强　李建成　主编
许　蓁　主审

＊

中国建筑工业出版社出版、发行（北京海淀三里河路 9 号）
各地新华书店、建筑书店经销
北京雅盈中佳图文设计公司制版
北京中科印刷有限公司印刷

＊

开本：787 毫米 ×1092 毫米　1/16　印张：19½　字数：418 千字
2025 年 8 月第三版　2025 年 8 月第一次印刷
定价：59.00 元（赠教师课件）
ISBN 978-7-112-31071-5
（44676）

丛书总序

人工智能时代已经开启,数字技术应用正席卷所有学科和行业,建筑学科正在迎来深刻的挑战与变革。同时,地球正式步入"人类世"(Anthropocene),人类已经成为影响全球地形和地球进化的巨大力量。建筑师作为地球人居环境的创造者,面对可持续发展的需求,需要更精确地预知人类持续的建造行为对未来世界的影响程度。这里,我们需要回归学科的基本逻辑和根本问题,思考数字技术对于建筑学科的真正价值,在数字洪流中辨清方向。

现代社会的进步将房屋的建造行为分解成一个多专业多学科的问题:建筑成为需要建筑师、结构师、设备工程师、营造商、材料商、设备供应商等各方通过社会性协作来完成的复杂系统。首先,建筑师需要从复杂的自然环境及人居环境中获取信息,掌握科学规律、遵循社会规则,准确地处理信息并作出目标判断。其次,建筑师需要将自己的判断结果转化为设计方案,准确地传递给业主和公众,以便获得认可和理解。再者,设计工作需要被准确地传递于合作方之间,并在建造行为和运营行为中被落实或修正。然后,设计中需要更准确地预测建筑在被人使用过程中的表现,涉及行为与空间、舒适与健康、安全与效率、资源与效益等。

在没有使用计算机的非数字时代,建筑师运用算术和几何知识,在图纸上绘制出可以传递信息的图形。建筑师在缩尺的包含建成环境地理信息的图纸上进行设计分析;采用缩尺比例的模型和绘画性的建筑表现图,让业主和公众尽可能接近真实地预知建筑方案的建成结果;运用缩尺的通用工程图在专业间传递信息、并指导施工和运营;为了能够达到建筑物的使用需求,需要对物理环境控制的各要素进行计算预测,保证安全、健康、节能、环保等。这些专业性工作意味着大量体力劳动、脑力劳动和时间成本,今天我们运用数字技术都可以轻松解决。显然,建筑数字技术的运用大大地减轻了体力劳动、节约了工作时间,这对建筑师而言绝对是"福音"。随着数字技术的发展,减轻脑力劳动的效果也开始逐步显现——我们期待着设计师只需要愉快地作出各种决策,费工费时的计算工作全部交给电脑完成。

设计决策是多目标优化过程,必然包含了建筑师基于个体价值取向的选择判断。在非数字时代,建筑师运用手脑联动的方式进行设计思维,必须借助缩尺的图形,反复比较、从模糊到明确、再到精确表达,需要个体经验和思维训练的不断积累。人工智能工具是思维能力的延伸,数字技术快速而多样的选择决策过程,必然会加速设计工程的思维进化:数字技术可以在模糊决策阶段提供海量的选项;在明确决策阶段进行多目标优化的参数计算;在精确决策阶段,数据模型在不同需求、不同应用中被检验并反馈。这些模糊—明确—精确的决策过程可以被不断运行、快速迭代、精准预测、准确实施。无论如何,建筑数字技术和人工智能已经深刻地融合在建筑设计的过程中,并激发着创新的思维模式。建筑师需要积极地拥抱建筑数字技术和人工智能,为建筑学未来发展的多样化可能做好准备。

教育部高等学校建筑类专业教学指导委员会建筑学专业教学指导分委员会下属的建筑数字技术教学工作委员会,成立于 2006 年 1 月。委员会负责建筑数字技术教育发展策略、课程建设的研究,向教指委提出建筑数字技术教育的意见和建议,统筹和协调教材建设、人员培训等工作,并定期组织全国性的建筑数字技术教育与研究的研讨会。委员会成立后,便开始组织各高校教师携手合作,编写出版《高等学校建筑数字技术系列教材》。教材的出版积极地推动了全国高校建筑学教育的数字技术教学水平。系列教材也结合数字技术的持续发展持续更新内容。

本次新的系列教材建设,委员会认真进行选题咨询和论证,配合住房和城乡建设部"十四五"规划教材建设计划,结合当前数字技术发展的最新形势,在原有系列教材的基础上进行了较大规模的调整,其中新编教材9 本,修订 1 本。修订教材对其中的内容也做了大篇幅的改写。各本教材的主编及参加编写的教师皆有丰富的教学经验及建筑数字技术研究积累,为本系列教材的高水平建设提供了保障。

感谢中国建筑工业出版社的精心组织与大力支持,感谢所有编写教材的老师,大家的共同努力必将助力我国建筑学科在数字技术领域的创新发展,促进建筑设计数字技术水平的全面提升。

教育部高等学校建筑类专业教学指导委员会建筑学专业教学指导
分委员会
建筑数字技术教学工作委员会主任
肖毅强

修订版前言

在全国高校建筑学专业教学指导分委员会下属的建筑数字技术教学工作委员会组织下，作为建筑数字技术系列教材之一的《数字化建筑设计概论》分别在 2007 年和 2012 年出版了第一版和第二版。从教学实践来看，该教材推动了建筑数字技术教学的发展，对于在学生中普及建筑数字技术知识的教育，扩展其在数字技术时代的视野，有利于他们未来在数字技术的社会中发展是大有裨益的。基于教材内容的广泛性、先进性、前瞻性，该教材的第二版被教育部确定为"十二五"普通高等教育本科国家级规划教材。

在最近 10 年，建筑数字技术发展得很快，新技术的更新迭代对建筑设计业的影响也越来越大。在教学中不少院校对应用建筑数字技术改革建筑学专业教学进行了许多有益的探索。为了与时俱进，对第二版进行全面的修订，出版第三版是十分必要的。

这次全面修订，对所有原有章节均进行了调整、更新，基本上是对教材重新进行编写、内容上全面更新，注重将建筑数字技术的最新发展成果写入各个章节中，更加注重各章内容的系统性。例如：第 6 章，从原来的"建筑性能的模拟与分析"扩展为"绿色建筑的数字化设计"，使建筑性能的模拟与分析更好地结合到绿色建筑的设计中。第 8 章的内容也从原来只介绍"数字化建筑设计智能化"扩展为介绍"建筑数字技术在建筑设计中应用的新发展"，除了介绍人工智能在建筑设计中的新应用之外，还增加了数字孪生、CIM、大数据、数字化建造等许多应用在建筑设计方面的新技术。内容相当全面且具有前瞻性。

第三版的编写继承了前两版的写作特点，内容广泛，文字深入浅出，对建筑数字技术的过去、现在、未来都有所介绍，注意通过丰富的案例加深读者对建筑数字技术的理解和掌握，对建筑数字技术发展概貌的了解，以及对新技术发展动态和发展方向的把握。

我们注意到，新的数字技术在我们编写的过程中还在不断出现，例如这两年令人瞩目的元宇宙、AI 大模型等，由于这些新的数字技术在建筑业的应用还在探索之中，所以本教材未能有所反映。我们相信，随着 5G 技术和云计算技术的普及、AI 大模型能力的跃升、算力互联互通的提高，再过几年，建筑数字技术的应用会更加精彩。

本教材第三版编写团队的人员主要来自全国重点大学从事建筑数字技

术教学和科研的教师，都是近年来在相应方面有丰富的教学经验和深入研究成果的。我们也邀请了行业内有关方面的专家参加某些章节的编写，他们丰富的实践经验将使得教材内容更加充实。我们同时要感谢参加过第一版和第二版编写工作的老师们，正是他们在前两版编写工作中所作出的出色贡献，为第三版的编写奠定了良好的基础和提供了宝贵的写作经验。

本教材编写的分工如下：

主　编　肖毅强（华南理工大学）、李建成（华南理工大学）

第1章　俞传飞（东南大学）

第2章　臧伟（同济大学）、张若曦（同济大学）、尹泽诚（同济大学）

第3章　孙澄（哈尔滨工业大学）、韩昀松（哈尔滨工业大学）、刘蕾（哈尔滨工业大学）

第4章　华好（东南大学）、李飚（东南大学）

第5章　李建成

第6章　肖毅强、殷实（华南理工大学）、吕瑶（华南理工大学）、廖维（广东工业大学）、林瀚坤（广东工业大学）、詹峤圣（华南理工大学）

第7章　孙澄宇（同济大学）、宋晓宇（光辉城市科技有限公司）、余万选（同济大学）

第8章　黄蔚欣（清华大学）、杨丽婧（北京农学院）、胡竞元（清华大学）、黄梓龙（清华大学）

本教材由李建成负责统稿。

非常感谢天津大学许蓁教授在百忙中为本教材审稿，并提出了很好的修改意见，这些意见对本教材质量的提高起了重要的作用。

在本教材第三版的写作过程中，得到了多方面的支持和帮助。感谢中国房地产协会数字科技地产分会张学生副秘书长为第2章的写作提供了重要的资料并参与了部分内容的编写；感谢哈尔滨工业大学庄典、高亮、贾永恒3位研究生同学为第3章绘制了部分图片；感谢东南大学博士研究生蔡陈翼同学为第4章编写了有关机器学习的新内容；感谢上海秉匠信息科技有限公司夏海兵高级工程师为第7章的写作提供了重要的资料并参加了部分内容的编写；感谢建筑规划景观国家级虚拟仿真实验教学中心（同济大学）和上海市城市更新及其空间优化技术重点实验室，为本教材提供文中案例与相应图片，并支持了技术验证工作；感谢中国建筑工业出版社为本教材的出版提供了很多支持和帮助。我们对以上机构和个人给予的帮助表示诚挚的感谢。

限于编者的水平，本教材中不当之处甚至错漏在所难免，恳请各位读者给予批评指正。

编者

2024 年 8 月

目　录

第1章 绪论

1.1 建筑数字技术及其发展概况

1.1.1 CAAD 和建筑数字技术

计算机辅助设计（Computer Aided Design, CAD）是数字技术在工程设计领域中的一种应用，而计算机辅助建筑设计（Computer Aided Architectural Design, CAAD）技术则是 CAD 的一个分支，指数字技术在建筑设计领域的应用。CAAD 在当今的建筑设计界已是一项普遍采用的基本技术，它不断提高设计工作的质量和效率，并改变着建筑设计的方法和流程。

1）建筑数字技术的界定

"数字技术"指的是运用 0 和 1 两个数字进行二进制编码，通过电子计算机、光缆、通信卫星等设备来表达、传输和处理所有信息的技术。数字技术一般包括数字编码、数字运算、数字传输与数字调制解调等技术。在建筑领域内的"数字建筑"就是以二进制的数字信息来描述建筑，而相应的应用技术就称为"建筑数字技术"。

我们以往所用的 CAAD 技术就是一种建筑数字技术。而现在的"建筑数字技术"一词，就词义的涵盖范围而言，有了较大的拓展和延伸。传统 CAAD 技术严格来讲只是局限在辅助工程设计的范围之内，当代建筑数字技术已经覆盖到建筑业的规划、设计、施工、管理、运维的方方面面。建筑信息模型（Building Information Modeling，以下简称"BIM"）技术的兴起和发展，为建筑数字技术的发展打开了新的局面，建筑设计中的人工智能（Artificial Intelligence in Architectural Design）、数字化建造（Digital Fabrication）、虚拟现实与增强现实（Virtual Reality & Augmented Reality, VR & AR）、大数据与数据挖掘（Big Data & Data Mining）、云计算（Cloud Computing）、地理信息系统（Geographic Information System, GIS）、城市信息模型（City Information Modeling, CIM）等令人眼花缭乱的新技术正不断取得新的突破。以上的这些数字技术，目前在建筑设计中正得到越来越广泛的应用。

2）建筑数字技术的影响

在短短的四分之三个世纪中，数字技术已经渗透到人类社会生活的方方面面，极大地改变了人们的社会生活，整个人类文明进入了一个崭新的数字时代，我国的建筑数字技术水平也和世界同步发生着巨大变化。在设计单位，传统的绘图板被计算机所取代，资料档案存进计算机储存器，各种设计分析工作应用软件的普及，使建筑师的工作效率也有了很大的提高。建筑数字技术正在改变着建筑师的工作方式和思维方式。

建筑数字技术的进步也可以在人的控制下生成人脑所难以构思的复杂形态，获得更高的效益，乃至更高的设计质量。例如：弗兰克·盖里（Frank Gehry）的设计是靠航天软件的辅助做出传统方法难以操控的多种复杂形态的方案，使他能够从中进行选择和深化。计算机的诸多功能已经使辅助设计达到了更高的层次。近几年来贯穿建筑工程全生命周期 BIM 技术的应用，使建筑工程的质量、效率、效益都得到了提高。

到今天，建筑数字技术的发展不仅给予了建筑师更为广阔的可发挥空间，同时还有力地推动着建筑领域对各种复杂现象的研究。建筑数字技术为建筑设计提供的不再只是一种新型的绘图工具和表现手段，而且是一项能将全部设计信息贯穿建筑设计乃至整个建筑工程全生命周期，全面提高设计质量、工作效率、经济效益的先进技术。

1.1.2 从传统媒介到数字媒介

1）设计媒介与建筑

建筑作为"石头的史书"，往往承载着其所处时代的社会、技术等多方面的信息。建筑的发展演变过程，从某种意义上说，也可以看作其作为信息载体意义上的演进变化。虽然随着媒介技术的更新交替，印刷、电子媒介的信息承载、传播功能大大超过了建筑本身；但与此同时，不同信息载体作为设计媒介（Design Media）在建筑的设计生成过程中与建筑发生的互动作用，也越来越受到专业设计人员的重视。通过设计媒介的使用，建筑师可以发现问题、认识问题、思考问题、产生形式、交流结果。在设计过程中，设计媒介是思考和解决问题的工具和"窗口"，使用设计媒介的不同也影响到建筑师的作品[1]。

在建筑创作的过程中，既包括传统意义上的设计媒介，如：建筑专业术语、图纸上的专业图形、实体模型等，更有着早已普及的以一系列计算机软硬件技术为代表的数字设计媒介。前者在建筑设计与建造的历史中源远流长，发展沿用至今，这里我们统称为建筑设计中的传统媒介；建筑数字媒介则泛指当前应用于建筑设计中的诸多数字技术及其相关方法与手段。

不同媒介在信息传达的能力、清晰性和便捷性，以及表现维度等方面存在程度不同的差异。不同的建筑设计媒介在建筑从设计到建造的过程中，均发挥着不同的作用，也影响着设计的过程和最终结果。传统建筑设计媒介通常包括：专业术语文字、图形图纸和实体模型。以斗拱、柱式等专业术语为代表的语言文字媒介，是对建筑形制和构件进行的模式化和标准化描述，是 1 套高度集成的"信息模块"[2]，具有模糊性、冗余性和离散性等特征；传统图形图纸则多是基于欧氏几何为主的投影几何图示语言，是近现代建筑设计的主要媒介，其承载的设计信息更为直观丰富，也更为精确。实物比例模型，则长期贯穿传统建筑设计流程。以上相关信息的专业文献和应用实例由来已久、不胜枚举，此处不再赘述。本节更关注于数字技术应用下的设计媒介分类组成及其应用。

2）数字设计媒介及其特点

（1）数字设计媒介的分类与组成

当代数字化技术的突飞猛进，为建筑师提供了日新月异的数字设计方法和手段，其中涉及许多具体的数字媒体类型，以及建筑设计的不同阶段所涉及的代表性的软件、硬件系统。

按照具体的媒介格式划分，数字媒介包括：计算机图形图像的格式、音视频的种类、数字信息模型和多媒体的具体构成等。传统图示在数字媒介中有其对等物——点阵像素构成的位图图像，以数学方式描述的精确的矢量图形等；实体模型在虚拟世界中也有其替代品——各类线框模型、面模型，乃至具备各种物理属性的实体信息模型等；当然更有传统媒介难以想象的集成了可运算专业数据的综合信息模型，以及内含多种音频、视频信息的多媒体数字文档，由多种超级链接的数据合成的交互式网络共享信息和虚拟现实模型等等。

按照设计应用阶段的不同划分，数字媒介包括：建筑设计的信息收集与处理，方案的生成与表达，分析与评估以及设计建造过程的协同、集成和管理等不同方面、不同数字媒介的具体软硬件系统。除了各具特色，不断升级换代的个人电脑、网络设备和相关数字加工制造设备等硬件系统，和建筑设计过程直接相关的各类辅助设计软件程序更是林林总总。目前，用于方案概念生成、编程运算、脚本编制的工具有基于 Java 语言的 Processing，有擅长曲面建模的 Rhinoceros 及其参数化插件 Grasshopper，以及基于 C++ 嵌入 Mel 语言的 Maya 和在建筑设计人工智能领域有多方面应用的 Python 语言等；适用于传统早期方案构思与推敲的有 SketchUp；通用的绘图、建模、渲染表现程序有 AutoCAD、天正建筑、中望 CAD、3ds Max、Lumion 等；建筑分析与评估软件有 Ecotect 等各类建筑日照、声、光、热分析程序；建筑信息集成管理平台有 ProjectWise 等；当然还有以 BIM 为核心技术的 Revit、OpenBuildings Designer、ArchiCAD[①]（图 1-1）等，以及用于虚拟现实、人工智能、大数据等建筑数字技术的应用软件系统。

（2）数字设计媒介的应用与特点

从林林总总的各类计算机辅助绘图程序到真正意义上的辅助设计软件，从不断更新换代的个人电脑到不断蔓延扩展无孔不入的网络系统，从各种以计算机数控（Computer Numerical Control，CNC）技术为基础的建筑材料构件加工生产制造设备到现场装配施工的组织系统，数字设计媒介的组成所包含的相关软硬件系统，拓展甚至改变着建筑师们的设计手段和方法。数字媒介一方面改善、增强着传统媒介的表现内容，另一方面正越来越大地扩充着传统媒介所难以承载的专业信息内容。

20 世纪 90 年代，计算机辅助绘图系统逐步完全取代了正式建筑图纸

---

① GRAPHISOFT 公司早期提出了"虚拟建筑"（The Virtual Building）概念代表了 CAD 发展的一个里程碑，后来 Autodesk 公司的"建筑信息模型"（BIM）更为人们熟知并普及。

图 1-1 整合传统图纸模型信息并不断拓展的建筑数字媒介系统示意图①

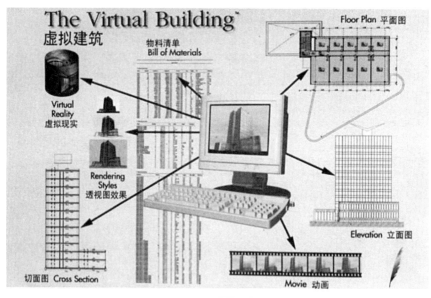

的传统手绘方式。近期，随着 BIM 技术和方法的提出和推广，建筑设计中的数字媒介已经给建筑设计媒介及其相关的设计方法和过程带来质的改变。与此同时，数字媒介强大的编程计算和空间造型能力，也在不断拓展着建筑空间的新的形式生成、美学形态和性能分析方法。

除了比传统媒介更为精确直观、丰富多样的视觉表现方式，数字媒介还将设计过程的研究分析拓展到 3D 形态之外的范畴，如：建筑声、光、热、电各方面的专业仿真模拟，建筑设计各方的网络协作，建筑材料构件制造加工和现场建造的信息集成等。

正因为如此，以建筑信息模型为代表的不断成熟的数字设计媒介有可能从本质上改变传统设计媒介长久以来的不足。数字媒介以其信息上的广泛性和复杂性，传输上的便捷性和可扩散性，编解码标准的统一性和信息

① 图片来源：GRAPHISOFT 公司，Graphisoft | A NEMETSCHEK Group Brand[EB/OL]. 2020-11-01 [2024-09-18]. https://www.nemetschek.com/en/brand/graphisoft.

交流的准确性等，具备了传统媒介所无法比拟的优势。

从理论上讲，这种包含几乎所有各类专业信息的一体化建筑信息媒介，不仅极大地提高了设计活动的精确性和效率，而且可以让包括建筑师在内的相关专业人员在设计初始就建立统一的设计信息文件，在 1 个完备的设计信息系统中开展各自的设计工作，满足从设计到建造，甚至建筑运营管理等各个阶段的不同需要。它既可以在构思阶段以更为灵活的交互方式表现和研究前所未有的灵活的空间形式，也可以在设计分析与评价阶段通过不同专业的无缝链接和横向合作修改完善建筑方案的各类问题，生成所需的传统图纸文件，还可以通过高度集成的信息系统完成加工建造阶段的统计、调配和管理。

3）传统设计媒介与数字设计媒介的特点比较

（1）对于图形图纸和实物模型这两种传统设计媒介而言，其介质系统有这样一些共同的特点：简单和直接性，即通过简单、直接地利用介质材料原始的视觉属性实现，所有的介质的材料都同时兼具了存储和显示信息这两项基本功能，信息的显示状态直接反映其存储的状态；固定和一次性，即介质材料都是以组合、固化的方式来产生可长期保存的"视觉化"的媒介信息，固化后的介质材料不易修改，更不可将其分解并重新用来表示其他的信息；独立性，即介质材料固化后便直接成为可独立使用的媒介，而不依赖于操作媒介的工具或系统。

（2）与图纸和实物模型两种传统设计媒介相比较，数字设计媒介的介质系统则有以下特点。复杂性和间接性：数字媒介的操控都只能通过计算机系统的输入设备（如：鼠标、键盘或 VR 设备）间接处理，并通过不同屏幕设备让人们显示感知；功能的多样性、灵活性：数字媒介包含存储介质（如：硬盘、U 盘），传输介质（如：光纤和各种接口、有线 / 无线网络），运算处理介质（如：CPU、GPU），显示介质（如：监视器电子屏幕、投影仪）四大类型；信息的可流动性、共享性：数字媒介系统的运算、存储、读写和传输数据功能，使得数字媒介信息以及介质设备资源皆可能得到最大限度的充分利用和流动共享；系统与能源的依赖性：数字媒介系统依赖于电力电源、计算机和网络系统的软硬件基础设施。

1.1.3 建筑数字技术发展历史概况

1）20 世纪 40~60 年代：初创阶段（数字计算机、计算机图形）

1939~1942 年，世界上第 1 台数字电子计算机 Antanasoff-Berry Computer（ABC）在美国艾奥瓦州立大学物理系大楼的地下室中诞生。它的创造者约翰·阿塔纳索夫（John Atanasoff）和克利福德·贝里（Clifford Berry）被称为电子计算机之父。[①]

1946 年 2 月，ENIAC 计算机在美国宾夕法尼亚大学诞生。尽管它体积庞大，共使用 19000 个电子管，耗电 20kW，但功能却只相当于现在的

---

① 由于种种原因，ENIAC 被人们误以为是第一台数字电子计算机而获得绝大多数的荣誉，因为它曾首先获得数字计算设备的专利。但 1973 年，美国明尼苏达州联邦法院判处 ENIAC 的专利无效，并确认阿塔那索夫是第一个电子计算机方案的提出者。经过澄清获得公认的事实是，Atanasoff-Berry Computer（ABC）计算机才是真正的第一台数字电子计算机。

袖珍计算器。

它们标志着一个全新的"E"时代的开始。这些以电子管和磁芯存储器为特征的计算机被称为第一代计算机。

1950年，第一台阴极射线管（Cathode Ray Tube，CRT）的图形显示器在美国麻省理工学院诞生。

1958年，美国 Ellerbe Associates 建筑师事务所安装了一台 Bendix G15 电子计算机。虽然它主要是用于建筑结构的计算，但这可算建筑业应用计算机的起点。

1958年，美国 CALCOMP 公司研制成功滚筒式绘图仪。GERBER 公司研制成功平板式绘图仪。

1959年起，计算机中的电子管逐步被半导体晶体管所代替，运算速度提高10倍，而价格仅为原来的千分之一。这是第二代电子计算机。

1962年，美国麻省理工学院的伊万·萨瑟兰（Ivan E Sutherland）在他的博士论文中首次提出了人机交互的计算机图形理论和工作系统——素描板（SketchPad）。首次使用了"Computer Graphics"这个术语。该系统于1963年被安装在该校林肯实验室的 TX-2 型计算机上，开创了计算机图形学的新时代，为计算机辅助绘图和设计奠定了基础。

1964年，美国的克里斯托弗·亚历山大（Christopher Alexander）出版了 Notes on the Synthesis of Form（《形式综合论》）一书。讨论了计算机在建筑设计中应用的基本方法和系统实用性等问题，在建筑界产生了较大的影响。

1964年，在波士顿建筑中心举办了第一次"建筑与计算机"学术会议，规模很大，有600人参加，影响也十分深远。

1964年以后，计算机使用了集成电路，几百个半导体器件被集成在一个微型芯片上。性能价格比得到了很大的提升。这是第三代电子计算机。

2）20世纪70年代：发展阶段（计算机技术真正开始进入建筑领域、CAAD）

20世纪60年代中期起，美国 SOM 等大型建筑事务所有的引进了 CAD 设备，建立了专门的计算机中心，有的则利用城市计算中心的设备，开始在大型工程项目中运用 CAD 技术或进行可行性论证，取得了很好的效益。SOM 建筑事务所内部成立了电子计算服务中心，从事 CAD 技术的开发、普及和服务事项，并积极参与重大工程项目的投标和设计的过程，积累了推广使用 CAD 技术的成功经验。

美国"建筑论坛（Forum）"等建筑杂志开辟专栏和举办圆桌会议，热烈讨论计算机与建筑设计的相关命题，对建筑界产生了很大的影响。

美国麻省理工学院成立了"建筑机器小组（Architecture Machine Group）"，开始进行 CAD 和人工智能的学术研究。

在20世纪60年代末~70年代初，CAAD 出现了一段相对的低潮时期。这是因为当时的 CAAD 技术的发展还处于比较低的水平，远未能满足建筑设计的工作需要；当时的 CAAD 软硬件设备相当昂贵，超出一般设计事务所的承受能力。同时，由于建筑设计的特殊性，当时大多数的建筑师对 CAAD 技术存有疑虑和不信任情绪。在建筑界，支持和反对 CAAD 之间的争论一直延续到 20 世纪 70 年代末期。

1968 年，由美国耶鲁大学建筑学院（Yale School of Architecture）发起举行了一次关于建筑与设计的计算机图形会议。

随着 CAD 技术的不断发展，20 世纪 60 年代末期开始，CAD 在美国逐步成为一项新兴的高科技产业，蓬勃发展起来。1969 年，CV（Computer Vision）公司推出了第一个 CAD 系统。Calma 和 Applicon 公司随后开发了适用于电子行业的系统。

1970 年之后，计算机的软硬件技术实现了革命性的飞跃，计算机中使用了超大规模集成电路技术（VLSI）。计算机的性能价格比得到了进一步提高。价格每年下降 35%，而性能每 10 年提高 10 倍。这就是第四代电子计算机。

20 世纪 70 年代初，美国波士顿的佩里·丁·斯图尔联合建筑事务所开发成功 ARK-2 系统。它以 PDP15/20 计算机为基础，配备了两个 400/15 系列图形显示器，以及平板绘图仪、数字化仪和静电印刷机等硬件设备，可以进行建筑工程的可行性研究、规划和平面布局设计、建筑平面图、施工图设计、施工说明文件的编制等。该系统以绘制 2D 图形为主，也可以绘制 3D 的建筑透视图。该系统是第一个可供市场的、商品化的 CAAD 系统。它包括了工程数据库、图形绘制、数据分析、设计评价和设计合成等建筑应用软件。

20 世纪 70 年代初，Autotrol 软件公司首先打入了建筑工程设计领域。此后建筑 CAD（CAAD）系统便成为 CAD 系统的主要专业方向之一，当时的主要功能是建筑制图、建筑表现和数据分析。

在 CAD 的产业市场中，有的计算机公司（如：Apollo、Sun、HP、SGI 等公司）生产制造 CAD 专用硬件设备——工作站，有的软件公司（如：Autotrol、Calcomp、CV、Calma 等公司）为 CAD 工作站开发适合不同专业的应用软件。也有的计算机公司（如：Intergraph 等公司）是软硬兼施，组合销售，生产专用的 CAD 工作站系统。同时，计算机图形学研究取得了重要进展，新的 CAD 的输入输出设备层出不穷，CAD 技术有了长足的进步。

1973 年，美国国防部 DARPA 研究机构着手研究计算机网络之间通信连接的技术协议（TCP/IP），到 1980 年，用于"异构"网络环境中的 TCP/IP 协议研制成功，为今天的互联网的广泛应用奠定了基础。

1974 年，美国 ALTAIR 公司推出第一台具有微处理器 CPU 芯片的微型计算机。从此，开始了计算机的微机时代，计算机才真正得以普及并进入普通人的工作和生活。

在随后的 20 多年中，微处理器 CPU 技术进入飞速发展时期。CPU 芯片从 8 位到 16 位，32 位到 64 位。微机的操作系统、系统软件和 CAD 应用软件也不断更新。随着微机性能的飞速提升，微机 CAD 系统性能有了很大的提高，而且出现了许多专为微机 CAD 系统开发的应用软件，系统的价格又越来越便宜。微机 CAD 技术开始真正进入并主导了工程设计行业。

1974 年，美国查尔斯·伊斯曼（Charles Eastman）教授提出的建筑描述系统（Building Description System，BDS），是当前正蓬勃发展的建筑信息模型（BIM）的雏形。

1977 年，美国威廉·米切尔（William Mitchell）教授出版了 *Computer-Aided Architectural Design*（《计算机辅助建筑设计》）一书，系统地总结了 CAAD 的发展成果，比较全面地介绍了 CAAD 的基础理论、研究内容和开发理论。这本书是 CAAD 基础理论研究的奠基性著作，CAAD 的名称也是由此而来的。

1977 年，美国计算机协会（Association for Computing Machinery，ACM）首次制定了计算机图形系统规范——"核心图形系统（Core Graphics System）"，为 CAD 产业制定了统一的图形规范。

3）20 世纪 80~90 年代：成熟阶段（CAAD 取代尺规作图）

20 世纪 80 年代起，建筑数字技术已经形成了 1 个比较完整的技术门类。就 CAAD 系统而言，依旧存在工作站系统和微机系统两大类别。工作站系统更趋大型化和专业化，而且朝专项功能的专业系统发展。如：3D 立体环境显示系统、虚拟现实系统等。微机系统，依旧是工程设计单位的主要工作系统。随着微机软硬件技术的不断创新，它的系统功能和性能仍在不断地增强和完善之中。

20 世纪 80 年代以来，计算机网络通信技术的飞速发展，也在建筑数字技术方面开拓出一个新的天地——基于网络的协同设计。与此同时，虚拟现实技术在建筑数字技术方面也产生了新的应用技术——实境化设计。此外，建筑数字技术还在计算机辅助制造（Computer Aided Manufacturing，CAM）、计算机辅助教学（Computer Aided Instruction，CAI）、建筑数字建构的理论方法等方面都获得了很大的发展和应用。

20 世纪 80 年代之后计算机 CAD 应用软件空前繁荣。其主要的代表是 1982 年 Autodesk 公司推出的 AutoCAD 通用绘图软件，并不断升版完善，成为工程设计界进行 2D 计算机绘图的主要软件。1990 年，Autodesk 公司又推出了适用于微机的 3D 视觉造型软件 3D Studio，它是 3ds Max 软件的 DOS 版前身。它们与 Adobe 公司的 Photoshop 等系列图像处理软件一起，组成了计算机建筑制图和表现的主流软件。

MicroStation 则是和 AutoCAD 齐名的 CAD 辅助绘图设计软件，最初由 Bentley 公司开发于 20 世纪 80 年代。MicroStation 早期的版本从 Intergraph 公司的 IGDS 系统中得到了很多的借鉴，如今仍作为代表性的辅助设计工具被诸多专业设计人员使用。

在此期间，与建筑数字技术发展相配套的还有建筑数字技术标准的研制，比较有代表性的标准有 IGES（Initial Graphics Exchange Specification，初始图形交换规范）、STEP（STandard for the Exchange of Product model data，产品模型数据交换标准）、IFC（Industry Foundation Classes，工业基础类）等，解决了不同 CAD 软件系统之间的信息描述与交换问题。

在 1990 年，虚拟现实技术经过发展，出现了增强现实技术，实现了将真实世界信息和虚拟世界信息"无缝"集成。

4）21 世纪初期的 20 年：质变阶段

近 20 年，是建筑数字技术普及应用并开始从本质上改变建筑设计思维方法和流程，乃至建筑及相关行业的体系发展的新时期。本书介绍的主要内容，正是这一阶段的建筑数字技术成果及其影响和应用。

进入 21 世纪后，数字技术进入了一个快速发展时期。中央处理器 CPU（Central Processing Unit）的速度提高得很快，已达到 GHz 级别，计算机配上多核 CPU，运行速度非常快。新的图形处理器 GPU（Graphic Processing Unit）、张量处理器 TPU（Tensor Processing Unit）、神经网络处理器 NPU（Neural network Processing Unit）等一批新的微处理器的问世，更是大大加快了信息的处理速度、图形图像的处理能力和人工智能算法的计算力度。

新的硬件出现推动了建筑数字技术的发展，3D 打印机、智能建造机器人为传统建筑业开启了数字化建造的美好前景。智能手机和手持图形终端也加入到建筑数字技术硬件的行列，配置了 NPU 的手机有很强的图形处理能力，适合于建筑师和其他建筑从业人员应用手机进行现场作业和管理。

2002 年，Building Information Modeling（BIM，建筑信息模型）这一术语的横空出世，使多年来致力于智能化建筑建模的力量大爆发。Autodesk 公司的 Revit、Bentley 公司的 OpenBuildings Designer、Graphisoft 公司的 ArchiCAD，以及其他建筑业界的软件都以 BIM 技术作为软件开发的核心技术。覆盖建筑工程全生命周期 4 个阶段（规划、设计、施工、运维）的 BIM 技术在全球得到广泛应用。2008 年，查尔斯·伊斯曼等人出版的《BIM 手册》，成为 BIM 领域内具有广泛影响的重要著作。

ISO 在 21 世纪颁布了十几个关于 BIM 的国际标准，各国也陆续制定了适合本国特点的 BIM 标准，大大推动了 BIM 技术应用和发展。

2006 年 8 月，首次提出的云计算概念得到了迅速发展，推动了网络技术又上新的高度。随着云平台、区块链技术的成熟，计算机体系从传统的单机系统扩展为以网络结构为基础的多系统、多体系平台，促进了信息的快速处理和大容量存储。

硬件的进步支持了人工智能的发展，遗传算法、多代理系统、多目标优化、深度神经网络等多种算法在建筑设计中的应用探索不断在进行，推动着生成设计、参数化设计的发展，建筑设计正在向计算性建筑设计的方向发展，目前人工智能已经可以可靠地应用于建筑设计和城市规划的前期工作。硬件的进步也支持了虚拟现实和增强现实技术的发展，还发展出混合现实技术和扩展现实技术的应用。

这一时期是建筑数字技术迅速发展的时期，除了上述技术之外，大数据与数据挖掘、地理信息系统、城市信息模型、数字孪生等多项新技术新概念也在不断取得新的突破，令人鼓舞的建筑数字技术新发展正在取得耀眼夺目的新成就。

1.1.4　主要相关研究组织及先驱人物

1）国际上的相关研究组织概况

1981 年成立的"北美计算机辅助建筑设计协会（Association of Computer Aided Design in Architecture，ACADIA）"，每年 10 月举行学术研讨会。

第 1 届"国际计算机辅助建筑设计未来研讨会（CAAD Futures）"于 1985 年在荷兰的代尔夫特（Delft）理工大学召开，以后每两年举行一次。这是世界范围内声誉和水平最高的 CAAD 学术研讨会。

1987 年成立的"欧洲计算机辅助建筑设计教育与研究协会（Education and research in Computer Aided Architectural Design in Europe，eCAADe）"，每年 9 月举行学术研讨会。

1995 年成立的"拉丁美洲数字图形协会（Sociedad Iberoamericana de Grafica Digital，SIGraDi）"，每年举行学术年会，参加者也包括建筑师、设计师和艺术家等。

1996 年成立的亚洲地区计算机辅助建筑设计研究协会（Computer Aided Architectural Design Research in Asia，CAADRIA），主要是亚太地区一些大学的建筑院系自发组成的，每年四、五月举行学术研讨年会。

阿拉伯计算机辅助建筑设计协会（Arab Society for Computer Aided Architectural Design，ASCAAD）成立于 2005 年，是西亚和北非阿拉伯世界建筑、设计和工程院校的教师、工程师和计算机辅助建筑设计研究人员的学术机构，每两年召开一次学术会议。

以上 4 个创始组织（eCAADe、ACADIA、SIGraDi、CAADRIA）组成的编辑委员会还指导出版了 International Journal of Architectural Computing（IJAC，建筑运算国际期刊）[3]，该杂志得到了 CAADFutures 基金会的大力支持，且该基金会还为 IJAC 的编辑安排做出了贡献。此外还有 CUMINCAD 这样关于计算机辅助建筑设计出版物的索引网站（https：//papers.cumincad.org/），它包含上述相关期刊和会议的 12300 多条记录的论文索引信息，所有论文都包括完整的摘要，并提供其中约 9600 篇论文的 PDF 全文，供学习研究者使用。

国际智慧建造联盟（buildingSMART International，bSI）的前身国际协作联盟（International Alliance for Interoperability，IAI）成立于 1995 年，在 2006 年改用现名。有 35 个地区分部，中国分部设置在中国建筑标准设计研究院。bSI 的目标是要为建筑信息提供真正的互用性，推动 BIM 的发展。其最重要的工作是制定建筑产品数据交换标准 IFC（Industry Foundation Classes，工业基础类），并于 1997 年颁布了 IFC 1.0，并不断研发新的版本，还推动了国际标准化组织 ISO 将 IFC 标准颁布为国际标准。

2）我国的学术组织和相关研究活动概况

20 世纪 70 年代末，我国某些大学和研究单位已开始研究计算机图形学，并在设计工作中进行实践探索。

1982 年，城乡建设环境保护部（现住房和城乡建设部）在成都举行推广计算机技术会议时，主要是针对结构工程专业的，还没有涉及建筑设计专业。随后北京燕山石化设计院引进了 Computer Vision 系统，上海医药工业设计院引进 Calcomp 系统。开始了我国 CAD 事业的先声。

1983 年，由国家 8 个部委联合组织 35 个单位组成联合研制组，着手研制"建筑工程设计软件包"，该软件包包括 6 个部分、51 个项目，其中包括建筑学中建筑物理的项目。

1984 年，城乡建设环境保护部设计局在北京召开了"计算机在建筑设计中的应用座谈会"，标志着我国建筑设计界的 CAD 事业正式揭开序幕。

1985 年，城乡建设环境保护部在北京召开"建筑 CAD 技术应用交流会"，全国各大设计院、大专院校有 300 多人参加会议。会上也有国内外建筑 CAD 成果的展示。

会议之后，城乡建设环境保护部决定让当时的城乡建设环境保护部建筑设计院、北京市建筑设计院和上海华东建筑设计院等单位组织引进建筑 CAD 工作站系统，开展研究和实践。同时，城乡建设环境保护部又组织和支持建筑院校和研究单位进行微机建筑 CAD 软件的研究和开发。重点放在对住宅方案的 CAD 方法研究和开发。城乡建设环境保护部还多次在北京和上海主持召开了建筑 CAD 成果汇报交流会。

20 世纪 90 年代初，建设部（现住房和城乡建设部）勘察设计司，在全国设计单位的 TQC 评估标准中明确提出对不同等级的设计单位在 CAD 方面的达标要求，有力地促进了我国建筑设计单位的 CAD 建设。同时，某些建筑科研单位和软件公司，也研制和开发了适合我国国情的微机 CAD 建筑应用软件，如：House、ABD、HiCAD 等。这些应用软件是在 AutoCAD 或 MicroStation 通用软件基础上进行二次开发的建筑软件。

1985 年，东南大学成立了建筑 CAAD 实验室，是该领域第一个国家级专业实验室[①]；随后各建筑院校相继成立了 CAD 实验室，同时 CAAD 课也纳入到建筑学专业的教学计划和全国建筑学专业本科教育评估标准中。2006 年，东南大学在原 CAAD 国家实验室基础上成立建筑运算与应用研究所，率先开展建筑生成设计和数控建造的相关研究和应用探索，并在 2021 年开设有关智能设计和先进建造的研究生培养计划和研究方向。

1996 年，我国内地多所大学派代表到香港参加了 CAADRIA 首次学术交流会议，之后还有多次 CAADRIA 的学术年会在我国内地举行，包括：1999 的学术年会在上海同济大学召开，2007 年的学术年会在南京东南大学举行，2017 年和 2018 年先后在苏州西交利物浦大学和北京清华大学举行。

2006 年 1 月，在全国高等学校建筑学学科专业指导委员会的领导下，首届全国建筑院系建筑数字技术教学研讨会在广州华南理工大学举行。会上成立了专业指导委员会下属的"建筑数字技术教学工作委员会"，以后每

---

① 参见东南大学建筑学院官方网站"建筑运算与应用研究所"网页介绍：建筑运算与应用研究所 [EB/OL]. [2024-09-18]. https：//arch.seu.edu.cn/16885/list.psp.

年都举行一届全国建筑院系建筑数字技术教学研讨会，该研讨会影响日益扩大，会议名称也改为"全国建筑院系建筑数字技术教学与研究学术研讨会"。该研讨会业已发展成为国内有关建筑数字技术方面，集专业性、前沿性、国际性、影响度及规模于一体的重要学术年会。

2011 年，住房和城乡建设部发布了《2011~2015 年建筑业信息化发展纲要》，明确 BIM 技术和系统在全行业的研究和推广应用，积极推进"互联网 +"和建筑行业的集成化转型和全面升级。2013 年，中国建筑学会建筑师分会数字建筑设计专业委员会（Digital Architecture Design Association，DADA）在北京成立。2019 年，中国建筑学会计算性设计分委会在哈尔滨工业大学成立。相关学术研究组织的成立，推动了近年来多次重要学术交流活动的举办，对促进我国建筑数字技术学术水平的提高起了积极的作用。

3）CAAD 发展进程中的先驱人物（图 1-2）

（1）威廉·米切尔（William Mitchell）

1967 年澳大利亚墨尔本大学建筑系毕业，1969 年和 1977 年先后获美国耶鲁大学环境设计硕士和英国剑桥大学建筑学硕士，后在加州大学洛杉矶分校任教 16 年。其间，与伊斯曼（Charles Eastman）、斯蒂尼（George Stiny）等人从事建筑 CAD 研究。1977 年出版了 *Computer-Aided Architectural Design*，这是第 1 本推广建筑 CAD 应用的专著，也是 CAAD 名称的由来。1986 年后在哈佛大学任教 6 年，其间著作甚丰，1989 年出版了 *The Logic of Architecture*（《建筑的逻辑》），1991 年出版了 *Digital Design Media*（《数字设计媒体》）。1989 年他与著名建筑师弗兰克·盖里合作完成数字建筑标志性的实践项目——西班牙巴塞罗那的奥林匹克鱼雕工程。1992 年受聘担任麻省理工学院建筑与规划学院院长。1992 年出版了 *Reconfigured Eye*（《重组的眼睛》），1995 年、1999 年、2003 年、2005 年先后出版了 *City of Bits*（《比特之城》）、*e-Topia*（《伊托邦》）、*Me++*（《我 ++》）、*Placing Words*（《放置单词》）等一批著作。他是当代 CAAD 最重要的领导学者。

（2）托马斯·梅弗（Thomas Maver）

1968 年，英国斯特拉斯克莱德大学（Strathclyde Univ.）在梅弗教授领导下成立了"Architecture & Building Aids Computer Unit（ABACUS）"研究中心。数十年来坚持 CAAD 的研究方向，是世界上最早成立的 CAAD 研究中心之一。梅弗教授是著名学术组织 eCAADe 和 CAAD Future 的创

图 1-2　6 位在 CAAD 发展进程中的先驱人物
（a）威廉·米切尔；（b）托马斯·梅弗；（c）约翰·捷罗；（d）笹田刚史；（e）查尔斯·伊斯曼；（f）弗兰克·盖里

（a）　　　　（b）　　　　（c）　　　　（d）　　　　（e）　　　　（f）

建人之一，并担任了 eCAADe 的第 1 任会长。目前，他是斯特拉斯克莱德大学的名誉教授和格拉斯哥艺术学院麦金托什建筑学院的名誉教授。他长期从事建筑与城市的计算机建模以及虚拟现实的研究，是著名的 CAAD 先驱人物。

（3）约翰·捷罗（John Gero）

1968 年澳大利亚悉尼大学在捷罗教授领导下成立了 Key Center of Design Computing and Cognition（KCDCC，设计计算与认知重点研究中心），也是世界上最早成立的 CAAD 研究中心之一。他的 CAAD 研究可分为 4 个阶段：模拟（Simulation：1968~1975 年）、优化（Optimization：1972~1983 年）、人工智能及知识系统（AI and Knowledge-Based System：1980 年~）、设计认知（Cognition：1992 年~），先后出版过 50 本著作发表过 600 多篇论文。他目前是美国北卡罗来纳大学夏洛特分校计算机科学系与建筑学院的教授，目前的研究兴趣是设计神经认知、设计认知、计算创造力、定位计算等。他曾担任美、英、法、瑞士等国多所著名大学的客座教授，是著名的 CAAD 先驱人物。

（4）笹田刚史（Tsuyoshi Sasada，1941~2005 年）

1964 年毕业于日本京都大学建筑系，1966 年和 1968 年分别在大阪大学和京都大学取得硕士和博士学位，1970 年起任教于大阪大学，并成立了"笹田研究室"，该研究室共培养了 200 多名学生。他多年来致力于城市和建筑数字化技术的开发和研究，提出了许多见解和理论，并在实践中不断完善，在虚拟现实、协同设计、设计计算与认知等方面多有建树。他也是 CAADRIA 的联合发起人，是世界级的 CAAD 先驱人物。为了纪念他，从 2007 年起，CAADRIA 设立了笹田奖，这是一个荣誉奖，颁发给对计算机辅助建筑设计领域产生重大影响的个人。

（5）查尔斯·伊斯曼（Charles Eastman，1940~2020 年）

早年在美国加州大学伯克利分校建筑系取得了学士和硕士学位，之后曾在威斯康星大学、卡内基梅隆大学、加州大学洛杉矶分校、佐治亚理工学院等多所大学任教。他在卡内基梅隆大学创办了全球第 1 个研究 CAAD 的博士班，在佐治亚理工学院担任建筑与计算学院教授、数字建造实验室主任，是 ACADIA 的发起人并担任了首任会长。早在 1975 年他提出的建筑描述系统（Building Description System，BDS）被公认为建筑信息模型（BIM）的雏形。他开发了全球第 1 个供建筑师对信息进行分类和检索的集成数据库，并一直围绕着 BIM 开展深入的研究，其研究包括设计认知与协作（Design Cognition and Collaboration）、实体和参数化建模（Solids and Parametric Modeling）、工程数据库（Engineering Databases）、产品模型和协同运作（Product Models and Interoperability）等。他在 2008 年出版的《BIM 手册》已成为 BIM 领域内具有广泛影响的重要著作。他是世界上著名的 CAAD 先驱人物，被誉为 BIM 之父。

（6）弗兰克·盖里（Frank Gehry）

世界级著名建筑师。1929 年生于加拿大多伦多，1947 年迁居美国加州洛杉矶，毕业于南加州大学及哈佛设计学院研究所。1962 年成立弗兰克·盖里建筑师事务所至今，先后完成 600 多项设计作品。1989 年荣获建筑设计最高荣誉——建筑普立兹克奖。弗兰克·盖里是一位勇于创新的建筑师，他虽然不是一位 CAAD 的专家，但是他采取积极的为我所用的合作态度，是在建筑界使用计算机软件建模的先驱。他从巴塞罗那的鱼雕工程开始，成功地应用 CAD 和 CAM 技术，突破了传统建筑的几何复杂程度和大尺度自由形体精确度的限制。在他的工程设计中确立了一套新的工作程序：初始草图、手工模型、数字扫描，最后获取设计造型的数字化几何信息。盖里惯用的旋转而扭动的曲面，借用为航天业研发的软件 CATIA 得以进行精确的材料构件加工制造和定位施工。他的最具代表性的设计作品包括：1997 年完成的西班牙毕尔巴鄂古根海姆博物馆、2003 年完成的美国洛杉矶沃尔特·迪士尼音乐厅，以及 2007 年完成的美国纽约 IAC 公司总部大楼等。

（7）其他重要人物

除了上述代表人物，对 CAAD 的发展做出过较大贡献的学者或建筑师还有：卡耐基梅隆大学建筑学院的荣誉教授乌尔里克·弗莱明（Ulrich Flemming），主要研究重点是建筑与工程的生成设计；先后在剑桥、普林斯顿、耶鲁、哈佛大学等大学任教的彼得·艾森曼（Peter Eisenman）则基于语言学、哲学和对“媒介”的批判性思考，在理论和实践中进行多重探索；加州大学洛杉矶分校（UCLA）的格雷戈·林恩（Greg Lynn）则凭借折叠、泡状物、动态形式等关键理念，为数字建筑技术的当代理论与应用研究奠定了基础；早期以图像表达闻名的内尔·德纳里（Neil Denari）是建筑可视化计算机应用的先驱之一；UN 工作室（UN Studio）的本·范·贝克尔（Ben Van Berkel）设计了莫比乌斯住宅、奔驰博物馆等一系列以数字生成原型为基础的建筑；著名建筑师扎哈·哈迪德（Zaha Hadid）的作品多以充满动感的自由曲线造型为特征，她早就提出“将来的设计不能再依赖草图或绘画来呈现了，三维建模与编程是未来的方向”[4]。

1.2　建筑数字技术对建筑设计思维与方法的影响

1.2.1　从图示思维到“数字化思维”

建筑设计的思维模式，受到不同设计媒介所使用的具体技术手段的制约和影响。从由来已久的以纸笔为主要工具的 2D 图示和 3D 模型，到当前日渐推广的数字技术辅助下的设计媒介，建筑设计的思维模式也受到相应的影响，进行着相应的转变。传统的图示思维方式作为借助草图勾画、模型制作搭建、图纸生成与修改等一系列环节中贯穿始终的专业思维模式，使得建筑设计的内容对象和专业设计信息紧密联系。计算机辅助数字技术在建筑设计过程中的推广和应用，不可避免地影响了空间图示的方式方法，也同样改变着我们的专业思维方式。

1）传统建筑设计中的图示思维

建筑设计的思维过程，也是以视觉思维为主导的多种思维方法综合运用的过程。这一过程自始至终贯穿着思维活动与图示表达的同步进行。建筑师通过图示思维方法，将设计概念转化为图示信息，并通过视觉交流反复推敲验证，从而发展设计。传统的图示思维设计模式，通常凭借手绘草图、实体模型和 2D 图纸（平、立、剖面图，透视、轴测图等）实现设计内容的交流与表达。从某种意义上讲，图示思维模式，也正是这些传统的媒介工具及其承载的图示信息所产生的一种必然结果。

这些经过千百年发展演变而来的图示媒介系统和方法，及其支持下的设计思维模式，有其自身独特的语言体系和特征。保罗·拉索在其关于图示思维的著作《图解思考》(*Graphic Thinking*) 一书中，将图解语言的语法归纳为气泡图、网络图和矩阵图 3 种类型（图 1-3）。图解语言的语汇从理论上讲并无一定之规，从本体、相互关系及修辞等方面可以排列出大量简洁、实用的符号体系，同时亦可从数学、系统分析、工程和制图学科借鉴许多实用的符号。每个建筑师都可以根据具体情况及自己的喜好，发展出一套有效的图解方式。

2）当代建筑设计的"数字化思维"

新的数字技术的大量应用改变了建筑师的工作方式，也将直接影响到我们的专业思维模式。传统的图示思维模式借助徒手草图将思维活动形象地描述出来，并通过纸面上的 2D 视觉形象反复验证，以达到刺激方案的生成与发展的目的。以计算机辅助设计为代表的诸多数字技术则有可能将这一过程转换到虚拟的 3D 数字化世界中进行——我们暂且用"数字化思维"[6] 这个词来描述这一状况。

图 1-3 图解语言语法的气泡图、网络图和矩阵图，来自数学、系统分析、工程和制图学科的借鉴[5]

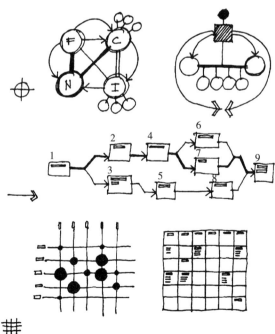

在数字技术发展的早期阶段，数字技术常常只是被用来对已经发展完备的概念进行精确的描绘、提炼和归档。如今，数字技术使我们拥有诸如更为灵活直观的交互界面和实时链接的信息模型等实质性进步之后，数字设计媒介也同样为我们提供了一个足够迅速的反馈回路。数字技术条件下的思维方式终于有可能挑战传统的图示思维方式。

众所周知，数字媒介为我们提供了精确性、高效性、集成化和智能化等诸多优点。数字技术介入传统的空间图示方法，除了使建筑师抽象思维的表现更为直观和接近现实之外，其更重要的潜质在于可以突破由于表现方法的局限而形成的习惯性的设计戒律，从而真正使建筑师在技术上有可能发现诗意的造型追求，使建筑空间的构思能有雕塑般的自由和随意。与此同时，它更提供了设计思维与方法更新的可能性——整体集成的建筑数字信息模型，以及以此为基础的设计过程的动态参与及广泛的横向合作等。这种新型多维化的设计思维模式，长期以来一直被绘图桌上的丁字尺和三角板所遏制。在数字技术的支持下，如：更大范围的信息共享、一体化的专业信息模型、多方位的网络协作等等将有可能克服传统图示思维的局限，向着更为多元、多维的设计思维模式转换。

3）面向三维信息模型的概念设计与方案发展

建筑方案的构思设计，大体上可划分为概念设计和方案发展两个阶段。由于建筑师这两个阶段的工作目标和思维表达的特点存在一些差异，因此，反映到数字媒介工具的应用上也会存在一些差别。

在概念设计阶段，建筑师主要是通过绘图、建模等操作过程，将头脑中思考的内容转移、外化为一种媒介对象，即概念设计草图或模型，这样建筑师便可以从一个新的视点来反观他所思考并创造出来的事物，并从中获取到新的经验以促进下一轮的思维循环。在概念设计阶段中，建筑师的设计思维与表达主要表现为一种较强的开放性、跳跃性和探索性特征。为了寻求问题的最佳解答，建筑师总是希望尽量尝试多种可能的方案设计，以便于从这些变化的形式中不断获取更多有价值的经验、线索，并从中进行优选。为了能做到这些，建筑师需要借助于一些方便、快捷型的 3D CAD 建模工具（如 SketchUp 等）及参数化建模技术，以支持该阶段建筑师这种的开放、跳跃和探索性的思维。

方案发展阶段是在概念设计基础上的自然延续。在这个阶段的前期和中期，建筑师的设计思维与表达在探索中渐趋明确，体现出对建筑空间、功能、建筑造型与整体环境等问题的深度思考和比较性研究特征。在该阶段的后期，则侧重于以图模或多媒体演示的方式，来充分表现这些思考和研究的内容。根据概念设计阶段中建筑师所使用的媒介类型、设计深度、项目规模或复杂度，以及建筑师个人的喜好等特点，建筑师目前在方案发展阶段大体上有如下可选择的数字化设计方法和策略：以 3D 模型为核心的策略；以 BIM（基于 BIM 的建筑设计软件有 ArchiCAD、OpenBuildings Designer、Revit 系列、Digital Project 等）为核心的策略；以及运算生成策略。传统以形式结果为导向的，先验预设的自上而下的图示思维，将转向以问题和过程为导向的数字化思维，通过设计影响因素的规则设定和变量调节，运算生成超乎想象且逻辑清晰的自下而上的多样化结果。

1.2.2 从传统建筑设计到数字建筑设计的方法过程转变

1）传统建筑设计的方法过程及主要特点

建筑设计的构思发展过程通常包括：分析、综合、评价等典型的创造性阶段。以图示信息为主的传统设计方式针对不同设计阶段、不同的具体对象，存在着不同程度的抽象化。它们分别对应于不同的设计阶段，具有各自的特点。

在利用图示信息进行设计创作的准备及酝酿阶段，初步的设计概念被迅速以图示方式记录在案，以便进一步予以验证。随着方案的逐渐明朗化，表达也逐渐趋于清晰。同时为了不断对想法进行验证和推敲，具有更为严谨精确的尺寸要素的 2D 视图，如：平、立、剖面图；更为形象生动的透视图、轴测图；更为直观、易于操作的实体模型，也较多地出现在建筑师的设计过程中。

遗憾的是，传统设计方法由于以"图纸"为代表的 2D 媒介的限制，只能将 3D 设计对象表征于 2D 之中进行。平、立、剖面，乃至轴测、透视这些专业图示语言深深影响着设计的过程方法与表达方式。从构思阶段的手绘草图到后期的施工图纸，历经不同设计阶段，这一进程通常沿着一条严格的线性路径单向运行。这套步骤分明的过程和按部就班的方法，使得其中任何环节的修改反复都显得成本不菲，困难重重。因为不同环节的设计工作都是相对割裂各自为政的，信息的搜集和使用、图纸的编绘整理、相关专业的配合反馈等等，常常因此耗费设计过程中的大量时间和精力。而如果应用了 BIM 技术，在 3D 的环境下确定好设计方案，再从 3D 模型生成平、立、剖面图，将大大节省修改成本，提高设计效率和效果。

2）数字技术对建筑设计方法与过程的影响

凭借当前强大的数字建模技术、通用集成模型、网络协作等手段，数字技术为建筑师提供了新的起点。尽管图纸作为主要信息媒介之一仍将延续相当长时间，但数字技术可以使设计真正回归 3D 空间和整体性的信息运算模型之中。也只有在这个层次上，数字技术才能真正做到辅助设计（Aided Design）而非辅助制图（Aided Drawing）。

20 世纪 60 年代计算机在建筑领域还只是停留于对材料、结构、法规及物理环境数据的简单计算与分析，即所谓 P 策略（Power），注重解决"数"和"量"的问题。20 世纪 70 年代，电脑进入 2D 图纸绘制阶段；20 世纪 80 年代电脑已可建立相应的建筑模型并进行一定程度的环境模拟。早期的数字技术必须依靠其准确的坐标体系去做完美而清晰的接合（Joint），而抽象性和模糊性在设计初期创作者的创作思维过程中又是必不可少的。早期的 3D 动态设计更大程度上来说是对传统实物模型的替代。进入 20 世纪 90 年代，人们已不再满足于数字技术对传统媒介的直接取代，而将目标转向了全球网络资源共享及多媒体动态空间的演示乃至虚拟现实（Virtual Reality，VR）技术。这时，数字技术已采用了 K 策略（Knowledge），即着眼于人工智能的发展以达到辅助设计的目的。短短几十年中，数字技术在建筑设计中所扮演的角色不断改变。所有这些都依赖于构成电脑系统软、硬件的飞速发展。数字可视化技术（Visualization）也成为建筑师和开发商必不可少的工具。

数字技术在建筑设计中的应用，从早期的方案设计图及施工图的绘制到 3D 建模和影像处理，到动画和虚拟现实，再到 BIM 的建立，其强大潜力把富有创造才能的建筑师真正从大量繁琐的重复工作中解脱出来，以便我们利用这些新技术更好地从事于建筑创作。

这一方向上走在最前面的先驱是弗兰克·盖里和彼得·艾森曼这样的建筑师。数字技术不仅被采纳到他们的设计过程中，而且戏剧性地改变了它。在他们那里，以电脑图示为表象的 CAAD 技术踏入了设计的核心地带。他们虽然也用笔和纸勾画自己的原始构思，但出现在图示中的空间实体却已经真正摆脱了传统方式的束缚，并充分发挥着电脑图示中前所未有的造型能力。盖里作品的那些空间形式有些已很难用传统的平、立、剖面图加以表现了。项目小组只能手持数字化扫描仪对原始模型进行数据采样，扫描仪另一端所连接的电脑中生成的是拥有无痕曲线的 3D 建筑模型（图 1–4）。艾森曼则扬弃了早期作品中以语言学的深层结构作为其建筑的理论基础，而转向数字虚拟空间中的生成设计。超级立方体（Hypercube，卡内基梅隆大学研究中心）、DNA（法兰克福生物中心）、自相似性（哥伦布市市民中心）与垒叠（Super position，辛辛那提大学设计与艺术中心）等手法都在数字技术的辅助下得以实现。由此可见，新兴的数字技术在许多方面正以不可阻挡之势改变着传统的设计方法和过程。

图 1–4　盖里设计的古根海姆博物馆模型及生成过程[7]

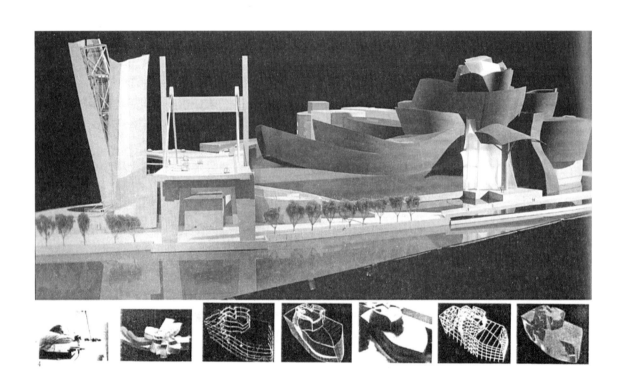

1.2.3　基于规则与算法的参数化设计与生成设计

1）参数化设计和生成设计的概念定位

有关数字化建构和运算化设计（Computational Design）的理论与方法日新月异，繁杂众多，其中尤以参数化设计和生成设计成为当今数字化建筑设计的重要方向。

（1）有关参数化设计

参数化设计（Parametric Design）最早应用在工业设计上，最近十几年发展普及到建筑设计中。在数字化建筑设计的研究中从研究参数化模型发展到参数化设计，也是一种以计算机技术为基础的建筑设计方法和设计思想。

格雷戈·林恩（Greg Lynn）在 1998 年曾指出："计算机辅助设计构成的形体是调整参数并做出决定的结果。"他将参数化设计不仅仅看作是对几何形体的调整，而且看作是对环境因素，比如：温度、重力或其他力的调整与综合。他还说："各种数据参数会形成关键帧，同时通过表达式产生动态联系，最后改变最终的形体。"[8]

参数化设计寻找与设计问题相适应的算法逻辑或者约束关系，试图基于计算机技术建立起从设计条件到设计结果之间的联系；在这种联系中，算法是设计的核心，它们能够接受作为输入参数的设计条件，并动态地生成较优的设计结果。因此也可以说，参数化设计就是使用参数工具来控制设计形态，通过改变 1 个或多个参数使设计形态产生变化。建筑师可以通过生成设计法生成建筑设计的初始模型，也可以根据自己构思的设计意图在计算机上建立起设计的初始模型。通过在对各参数关系研究的基础上，找到联结各个参数的规则，进而建立起模型内部各种参数之间的约束关系。在计算机上运行程序，通过改变模型参数的数值，就可以获得多种具有动态性的设计方案，生成可灵活调控的建筑设计模型。

目前，常用的参数化建模软件除了具有代表性的 Rhino 外挂 Grasshopper 插件外，还有诸多具有参数化设计功能的软件，如：Autodesk Revit 的参数化建模工具 Dynamo、Autodesk Maya 的嵌入式语言 Mel、Bentley 公司的参数化建模软件 Generative Component（GC）、Gehry Technologies 公司在 CATIA v5 基础上开发的 Digital Project[①] 等。

（2）有关生成设计

在 20 世纪 80~90 年代就有人研究生成设计（Generative Design），当时曾译为"衍生式设计"。它借助于遗传算法、元胞自动机以及其他的一些算法，在结合给定的约束条件通过编码转换成计算机程序，在计算机程序运算的过程中，产生各种各样的设计形态。建筑生成设计引进非完全随机和非简单迭代的程序进化机制，并以动态和自组织方式让程序完成建筑方案的自身优化，进而提炼并转化建筑设计相关进化规则。生成设计过程就类似生物的基因编码，在不断演化的过程中通过变异可以产生无穷无尽的形态，建筑师可以在通过计算机运算生成的众多的设计形态中，为自己的建筑创作挑选适合的设计形态。

因此生成设计也可以看作是 1 种通过计算机编程的方法，凭借计算机编码以"自组织"（self-organization）的方式，将相关设计因素和设计概念转换为丰富多样的复杂形态的设计方法。生成设计方法用某种全新的方式整合多种学科的方法和资源。这种以编程运算为基础的智能化设计方法，需要设计者为某项工程的某个设计专题找出算法编写专门的演算程序来辅助方案的设计构思。

---

① Gehry Technologies 公司于 2014 年被美国 Trimble 公司收购。

2）生成设计和参数化设计的异同比较

如前所述，从技术上来讲，生成设计和参数化设计都需要建立计算机模型、确定算法，这些是它们的共同点。两者都是针对建筑设计过程中所包含的来自环境、性能、行为、功用等诸多彼此关联的影响因素，利用计算机数字模型和程序逻辑，通过设定参数变量和关系规则，在软件工具和程序运算中，生成不同的形态乃至方案，并通过调整参数变量，加以筛选和控制，最终以此"设计"出最优方案。两者都旨在改变传统设计的经验、模糊感性和直觉、线性关系和状态，而以更为理性的复杂关联和逻辑，更为精准的推演计算来生成方案，设计元素间存在动态性关联。其设计应用的对象，往往是和传统设计方法相结合的总体或局部问题，大到总体规划、总平布局，小到如功能体量、立面肌理，乃至流线编排、性能优化等。

有关专业人员在生成建筑设计时，也常采用参数调控，所以有观点认为生成设计其实是参数化设计的一部分。更有人认为，生成设计和参数化设计是一回事。但实际上，在很多参数化设计中，其参数化原型并不是由生成设计得来，而是由建筑师自己构思或设定得来，因此，生成设计和参数化设计应当是有区别的。

两者的不同殊为复杂，也可在前述基础上简化概括为：生成设计采用动态和自组织方式让程序完成建筑方案的自身优化，而参数化设计是使用参数工具来控制设计形态，通过改变1个或多个参数使设计形态产生变化最后达至优化。

生成设计主要强调基于特定算法的编程运算和迭代处理，对形态甚少预期，基本通过筛选和比较进行方案的优化调整；相对而言，针对问题较为底层，模型往往更为抽象和简洁。但多半要求设计者运用编程工具进行操作处理。编程演算，是生成设计的核心之一。

参数化设计则更多基于复杂系统和非线性科学的理论背景，通过传统定量信息因素的变量化建模操作，实现设计过程中的方案可变性、适应性。非线性是理念，参数化是方法。参数化模型的操作，不一定需要编写程序脚本，也可以通过诸多图形化操作界面的参数化建模工具，获得所需的关系形态。算法找形（form-finding）、性能驱动设计思维等是参数化设计的思维特征。

归根到底，基于不同计算机语言（VB、C++、JAVA、Python等）和逻辑算法（多目标遗传算法、多智能体系统、深度学习算法，以及L-体系、泰森图形等）的程序或工具，都可以以不同的角度和方式，被建筑师用来在设计对象和变量之间建立不同的规则和联系。只是，到目前为止，典型的算法语言都并不是专门针对建筑问题的，而是建筑师和设计者们加以发掘、改造和利用的工具。不同的逻辑规则和算法语言，可能适用于不同的问题和对象。

本书将在第3章重点介绍"参数化设计"的发展概况，参数化设计概念和思维体系、关键技术工具，以及相关技术标准和实践应用。而第4章

"生成设计"，则主要介绍基于规则的建构方法、相关算法，和基于案例及其学习的生成设计方法。

1.2.4 建筑信息模型与协同设计

1）信息集成与 BIM（建筑信息模型）

传统建筑设计流程中，各设计阶段、各设计部门之间的信息共享程度相对较低，存在大量的"信息孤岛"。即使在应用了大量计算机辅助绘图和设计工具之后，也还存在不同专业应用程序、设计软件之间的数据格式兼容问题。从设计到施工的各个环节存在着种种信息沟通、共享和交流的问题，直接限制了建筑设计的效率，甚至影响了设计质量。解决上述问题的有效途径，就是在 BIM 技术支持下实现信息集成。

2）以 BIM 为核心的方案发展策略

以 BIM 为核心的方法策略，适用于各类建筑设计项目，尤其在建筑规模较大，或复杂程度较高的设计项目中更具优势。这种方法策略有以下优点：基于 BIM 技术的建筑设计软件系统所建立的 3D 模型是由包含了空间几何、材料、构造、造价等全信息的虚拟建筑构件构成，因而模型是信息化的，所有构件的有关数据都存放在统一的数据库中，而且数据是互相关联的，实现了信息的集成。其设计成果所包含的信息能对后续设计过程乃至建筑全生命周期形成强有力的支持。当建筑师使用这些构件创造建筑空间或形体时，这些与建造经济、技术等有关的因素自然而然地被一并考虑在内。

所有的设计图纸、表格都由 BIM 模型直接生成。因此各种图纸文档仅仅作为设计的副产品而已，这样施工图环节周期大大缩短。由于生成的各种图纸都是来源于同一个建筑模型，因此所有的图纸和图表都是相互关联变化、智能联动的，在任何图纸上对设计做出的任何更改，就等同对模型的修改，都可以马上在其他图纸和图表上反映出来。例如：在立面图上修改了门的宽度，相关的平面图、剖视图、门窗表上这个门的宽度马上就同步变更。这就从根本上避免了不同视图之间出现的不一致现象。因此，应用 BIM 能实质性提高设计效率，保障设计质量。

BIM 能提供可视化的设计环境，以及功能强大的 3D 设计功能。应用 BIM 技术后，应用可视化设计手段就可以通过碰撞检测等协调设计问题，对发现不协调的地方和错误进行改正。BIM 所提供的可视化设计环境所提供的观察方式方便灵活，例如：可生成任意高度、位置的平面、剖面视图，任意方位的立面和轴测图，任意视点的色彩或线框透视图等。这些都可形成对方案设计阶段建筑师设计思维的有力支持。在可视化的设计环境下，设计人员还可以对所设计的建筑模型在设计的各个阶段通过可视化分析对造型、体量、视觉效果等进行推敲，比起以往要到设计后期才用 3D 建模软件建立模型，实在要方便得多。

BIM 支持各种建筑性能分析。BIM 模型中的数据库包含了用于建筑性能分析的各种数据，为分析计算提供了很便利的条件，只要将模型中的数据输入到结构分析、造价分析、日照分析、节能分析等分析软件中，很快就得到相关的结果。以前这些分析，都是在设计方案确定后进行的。而现在在 BIM 的支持下，则可以在方案的构思过程中就进行，这些分析结果，将对设计方案的最终确定产生积极的影响。

以 BIM 为核心的方案发展策略的优点还不仅仅限于上述这些，在协同设计、支持建筑工程全生命周期等多个方面，BIM 技术都有出色的表现（图 1-5）。

图 1-5　建筑信息模型的多项用途示意[9]

3）面向过程管理与知识创新的协同设计

建筑设计是一种牵涉面广、系统性很强的活动，其中包括了多种层次交流与协作的需求，例如：设计团队内部不同专业、不同职责的建筑师、工程师之间的交流与协作；设计团队与房地产开发商、业主、市场营销人员、市政规划及勘察部门等之间的交流与协作等。特别是当项目进行到初步设计和施工图设计阶段，这种交流与协作就变得更为频繁和重要。因为只有通过广泛、深入的交流和信息沟通，才能将参与项目的多方人员的知识和智慧综合在一起，并最终形成可组织实施的项目施工图文件。而所谓协同设计，正是为促进人们这些积极有效的交流、互动和知识重构而发展出来的先进设计模式。随着建筑领域数字技术的应用发展，基于网络的协同设计必将成为今后建筑设计部门必然选择的工作模式，因为只有这种工作模式才能真正符合信息社会人们在建筑设计与建造活动中所表现出来的群体性、交互性、分布性、协作性，以及共享信息基础上的知识创新等基本特征。

协同设计需要在基于 BIM 的建筑信息管理平台上进行，如 Bentley 公司的 ProjectWise 等，就是这一类建筑信息管理平台，可以在因特网环境下满足项目参与各方的跨部门、跨企业的协同工作需求。在这一类平台上，是给设计人员提供 1 个信息化的 3D 实体模型，同时还提供了 1 个信息量丰富的数据库，为各个专业利用这些信息进行各种计算分析提供了方便，使设计做得更为深入，提高了建筑协同设计的水平。基于云计算技术的 BIM 协同设计平台正在发展之中，该平台能够为分布在不同时间、地点的用户提供云端服务，实现了各个项目参与方之间在同一平台上的协同工作。由于在云端有几近无限的存储空间，使协同设计的效率更高。

目前，在国内外建筑业都出现了 IPD（Integrated Project Delivery，集成项目交付）模式。这是在 BIM 应用的条件下协同设计、协同工作的新模式。这种模式能够让建筑工程在所有阶段有效地优化项目、减少浪费并最大限度提高效率。

总之，以 BIM 为核心的一系列相关行业设计程序系统，以建筑设计的标准化、集成化、三维化、智能化[10]等为目标，为我们提供了更高的工作效率、更深的设计视野，以及前所未有的专业协调性和附加的设计功能——环境分析、声光热电等能耗分析、结构分析与设计、成本分析、建筑施工和运营等多方面多环节的科学计算、分析评估、组织管理等等。建筑设计因此成为一个"全生命周期"的多元互动过程。如前所述，这个漫长的过程由于传统图示媒介的固有特点和种种限制，通常呈现为一种单向线性的方式。设计方法与过程的更新一方面保持着传统方式的延续与结合，另一方面又以虚拟的数字信息模型中新的设计方法发展着新的设计过程，开拓着新的设计领域。

以上有关"建筑信息模型"的具体内容，都将在本书第 5 章详细介绍。

1.3 建筑数字技术在建筑设计中的综合拓展应用

1.3.1 面向绿色建筑的建筑性能评估与模拟分析

随着人们对于生态、节能、环保以及服务等意识的不断加强，面向建筑生命周期的设计现在成为建筑学术界、设计界广为接受的建筑设计理念。而各种支持建筑产品生命周期建筑性能模拟与分析的数字化工具的不断出现，以及国家有关绿色建筑、建筑节能法规和政策的相继出台，相关数字化技术更成为建筑师们不可或缺的重要工具。以下简要介绍一些在面向建筑生命周期建筑性能评估与设计方面可能涉及的数字化工具和方法。对于建筑师而言，全方位地了解、甚至掌握其中某些工具和方法的应用，不仅可以有效地帮助建筑师从建筑的造型、空间、构造及材料、设备配置等各方面来研究、改善建筑设计性能，同时也可以在可持续发展建筑观指导下帮助建筑师有效地提高他的设计团队协同设计的水平。

1）建筑物理性能与健康环境的模拟与分析

传统建筑物理性能在当代数字技术的结合应用中，分别在声学、光学、热工、通风等各方面进行更为精准的模拟优化。与此同时，这些物理性能指标与建筑健康环境的热舒适度、空气质量和噪声环境等因素相结合，成为绿色建筑设计与评价的重要内容。

经过多年的发展，目前光环境模拟软件已日臻成熟，除了在建筑设计方面得到广泛的应用之外，还在建筑全生命周期内包括建造、维护和管理等各阶段都有卓有成效的应用。这类软件可以模拟某一时间点上的自然采光和人工照明环境的静态亮度图像和光学指标数据，具有强大的渲染功能，还可根据全年气象数据动态计算工作平面的逐时自然采光照度，并在上述照度数据的基础上根据照明控制策略进一步计算全年的人工照明能耗。建筑热湿环境的模拟针对建筑内外空间围护结构和材料的几何信息和传热性能，结合空间内人员活动和设备使用等状态和信息，以及当地室内外气候气象数据，进行环境空气温湿度的测量运算和模拟优化。热湿环境模拟也常结合通风环境研究进行。建筑风环境研究则主要依赖各种计算流体力学（Computational Fluid Dynamics，CFD）相关分析工具。

上述建筑光、热、风环境对人在建筑环境中的热舒适有着重要的影响，而与健康舒适度相关的建筑因素还有热舒适度、空气质量和声环境等；其中热舒适包含物理、生理、心理等多方面因素，尤以 PMV（Predicted Mean Vote）预测平均评价热舒适指标为代表，可结合热舒适评价模型和计算分析工具，进行相关模拟分析评价。室内空气质量的模拟和优化，除了室内环境本身的物理、化学和生物因素，更须在设计环节，结合通风换气要求运用前述风环境模拟分析工具方法。建筑设计中的声环境模拟分析，则包含了特定音质设计（如观演建筑）和创造舒适环境离不开的环境噪声控制等不同方面，相关声学分析模拟工具和方法都能根据不同环境的声响音质要求，进行较为专业的模拟评价和分析优化。

2）建筑能耗的模拟与分析

建筑能耗问题，毫无疑问是生态建筑、绿色建筑研究中必须首先面对的问题。过去由于缺乏必要和有效的分析工具，因此有关该领域里的研究基本上停留在一种定性的、甚至是一种十分模糊的阶段。而现在，越来越多功能强大的专业型节能分析工具应用于建筑设计的研究和实践中来。相关软件都是以现行国家建筑节能设计标准为参照的实用型分析软件，主要用于建筑设计部门以及规划主管部门对建筑方案及初步设计中有关建筑节能的性能进行控制和评估。如结合建筑日照和遮阳设计要求，目前国内已陆续推出了多种以建筑日照现行国家及地方标准为参照的实用型分析评估工具，这些工具主要为满足规划主管部门对建筑方案、初步设计进行审批的需要；建筑设计部门也可以将之应用于控制建筑设计的日照性能，根据建筑日照的技术标准辅助建筑设计方案的生成。

在设计的初期，对建筑形体和布局的选择便从根本上影响了其能耗。目前，关于建筑形态的低能耗优化研究主要分为两类：一是，通过对典型布局的能耗模拟与分析，对不同建筑形态和布局进行优劣评判；二是，通过对能耗计算模型的优化，为不同建筑形态和布局进行能耗快速预测。在优化能耗计算模型方面，建筑方案能耗快速预测目前主要有 4 种方法[11]：工程简化算法、以多元回归方法为代表的统计学方法、以人工神经网络模型为代表的人工智能方法和并行计算方法。

3）绿色建筑数字技术协同应用与多目标优化

有关生态建筑、绿色建筑的研究，在十余年来一直是建筑学领域里的讨论热点。随着一系列面向建筑生态设计分析的实用性综合工具的推出，生态建筑、绿色建筑也从理论性研究逐步向实际工程中的应用研究方向转变，由单一性能的检测优化向多目标综合优化转变。面向绿色建筑的性能评估与模拟分析，不仅有如前所述面向特定性能的分项模拟工具，更有针对不同绿色建筑设计阶段及过程的协同应用。

最初由英国 Square One 公司开发的生态建筑性能分析软件 Ecotect，是由建筑师研发、为建筑师所用，并且被其他相关专业的工程师和环保人士所接受认可的典型建筑性能分析软件。近年来更有基于 Rhino+Grasshopper 平台的诸多性能分析插件，如：Ladybug、Honeybee 和 Butterfly 等。结合前述不同工具，可以让设计者在一套软件平台上通过单一模型实现建筑性能的多目标优化（图 1-6）。

图 1-6　绿色建筑数字技术的多目标优化平台工具 ①

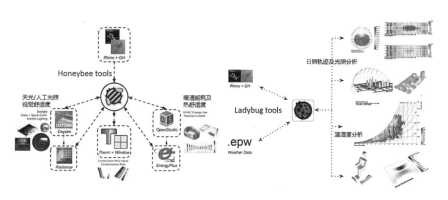

从总体到细部，进入方案深化阶段，建筑的绿色设计进一步深入到建筑围护、设备等方面的模拟计算，如：运用 DeST 对保温材料节能效果进行模拟验证，利用参数化仿真技术或遗传算法优化立面表皮与室内光环境效果，利用神经网络和遗传算法相结合的方法预测通风系统和空调能耗等。而在面向建筑全生命周期的建造乃至运营维护等阶段，同样从传统施工管理迈向基于 GIS 和 BIM 的绿色数字建造技术和工程全过程管理，进而推动工程和建筑运维基于 BIM 模型的精细化、智能化运营管理，实现绿色建筑的节能生态效益。

关于面向绿色建筑的数字化设计及其协同应用的讨论，可参阅第 6 章具体内容。

---

① 图片来源：ROUDSARI C by M S, GROUPS V. Ladybug Tools[EB/OL]. 2021-01-06[2022-05-28]. https://www.grasshopper3d.com/groups/group/show?groupUrl=ladybug.

1.3.2 虚拟现实类技术在建筑中的应用

虚拟现实（Virtual Reality，VR）作为计算机生成的虚拟世界，是由计算机软硬件构筑的人工多维信息环境。与此同时，还有将虚拟的物体、场景或数据信息叠加到真实环境之中，让用户同时体验虚拟信息和真实环境的增强现实（Augmented Reality，AR）；以及在此基础上，整合虚拟现实和增强现实的3D实时互动可视化环境，也称混合现实（Mixed Reality，MR）。这三者，以及其他有关虚拟与现实融合或交互的技术的合集，又常被人们统称为扩展现实（Extended Reality，XR）[12]。随着技术的发展，很多应用无法单一地被归类为VR、AR、MR或是XR，我们将此类型的技术统称为虚拟现实类技术。此类技术与建筑场景漫游相结合，既可以应用于方案设计过程中的评估，也可以应用于方案设计后期进行的演示和论证。

1）设计概念的推敲与空间效果的展示

虚拟现实和增强现实技术最重要的建筑应用之一，应是设计概念的研究与推敲，空间效果的传达与展示。除了传统意义上建筑设计过程与成果的综合表现与交互操作，其具体技术应用还可以包括建筑遗产的保护与教育学习，建筑设计工作学习过程的展示交流，以及面向非专业人士的建筑空间效果展示和体验等。

2）建筑环境信息的可视化

传统空间物理性能等相关信息数据的可视化，利用VR工具也能在虚拟环境中以更为立体直观的方式加以呈现，通过信息数据的实体化和可视化，可以让操作者进行直观解读和交互体验，并迅速做出修改或决策。除了建筑尺度空间的模拟，虚拟现实技术还能将城市甚至区域尺度的大数据要素，以可视化方式实时输出，从而让设计者或决策者看到相关城市信息并与之互动，还可以提升公众参与区域规划与设计的深度。

3）对建造的辅助增强和引导作用

和现实环境以多种方式结合的增强现实技术和混合现实技术，还发展出AR全息建模和MR辅助建造（MR assisted Manufacture）概念，为传统方式中制造/建造难以处理的高度复杂几何形体对象，提供设计与制造的同步辅助和材料模块化方法。相关技术甚至能让施工人员在对方案了解有限的情况下，也能通过混合现实投影技术（如：Kinect感应）了解结构构造方面的问题，进而成功建造复杂建筑对象。VR技术还可以用于建筑遗产的数字化研究保护，以及建筑施工的综合管理。

本教材将在第7章，详细介绍虚拟现实和增强现实技术在建筑设计中的应用，包括：虚拟系统在建筑中的应用、虚拟系统内容的制作与发布，以及建筑应用场景与虚拟系统的匹配等内容。

1.3.3 人工智能、大数据和云计算在建筑中的应用

一个建筑项目的完成，需要相关专业人员对建筑、结构、设备、施工、管理等多阶段、多层次多方面的知识、信息和条件进行分析、综合、处理。建筑数字技术在其中的作用，已经渐渐从单纯对信息搜集、制图处

理的效率提升，转向对设计概念、信息协调等方面的创造性促进，或者说逐渐为建筑师的设计思考提供有效支援。建筑设计的专家系统和智能化研发应运而生，目前最新应用涉及人工智能、基于大数据和高速网络的云计算、基于地理信息系统（GIS）的时空定位技术，以及从建筑信息模型到城市信息模型（CIM）的拓展等。

1）人工智能与大数据

建筑设计的智能化，很大程度上就是在建筑设计的过程中，运用相关的数字技术和软硬件系统，帮助设计者和专业人员在建筑方案的自动生成、设计问题的多种解答的自动探索，以及多方案的自动评价、比较和优化等方面，为设计者提供有效的支持和帮助。自20世纪60年代以来，利用计算机系统的不断强大的信息储存和数字运算能力，在建筑设计型专家系统、建筑形态生成系统、建筑技术模拟系统等方面均不断取得新的研究成果。

更新的人工智能算法，则是某种具有主动学习特点的机器学习算法，会对数据信息进行进一步的分析与理解，并加以特定规则的运用。2016年的AlphaGo（及随后的Zero版本）通过基于深度神经网络（DNN）的机器学习在围棋对弈中战胜人类的世界冠军，可看作某种程度人工智能技术发展与应用的标志。而人工智能在建筑中尤其是设计过程中的发展与应用，则得益于几项基本条件。首先是设计所需要的专业信息大数据的搜集，以及计算机（机器）从城市、建筑和景观等各相关专业的先例数据信息中的学习和对这些数据信息的应用，在大量数据中挖掘出能指导设计的知识。建筑师需要学会与人工智能机器的沟通和对话，学习运用基于机器学习的人工智能[13]。

人工智能在建筑领域的影响和应用，则从海量方案的生成筛选、复杂性能的优化与评估，到建成之后的运维管理等，越来越广泛和深入。基于网络大数据的机器学习、大数据运算处理等方兴未艾，相关卷积神经网络（CNN）、生成式对抗网络（GAN）、条件生成对抗网络（CGAN）等的不同神经网络技术不一而足，都已越来越多地应用于建筑相关的设计环节。

2）人工智能技术的建筑应用简介

通过人工智能等关键词在近年来研究文献中的快速检索可以了解，人工智能等相关技术在建筑设计领域的应用，主要包括：设计认知、设计生成，以及环境、结构计算和城市数据分析等方面[14]。设计认知方面包括：建筑图像识别和特征提取、建筑图纸分类与元素识别、建筑形态评估、建筑功能自动识别分区、设计指标评估预测、建筑构件分类建模和BIM模型自动标签，城市地图特征识别分类、城市人群行为数据分析、城市街景及沿街立面识别分析等；设计生成方面包括：建筑平立面生成、建筑渲染表现图生成、3D实体及曲面形态生成、设计序列生成，城市平面图和街景图的生成、用地性质预测、游戏地图生成等；辅助工具方面则包括：结构计算和材料性能的轻量化和优化、形态与大数据聚类分析、空间使用数据采集等。

本书将在最后一章，对建筑设计的智能化研究应用进行专门的介绍。相关内容包括：人工智能与建筑设计、GIS与空间定位技术、大数据与云计算技术等，也是对相关未来发展的一些展望。

1.3.4 从传统施工到数字化建造

1）传统设计与建造中的问题

长期以来，建筑设计与建造施工的关系在设计过程中往往没有得到应有的重视。建筑师在考虑设计过程与结果的时候，却常常错误地认为建造只是设计完成之后的工作。实际上，与设计紧密相关的建造环节，正是保证设计意图得以实现的重要阶段；从建筑材料结构的选择、制造加工，到施工现场的装配建造，更在事实上直接决定了建筑的最终质量。

由于跨企业和跨专业的组织结构不同、管理模式各异、信息系统相互孤立以及对工程建设的不同专业理解、对相同的信息内容的不同表达形式等，导致了大量分布式异构工程数据难以交流、无法共享，造成各参与方之间信息交互的种种困难，以致阻碍了建筑业生产效率的提高和建成效果的保证。[15]造成以上种种状况的重要因素之一，正是专业设计信息的生成和交流，由于传统设计媒介的限制导致的结果。而数字技术，尤其是计算机辅助下的信息集成系统，则有望给长久以来设计与建造之间存在的问题带来极大的改观。

2）数字技术对建筑设计与建造关系的影响

如前所述，覆盖整个建筑全生命周期的BIM作为数字技术在建筑专业领域的典型应用和发展方向，就是试图通过建立高度集成的专业信息系统，统一专业信息交流的规范和标准，连通从设计到建造过程中不同阶段不同相关专业（结构、设备、施工等）之间的信息断层。具体而言，数字化技术支持下的集成信息系统、强大的科学计算能力，将给我们带来新型建筑材料结构构件的柔性制造加工工艺、新型构造和结构体系、经过数字化仿真模拟精确计算的智能化设备控制，甚至现场施工过程的物流调配和"虚拟建造"。解决了通过数字技术设计的非常规造型构件的加工建造问题。

当然，数字技术对设计之外的建造等阶段的有力支持，同样会反过来影响和改变我们的设计过程。而"建筑全生命周期管理"（Building Life Cycle Management，BLM）[①]等新理念的引入和实施，更使建筑师们对设计和建造的关注面向建设项目的整个生命周期，包括规划、设计、施工、运营和维护，甚至拆除和重建的全过程，对信息、过程和资源进行协同管理，实现物资流、信息流、价值流的集成和优化运行，实现对能源利用、材料土地资源、环境保护等可持续发展方面的长远效益和整体利益的考虑。而材料、构造、施工等不同专业工种如果在方案阶段就提前参与协同设计，很多建筑师不了解或难以预料的相关专业问题都可以事先得到妥善解决。

---

① 据称，BLM的应用可使建设项目总体周期缩短5%，其中沟通时间节省30%~60%，信息搜索时间节省50%，成本减少5%。

3）机器人建造

在建筑智能建造系统中，机器人建造工具不可或缺。以机器人建造为基础的智能建造系统，记录和再现了建造过程的虚拟与现实信息。随着机器人加工方式、运动模拟和控制语言输出等过程被整合到建筑信息模型中，建筑形式的物质化过程、材料的建构方式从设计流程的后期进入概念性设计阶段，带来一体化的设计思维。而在真实环境中，建筑机器人不仅从计算机获取建造信息，同时在建造过程中通过传感器将真实环境信息实时反馈为数字虚拟信息，在虚拟环境与物质建造的循环交互中实现自主化建造、人机协作等智能过程。不同于传统的设计建造流程（设计意图—制图—再现—建造），机器人建构下的设计建造一体化流程从设计目标出发，通过逻辑与推演得到非预定的成果，其中生形、模拟、迭代、优化与建造被整合为重要的一体化工作流程，允许建筑师无缝衔接生产工艺，打破了从几何、性能到建造的壁垒[16]。

本书也将在最后部分对数字化建造的相关技术及其应用进行一些具体介绍和探讨。

本章参考文献

[1] 白静. 建筑设计媒介的发展及其影响 [D]. 北京：清华大学，2002：14.

[2] 秦佑国，周榕. 建筑信息中介系统与设计范式的演变 [J]. 建筑学报，2001（6）：28-31.

[3] Journal overview and metrics：International Journal of Architectural Computing：Sage Journals[EB/OL]. [2024-09-18]. https：//journals.sagepub.com/overview-metric/JAC.

[4] Patrik Schumacher. 我对所有"艺术感"的事物的合理性以及设计手段存在质疑 [EB/OL]// 知乎专栏.（2017-06-06）[2024-09-18]. https：//zhuanlan.zhihu.com/p/27267744.

[5] 保罗·拉索. 图解思考 [M]. 邱贤丰，刘宇光，郭建青，译. 北京：中国建筑工业出版社，1998：58.

[6] 俞传飞. 布尔逻辑与数字化思维——试论数字化条件下建筑设计思维特征的转化 [J]. 新建筑，2005（3）：50-52.

[7] DUBOST J C，GONTHIER J F. Architecture for the Future [M].Paris：Terrail，1996.

[8] LYNN G. Animate Form [M]. New York：Princeton Architectural Press，1999.

[9] What is BIM? I Building Information Modeling[EB/OL]//LOD Planner.（2018-05-23）[2024-09-18]. https：//www.lodplanner.com/what-is-bim/.

[10] 赵红红，李建成. 信息化建筑设计——Autodesk Revit[M]. 北京：中国建筑工业出版社，2005：10-14.

[11] 李紫薇，林波荣，陈洪钟. 建筑方案能耗快速预测方法研究综述 [J]. 暖通空调，2018，48（5）：1-8.

[12] TECHART 科研社. VR 虚拟现实，AR 增强现实，MR 混合现实的最新技术与设计应用的方法整理 [EB/OL].（2020-10-06）[2022-05-28]. https：//zhuanlan.zhihu.com/p/262151470.

[13] 安托万·皮孔 . 人类如何？建筑学中的人工智能 [J]. 周渐佳，译 . 时代建筑，2019（6）：14-19.

[14] 郑豪 . 建筑师在用人工智能做什么？[EB/OL].（2018-11-30）[2022-05-28]. https：//zhuanlan.zhihu.com/p/51284408.

[15] 张建平 . 信息化土木工程设计——Autodesk Civil 3D[M]. 北京：中国建筑工业出版社，2005：17.

[16] 袁烽，李可可，高天轶 . 机器人建构——探索一种工程建筑学的新范式 [J]. 当代建筑，2021（10）：35-39.

第2章 数字化建筑设计的相关软件

2.1 数字化建筑设计的相关软件概述

对于建筑业的转型与发展，从前期分析、2D 绘制、3D 建模、协同设计、BIM 应用到基于云端的线上设计，随着 BIM 软件的应用与推广，数字化技术、数字化建筑设计的理念已经融入建筑工程全生命周期中。

数字化建筑设计相关软件的功能应用范围可以涵盖建筑工程 4 个主要阶段：①项目前期策划阶段；②设计阶段；③施工阶段；④运营阶段。从前期项目策划的数据采集、投资估算与阶段规划，到设计阶段的场地分析、设计方案论证、设计建模、结构分析、能源、照明等各类分析评估，以及施工阶段的施工场地规划、数字化建造与预制加工、3D 视图协同与施工流程模拟，甚至到后期运营阶段的各类维护管理，都已经有各类软件可满足使用需求。

不同阶段往往需要运用不同的软件，目前还没有一款软件是可以覆盖建筑物全生命周期，必须根据不同设计阶段、应用需求，采用不同的软件。以在 BIM 中的应用为例，严格来说，只有在 buildingSMART International（bSI）获得 IFC[①] 认证的软件才能称得上是 BIM 软件。这些软件一般具有操作的可视化、信息的完备性、信息的协调性、信息的互用性等技术特点。许多 BIM 应用中的主流软件，如：Autodesk Revit、OpenBuildings Designer、ArchiCAD 等就属于这一类 BIM 软件。

对于以数字化技术为重要支撑的建筑设计，还有一些软件并没有通过 bSI 的 IFC 认证，也不完全具备以上的 4 项技术特点，但在目前设计流程以及 BIM 应用过程中会常常涉及，它们的更新方向也都不断向更加全面的方向拓展，与 BIM 的应用具有一定的相关性。

本章将介绍从 2D 到 3D 较为常用的数字化建筑设计相关软件。即本章中介绍的软件不仅包括严格意义的 BIM 软件，也包括更为普遍使用的 2D 与 3D 建筑设计软件，其中比较常用的软件放在第 2 节做简单介绍，其他软件则放在第 3 节中列表介绍。了解软件的适用场景，选用合适软件做合适的事，将更大限度地提升从业者的设计能力和设计效率。

---

① IFC 是 Industry Foundation Classes（工业基础类）的缩写，请参看本书第 5 章。

2.2 数字化建筑设计的常用软件

2.2.1 SketchUp 软件简介

SketchUp 又称"草图大师",开发商为美国的 Trimble 公司,作为一款 3D 设计建模软件,通常用于建筑、家具、室内、景观等方面的设计,也可进行简单的模型效果展示、空间尺寸和文字标注等,当前软件的最新版本是 SketchUp2024。使用 SketchUp 建模,其优势在于操作简便、易于学习使用,可以直接在电脑上进行十分直观的构思。下面将基于使用过程,对一些基础、重点的功能展开介绍。

1)建模原理

SketchUp 基于 Polygon(多边形)建模,不同于 NURBS[①] 曲面建模原理,它由基础的线(边缘)和面组成,其建模流程简单明了,由简单的"线"围合成"面",再将"面"推拉形成"体",即可塑造出各种需要的体块造型。

根据这一特点,SketchUp 通常用于多边形建模,而较少用于曲面建模,当然也可以通过柔化及平滑曲线让模型边缘柔和,或安装相关插件等开展曲面建模,但这会大量增加软件的计算量、可能会使软件反应速度降低从而影响建模效率。而同样由于这一建模原理,也要求在绘制图形的过程中,应尽可能准确,需保证闭合图形处于同一平面上才能形成面并进行后续操作。

2)SketchUp 软件要点

(1)文件创建与基础工具

在创建模型文件时,默认模板包含了默认的度量单位、风格样式等,也可根据工作需求,在打开默认模板后,通过更改"模型信息"对话框、"样式设置"中的内容等,在"文件"中通过"另存为模板"来创建自己的模板。

作为最主要的模板内容,度量单位可以根据不同地区的施行标准、不同项目的精度要求等来设置,比如:m、cm、mm、in 等单位,也可以设置整数或浮点数以控制精度。而风格样式及阴影设置,可根据项目要求、个人偏好等设置线条风格、轴线与默认天空与地面显隐等,也可创建基础的几何图形作为模板文件的一部分。但不建议开启阴影,对于需要不断更改调整的前期设计来说,实时阴影会增加计算机对于模型阴影关系的计算量,降低建模效率。

进入工作界面后,可以使用基本的手绘线、直线、多边形、弧线等绘图命令来绘制平面图形,闭合的区域会自动填充生成平面;继而再通过推拉、路径跟随等操作可以将平面转化为由多个表面闭合形成的体量。同时,也可以利用移动、偏移、旋转、缩放、实体操作等工具对平面或体量进行调整。在需要精准绘制建模的情况下,可以使用卷尺、量角器等工具测量

---

① NURBS 是 Non–Uniform Rational B–Spline(非均匀有理 B 样条的意思)的缩写。

角度和距离。

（2）重点功能介绍

在建模过程中，"群组"与"组件"使用可以大大提升 SketchUp 建模效率。且无论群组还是组件、动态组件，都可以在模型中层层嵌套，形成多层次结构，相互包含，也可以包含剖面等其他元素。并且这些层级关系可以在管理目录（Outliner）中直接通过拖动进行层级调整。

群组（Group）指将选中的物体（线、面均可）打包为一组，成组后的部分在模型中即成为独立的单元，在组外操作不会影响组内，当然也可进入组内操作而不会影响外部。比如在同一平面上的 2 条首尾相接的线，连接闭合后即可成面，若此时将这 2 条线打包成组，而在组外连接闭合，则不会成面。

组件（Component）的存在使得模型中可以大量使用重复的物体并在需要修改调整时可统一修改，十分适合需要"批量化"进行的工作，比如需在建筑中设置很多相同的门或窗。同样，对于同一个组件，也可以一次性同时选中模型中包含的同一组件并进行替换。

动态组件（Dynamic Component）则是在组件的基础上引入变量，使其可被参数化调整或可参与互动，比如可以为一个门的组件，加上"打开门"这一动作。通过列出需要被参数化调整的项目并设置属性，即可实现控制单一变量从而改变组件形态或状态（图 2-1）。

（3）模型的深化表达与查看管理

在形式风格以及图像表达方面，可更改模型的风格样式、设置背景天空与地面来获得更好的视觉效果，可添加颜色、材质（如：砖块、混凝土）、纹理、图像等从而丰富模型细节。可通过设置日期、时间、天空亮度等来模拟真实的日光环境，从而获得具有光影关系的图像效果或简单验证设计的光环境效果。另外，通过地理位置定位可以将模型添加到真实的周边环境中，如：地形数据、太阳位置和卫星图像，从而建立更全面的场地关系帮助设计推敲。

查看模型时，除了以缩放、移动、固定视图等观察，也可通过隐藏、显示来控制各物体、群组和组件的可见性。具体到单个元素时，所有的群组、组件等信息都可以经过选中后在图

图 2-1　SketchUp 动态组件示意①
（a）添加属性；（b）定义属性值；（c）测试动态组件

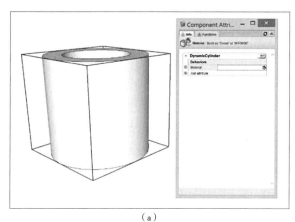

（a）

（b）

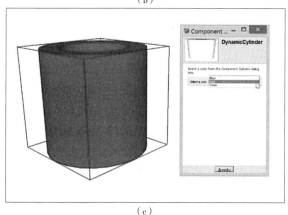

（c）

① 图片来源：https://help.sketchup.com/en/sketchup/making-dynamic-component.

元信息（Entity Info）面板上查看具体属性，包括其标记（Tag）、面积或长度、已赋予的材质等。同时，在标记界面，可以根据建模时分好类的标记，来控制同类标记的可见性。而利用剖切面工具也可将模型"切开"，查看模型的内部空间，考察其内部体量关系。剖面操作可以在群组或组件中执行，即仅剖切需要的组内部分，而外部不受影响，也可以通过前文提到的管理目录直接控制剖切的可见性。

当需要对模型进行展示时，可以直接在模型上进行简单的尺寸与文字标注，根据需求设置相机的视野范围、视点高度等，以此确定相机位置从而获得场景并保存。简单的展示可以直接导出单个的场景图像，也可以通过配套的 LayOut、StyleBuilder 进行汇总注释、美化展示等。如需要动态展示，也可以通过设定多个场景确定路径，进一步生成简单的演示动画并导出。

（4）素材资源与拓展

SketchUp 除了绘图、建模、布局等功能，也拥有丰富的配套资源，可以进一步简化或满足更加全面的建模需求，如前文提到的曲面建模，通过 SubD 插件在 SketchUp 中也可实现。配备的资源库 3D Warehouse 提供了各类产品模型或由用户上传的免费模型素材；而扩展插件库 Extension Warehouse 则提供了各类扩展插件，涵盖了建模工具、建筑指标计算、能源分析、渲染、3D 打印等各个方向，覆盖各类主流工具。如：通过插件将 V-ray、Enscape、Twinmotion 等渲染器引入。也可通过 SUAPP、坯子库等插件管理器安装扩展插件，并进行统一管理简化软件操作界面，提高工作效率，增强工作的流畅性。

值得注意的是，在 SketchUp 模型中也可以利用分类器对组件、群组对象，按一定类别进行分类，输入更多属性信息，将其转化为 IFC 对象，从而可以像 BIM 一样对模型中各图元进行管理，对其数量、材料和其他数据进行获取并生成统计报告从而分析模型。在导出模型时，这些 IFC 信息会被携带在模型中，可以与 BIM 工作流进行一定程度的对接。但这部分操作较为繁复，且类似工作更适宜在 BIM 软件中直接展开，故此处不做赘述。

另外，SketchUp 的使用平台，不仅有经典的桌面端以及基于 Web 的建模程序，同时也拓展到了 iPad 这一便携设备。提高了其使用便利程度，方便随时调整、展示设计方案。SketchUp Viewer 可以通过 VR 或 AR 的方式查看模型，而使用 SketchUp Viewer for HoloLens，可通过移动设备和混合现实设备对项目进行虚拟浏览。

2.2.2 AutoCAD & AutoCAD Architecture 软件简介

AutoCAD 作为最为基础的计算机辅助设计软件，由美国 Autodesk 有限公司于 1982 年完成开发并发布。在 AutoCAD 问世前，所有设计、绘图、建模工作基本由设计师人手完成，不仅耗时且易出现难以控制的误差，但随着建模和设计过程被数字化后大大简化，CAD 技术已成为大多数设计师、工程师等必须熟练掌握的技能。而 AutoCAD 正是以其高效、简明、易于使用而在全球范围包括建筑设计在内的各行业，都具有极高普及程度。AutoCAD Architecture 则是借助熟悉的 AutoCAD 工作方法和直观的用户

环境随附的工具组合，专门服务于建筑设计，具有各类构件库涵盖了 8500
多个建筑构件等，用户也可根据自身进度灵活地学习其他特性，从而提高
工作效率。另外，AutoCAD 教育版也向学生、教育者和教育机构授权免费
使用。AutoCAD 还具有广泛的适应性，可在各种操作系统支持的微型计算
机、便携式计算机（Tablet Personal Computer，又称"平板电脑"）和工
作站上运行。

1）AutoCAD 软件要点

（1）基础绘制与设计功能

当前软件最新版本是 AutoCAD2025。AutoCAD 常用于 2D 绘图，从
建筑场地环境至详图节点大样等各类设计文档的精确绘制，也可进行基本
的 3D 设计，配合了 7 个行业专业化工具组合，从而提高多种专业任务的
自动化程度和生产力，现已成为国际上广为流行的绘图工具。

作为最基础的 CAD 程序，AutoCAD 具有良好的用户界面，用户可使
用各类简明的命令或快捷指令在应用程序上通过内置的命令行进行编辑或
绘制，通过交互菜单或命令行方式即可进行各种操作，顶部的快速访问工
具栏以及底部的页面选项卡、命令行、应用状态栏的设置则更进一步便于
初学者快速学习使用。

基础的绘制图形包括直线、弧、多边形等，以及移动（Move）、修剪
（Trim）、缩放（Scale）等修改指令；另外，对于进一步的精确控制及高效
工作，AutoCAD 也支持通过几何约束或标注约束设置参数化图形、创建或
引入块、外部参照、光栅图像、地理信息等。对于 3D 对象，可以通过建
立实体、曲面、网格对象等进行 3D 创建，或通过拉伸（Extrude）、扫掠
（Sweep）等功能将 2D 对象转换为 3D 对象。其标注、表格创建等功能也
可自定义样式，满足不同地区、公司的需求。

对于图纸样式，则可利用布局、视口比例等进行设置调整，支持多布
局选项卡以及批量打印图纸，通过设置打印样式表则可统一图纸表现。

（2）其他功能特点简介

该软件的多文档设计环境，也让非计算机专业人员能在快速上手的
同时满足设计工作需求，多文档选项卡与多窗口均可在主界面中进行设
置，通过 ViewCube 或快捷键也可对模型对象进行 3D 动态观察。另外，
AutoCAD 也提供了更多自动执行任务和提高工作效率的功能，例如：比较
图形、计数、添加对象和创建表，或通过 API 和附加模块应用自定义用户
界面（图 2-2）。更多功能在其用户指南中也均有介绍，用户可在不断实践
的过程中更好掌握它的各种应用和开发技巧。

AutoCAD 支持用户通过桌面、Web 和移动设备创建、编辑和标注图形。
它还附带了 7 个行业专业化工具组合，适用于电气设计、工厂设计、建筑
布局图、机械设计、3D 贴图、添加扫描图像以及转换光栅图像（图 2-3）。

2）AutoCAD Architecture 软件要点

（1）功能特点简介

AutoCAD Architecture 是属于 AutoCAD 随附的工具组合，是专门面

图 2-2 使用 AutoCAD Web 端与移动端互联式设计①

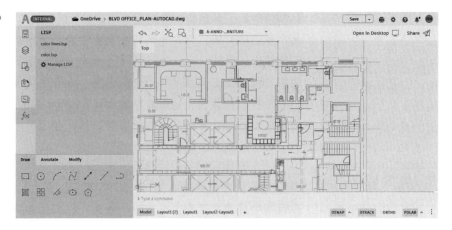

图 2-3 AutoCAD 随附的专业工具组合②

向建筑师开发的工具，当前的最新版本是 AutoCAD Architecture 2025。它为建筑师提供了更快完成项目和扩展项目流程所需的各种工具，通过利用省时功能和任务自动化，使直接建筑设计和绘图效率大幅度提升。

软件采用简易的用户界面（图 2-4），可缩短用于搜索菜单和工具栏的时间，快速找出各类指令。其建筑构件库也在更新中不断增加多个新的多视口图块和图块参照添加到设计中心内的公制内容包中，包括：照明、家具、电梯、自动扶梯和电气服务等。同时，其拥有 80 多个新的多重视口图块，包括：装饰、设备、停车、餐饮服务等类型，绘制时可以根据需要自行添加到各个图纸当中。

软件也包含了增强设计选型，可使用空间（Spaces）和分区（Zones）对象进行设计（图 2-5）。

空间是基于样式的 2D 或 3D 建筑对象，其中包含建筑面积、墙面积、体积、曲面信息等各类建筑空间信息。空间可用于组织报告，如：可能的建筑成本报表、能量需求和分析、租赁文档、运营成本和设备以及家具和设备列表等。

另外，也能够利用集成的渲染工具来创建基于环境的设计，将文档对象可视化呈现，或使用 FBX 文件格式还可进一步增强渲染功能，将设计导出至建模或动画软件（如：Autodesk 3ds Max Design）中，便于设计师明确设计观念、与各方沟通交流、加速项目审批流程。

① 图片来源：https://www.archiexpo.com/ja/prod/autodesk/product-1773-2233012.html.
② 图片来源：https://forums.autodesk.com/t5/autocad-zong-he-tao-lun-qu/jiao-yu-ban-ben-qu-na-xia-zaimechanical-gong-ju-ji/td-p/11129183.

图 2-4 AutoCAD Architecture
开始界面 ①

图 2-5 AutoCAD Architecture
使用空间与分区对象进行设计 ②

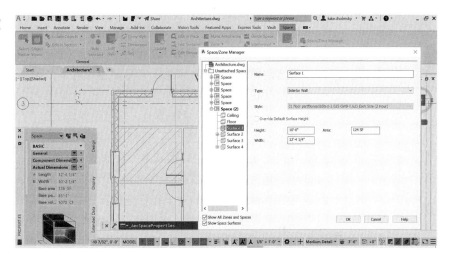

（2）制图与标注

在 AutoCAD Architecture 中绘制的平面图，其空间自动为工程图中的每个房间添加带有房间面积的标签。如果房间边界发生变化，可以通过更新空间，以及相关的标签和面积，确保图档的准确性。对于平、立、剖面的转换，使用材料填充功能可直接从平面图生成剖面、立面图。如果对设计进行修改，软件也将生成全新的剖面图和立面图，并保存图层、颜色、线型和其他属性。

AutoCAD Architecture 包括一整套详图构件和标准工具库，可以让详图创建流程实现全面自动化，确保标注恰当并且一致，详图绘制好后，可快速、轻松地生成 AEC（Architecture，Engineering，and Construction，专门针对建筑和工程设计的功能和工具集）标注（图 2-6）。

---

① 图片来源：https://jingyan.baidu.com/article/e75aca853d13be142edac62a.html.

② 图片来源：https://www.autodesk.com.cn/products/autocad/included-toolsets/autocad-architecture.

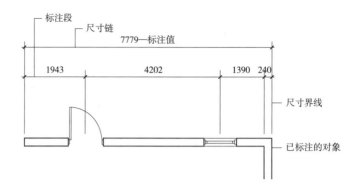

图 2-6 AutoCAD Architecture
AEC 标注的构件 ①

比起原本的 AutoCAD 标注，AEC 标注的调整更加灵活且具有了关联特性。即 AEC 标注是用于显示建筑对象，如：墙宽或梁长，其相关测量结果的关联注释对象。可以标注 AEC 标注样式中指定的对象点、在图形中拾取的对象上的点，或者图形中用户指定的点；通过手动选择、拾取点可以将指定点与标注关联，而与对象关联的 AEC 标注会随着对象的变化而更新。对于原本的 AutoCAD 标注点，可以通过工具特性应用将其转换为具有选定特性的 AEC 标注，但需要注意的是，每个 AutoCAD 标注点创建须为非关联 AEC 标注点。

另外，在创建明细表时，也可设置与设计关联，在修改设计后也可以直接使用更新命令变更至设计改动后的明细表。

（3）与 BIM 的转换及多方合作

通过 AutoCAD Architecture 和 Autodesk Revit Architecture 工具组合，在将 AutoCAD 中的对象轻松迁移至建筑信息模型（BIM）的同时，也可以保护用户在原有软件、培训和设计数据方面的投资，可加速创意设计进程，促进可持续设计分析，以及自动交付协调、一致的文档。当然，同时也可继续使用 AutoCAD 或 AutoCAD Architecture，保证持续联动的同时满足设计师的多种使用习惯。

基于通用的 DWG 与 DWF 文件格式，直接发布即可与客户以及与使用其他 AutoCAD 类软件和 IFC 2×3 认证程序的机械、电气和管道工程师和结构工程师等共享设计文件和项目信息，提高交流、协作效率。

2.2.3 中望 CAD 软件简介

中望 CAD 是一款由广州中望龙腾软件股份有限公司自主研发的中文计算机辅助设计（CAD）软件，通常用于系统的技术图纸绘制，目前软件的最新版本是中望 CAD 2023。相较于 AutoCAD，中望 CAD 的优势主要在于其轻量化的设计对于大文件加载十分友好，运行速度快而稳定，并且作为国内自主研发的软件，应用较为安全自主，也便于进行产品问题反馈，可及时获得技术支持人员指导帮助。同时，对于几个主要专业方向，如：建筑、结构、机械，中望也发布了相应的各专门版本，类似于将在后面介

---

① 图片来源：https://help.autodesk.com/view/ARCHDESK/2022/CHS/?guid=GUID-AEC5D2CC-5F5B-401B-AF5B-5A9E5956025F.

绍的天正软件对各行业的细分辅助插件，在各专业版本中针对不同的需求
基于通用平台加入了各种增强功能。

1）中望 CAD 软件要点

（1）功能要点介绍

作为一款 CAD 软件，基本的文件浏览、绘制、编辑、标注和布局打
印都是必须满足的，可兼容查看各种版本的 DWG/DXF/DWF/DWFX 文件，
也可通过图纸集管理快速进行图纸归档或打印出图。在这些基础功能之上，
中望 CAD（图 2-7）还加入了智能语音、鼠标手势（手势精灵）、生成条
形码与二维码等十分具有时代特色的创新功能，也在一定程度上方便了绘
制。如：开启手势精灵后，可以通过按住鼠标右键绘制"C"形，则相当
于输入了"圆"绘图指令。

除了 2D 图形的绘制，中望 CAD 同样可以进行 3D 建模，并且具有多
种 3D 图元创建指令、实体编辑命令、布尔运算等来帮助进行 3D 实体创建、
编辑且通过其动态观察指令，也可十分方便、快速地观察图形。其 3D 实
体夹点编辑功能，在创建 3D 实体之后可通过拖拽实体上的夹点改变实体
形状，结合动态标注实现精确编辑，简化 3D 建模与修改过程，并且 3D 实
体的全部几何数值可以在"特性"面板的"3D 几何图形"模块中快速找到
并编辑，对于工业设计、产品设计等，结合模型利用其数据提取功能对于
设计的后续生产、加工具有极大便利性。此外，软件还置入了简易的渲染
模块，可以设置光源、赋予材质、背景天空与地面，渲染速度也较为可观，
有助于在制图或图形设计过程中对形体关系进行检验，为 CAD 软件增添了
一份简易的展示效果功能。

对于建筑设计专业，中望 CAD 建筑版则类似于 AutoCAD 结合天正建
筑，可快速设置柱网轴网、绘制门窗墙、进行尺寸标注等，也具有智能统
计、基本指标计算、图块图库、文件布局等各类常用功能，契合国内规范

图 2-7 中望 CAD 操作界面①

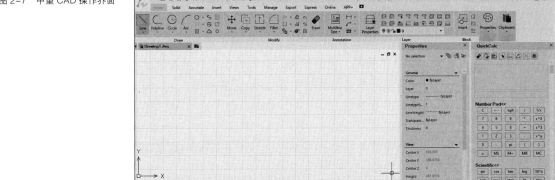

---

① 图片来源：https://www.zwsoft.cn/support/69-8092.html。

化、标准化制图要求，其制图标准也与天正类似，可以迅速适应用户的使用习惯。在扩展功能中，文件比较功能可以有效管理前后工作，尤其是在团队工作中，有助于提高图纸修改的检查效率；检查线段连接、消除重线等功能则可有效提高制图效率与精确度，满足更为精细的制图要求，契合专业工作习惯，为团队合作时文件合并、整理检查等提供了便利。

（2）工作流程简介

2D CAD 软件的制图过程大多都较为类似。新建图纸后，通过基础的直线、圆弧等绘图命令即可开始绘制图形，也具有拉伸、阵列、打断、对齐等修改命令辅助绘制。对于建筑专业，CAD 的图形文件通常以 mm 为单位，软件默认打开即可，也可以根据需求手动调整。在绘制图形时，对于需要批量使用的标准单元图块，除了可创建自定义图块，在各专业的对应专业版中也自带多种常用图块可直接拖用，其功能操作包括界面表达与天正 CAD 类似，有效控制了软件学习门槛。对于图形需要填充的部分，除基本的填充图例外，通过"超级填充"功能还可将块、外部参照及光栅图像等作为填充图案进行填充。绘图时可多加利用图层管理器对图形进行分类绘制，或利用图层功能窗口中的各命令进行二次归类整理，便于后期图纸表达、管理打印样式等。

而后可根据需求进行文字、表格、符号、尺寸标注等辅助表达，在建筑专业的版本中，标注命令比起传统平面标注得到了进一步简化，同时也根据制图图例、规范等默认设置了专业符号标注对象，在需要改动时也可进行自定义编辑，良好契合了设计师的工作习惯，也规范化了 CAD 的符号标注。当需要输出成果文件时，可利用文件布局对图纸图框进行管理布局，便于统一。对于需要进行二次开发或从外部输入已编程应用的专业人员，中望也提供了 Visual LISP 编辑器、VB 编辑器（包括 VBA），以满足更多专业需求。

2）功能扩展及关联产品

（1）与 GIS 结合及联动 BIM 软件

中望 CAD 自带地理信息系统平台 ArcGIS 的功能窗口，实现了与 ArcGIS 间部分功能或数据的互通（图 2-8）。有助于绘制包含地理信息的 CAD 工程图，得到快速、有效的响应。可通过设置或转换空间坐标系，将带有空间参考信息的中望 CAD 工程图导入 ArcGIS 中，或在中望 CAD 中，将 GIS 数据转换为 CAD 实体；也可将地图图层、要素图层和影像图层添加到 CAD 工程图中并可对要素属性信息进行查询，便于设计与实际环境进行定位并结合；当然，也可通过二次开发接口进行网络访问和获取添加 GIS 内容。

随着数字化设计以及企业信息化的发展与普及，各类软件与 BIM 技术的结合应用都成为其助力信息协同与设计提效的重要衡量指标，中望 CAD 同样也有支持 BIM 设计软件的模块，并且考虑到 BIM 文件内存大、运行慢等问题，对于仅仅想简单查看、提取、处理 IFC 文件数据的用户，利用 CAD 图形文件即可查看 IFC 模型并进行简单的图形文件管理。软件的工

图 2-8 使用 ArcGIS 加载卫星图[1]

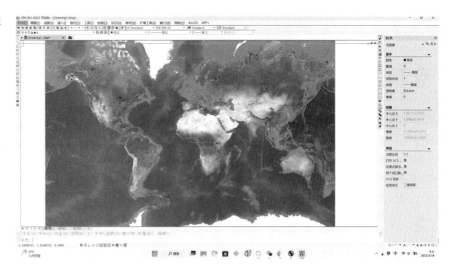

程图纸文件支持 IFC 文件导入、外部数据表链接。利用 IFC 结构树面板则可对导入后的模型信息进行数据显示并进一步管理。除了查看 IFC 模型与 IFC 结构树（图 2-9）外，还可以通过数据提取功能从 IFC 模型中提取所需的 IFC 构件信息，并基于已提取的 IFC 属性信息生成明细表并对外输出；另外，通过修改模型视觉样式可以让导入的 IFC 模型更美观，也可以让导入的 IFC 对象按构件类型对图层进行自动分类和命名并进行可见性管理，方便 BIM 工作流的设计沟通。

图 2-9 IFC 结构树[2]

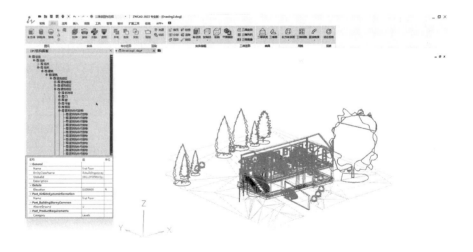

（2）多专业领域与多平台扩展

作为一款工业设计软件，其开发面向群体也不仅限于建筑设计工作者，而是对于工程建筑行业（AEC）、机械制造业（MFG）的各类需求均有覆盖。以其拥有的一系列支持 CAE（Computer Aided Engineering）、

① 图片来源：https://confluence.zwcad.com/pages/viewpage.action?pageId=104541832.
② 图片来源：https://www.zwsoft.cn/support/68-8964.html.

CAM（Computer Aided Manufacturing）的核心基础，将软件的应用平台推广至多个专业领域。如：AEC 类别下有土木工程、电气工程、给排水及通风工程、景观设计、园林设计等；而 MFG 类别下有电子零件、装备制造、汽车、船舶等细分类别，以上涉及的应用领域均需使用 CAD 作为设计软件，而中望公司也基于其开放的 API 接口，开发了一系列针对不同行业的应用模块，如：中望结构、中望景园、中望水暖电等，以此支持多专业协同应用。

2.2.4 天正建筑软件简介

天正系列软件是由北京天正软件股份公司基于 AutoCAD 以及 Revit 平台为基础进行开发的软件系列，主要针对中国建筑设计的信息化进行开发，减轻设计师的劳动强度。现有的天正系列产品已经从最初的建筑系列逐渐拓展成为多专业的专业平台软件，包括了天正建筑、天正结构、天正给排水、天正暖通等一系列建筑细分软件。而天正建筑（TArch）作为其中历史最为悠久的一款软件，其历经多年的技术迭代，已经发展成为国内市场中不可或缺的基于 AutoCAD 平台开发的建筑专业软件。总体而言，天正建筑软件的出现历经单纯的电子绘图（减轻劳动强度）→自定义实体（从绘图走向信息）→天正全系列软件（数据沟通的基础）→协同设计与管理（信息化实现）4 个阶段，帮助国内建筑设计企业实现了从"个人独立设计"到"团队协同设计"、从"绘图无纸化"到"管理无纸化"的设计与管理模式的转变。

利用 AutoCAD 图像平台开发的最新一代软件版本为 T20 天正建筑软件 V9.0（图 2-10），通过界面集成、数据集成、标准集成及天正系列软件

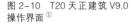

图 2-10　T20 天正建筑 V9.0 操作界面[①]

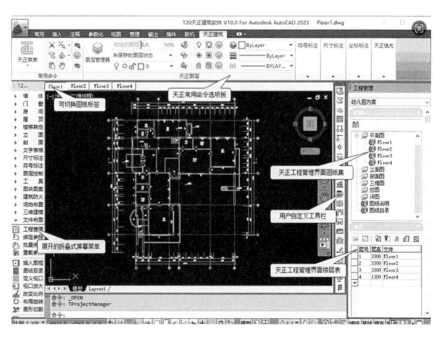

---

① 图片来源：http://www.tangent.com.cn/cpzhongxin/jianzhu/881.html.

内部联通，天正系列软件与 Revit 等 BIM 外部软件联通，打造真正有效的 BIM 应用模式。具有植入数据信息，承载信息，扩展信息等特点。

天正建筑软件要点如下：

1）与 AutoCAD 的高度兼容性

作为一款基于 AutoCAD 开发的建筑软件，其与 AutoCAD 这一行业内普及度相当高的软件间的高度适配性无疑是其极大的优势。天正建筑可以全方位支持 AutoCAD 的各种工具，也支持直接访问 AutoCAD 的特性选项板进行浏览与编辑，并提供了多个物体同时修改参数的捷径。另外，前文已介绍的中望 CAD 也可支持兼容天正建筑。

2）自定义对象构造专业构件

天正开发的一系列自定义建筑专业构件对象（如：门窗、墙体、楼梯梯段、坡道等一系列构件元素），具有使用方便、通用性强的特点。各种专业构件都有详细的信息记录，便于设计师进行读取以及修改，例如：墙体构件具有完整的几何和材质信息。

传统操作流程中，同一构件的修改需要十分繁琐的重复操作，但在天正建筑中这一流程得到了简化，类似于操作 AutoCAD 的普通图形对象，可以利用夹点随意拉伸改变几何形状，与门窗按相互关系智能联动，系统会自动进行窗体在墙体中的嵌入，同时保留两者的可编辑性，显著提高重复操作的编辑效率。

同时天正也开发了相应的图块系统，天正建筑为每个图块提供 5 个夹点，直接拖动夹点即可进行图块的对角缩放、旋转、移动等变化。同时，可以对图块附加"图块屏蔽"特性，使图块可以遮挡背景对象而无需对背景对象进行裁剪。通过对象编辑可随时改变图块的精确尺寸与旋转角度。天正的图库系统采用图库组 TKW 文件格式，同时管理多个图库，通过分类明晰的树状目录使整个图库结构一目了然。类别区、名称区和图块预览区之间可随意调整最佳可视大小及相对位置，图块支持拖拽排序、批量改名、新入库自动以"图块长 × 图块宽"的格式命名等功能，最大限度地方便用户。可以说天正建筑开发的专业构件以及图块系统弥补了原有 AutoCAD 平台上原生图块功能可编辑性较差的劣势。

3）专业化图纸标注系统

天正建筑软件针对建筑行业图纸的尺寸标注开发了专业化的标注系统，轴号、尺寸标注、符号标注、文字等相关图纸命令与操作都使用对建筑绘图最方便的自定义对象进行操作，取代了传统的尺寸标注、文字对象的重复编辑。天正建筑按照国内建筑制图规范的标注要求，对自定义尺寸标注对象提供了前所未有的灵活修改手段。由于专门为建筑行业设计，在使用方便的同时简化了标注对象的结构，节省了内存，减少了命令的数目。同时，天正建筑软件也按照规范中制图图例所需要的符号创建了自定义的专业符号标注对象，各自带有符合出图要求的专业夹点与比例信息，编辑时夹点拖动的行为符合设计习惯。符号对象的引入妥善地解决了 CAD 符号标注规范化的问题。

天正的自定义文字对象可方便地书写和修改中西文混排文字，方便地输入和变换文字的上下标、输入特殊字符、书写加圈文字等。文字对象可分别调整中西文字体各自的宽高比例，修正 AutoCAD 所使用的字体问题，使中西文字混合标注符合国家制图标准的要求。此外，天正文字还可以设定对背景进行屏蔽，获得清晰的图面效果。

天正建筑也开发了先进的表格对象，其交互界面类似 Excel 的电子表格编辑界面。天正建筑的表格对象具有层次结构，用户可以完整地把握如何控制表格的外观表现，制作出有个性化的表格。更值得一提的是，天正表格还实现了与 Excel 的数据双向交换，使工程制表同办公制表一样方便高效。

另外，天正建筑也开发了相应的图纸生成工具。天正建筑引入了工程管理概念，工程管理器将图纸集和楼层表合二为一，将与整个工程相关的建筑立面及剖面、3D 组合、门窗表、图纸目录等功能完全整合在一起，同时进行工程图档的管理，无论是在工程管理器的图纸集中还是在楼层表双击文件图标都可以直接打开图形文件。系统允许用户使用 1 个 DWG 文件保存多个楼层平面，也可以每个楼层平面分别保存 1 个 DWG 文件，甚至可以两者混合使用。天正建筑随时可以从由天正建筑软件生成模型的各层平面图获得 3D 信息，按楼层表组合，消隐生成立面图与剖面图，生成步骤简便，成图质量高。搭配成熟的轴号、尺寸标注、符号标注、文字系统等专业标注系统和设计表格（图 2-11），建筑设计师可以快速地生成质量较高的国标图纸。

图 2-11 专业标注系统和设计表格 [1]

4）工程量计算

天正建筑在平面图设计完成后，可以用相应命令直接统计平面图纸中的门窗数量，自动生成相应的门窗表，便于后期的管理决策、施工经费计算以及施工采购。另外，天正建筑同样可以获得各种构件的体积、重量、墙面面积等数据，作为其他分析的基础数据。

天正建筑提供了各种面积计算命令，可计算房间使用面积、建筑面积、阳台面积等等（图 2-12），可以按国家标准《房产测量规范》GB/T 17986—2000 和《住宅设计规范》GB 50096—2011 以及住房和城乡建设部限制大户型比例的有关文件，统计住宅的各项面积指标，分别用于房产部门的面积统计和设计审查报批。

天正建筑也可基于已有的天正建筑模型，根据相关规范，进行采光模拟，便于设计师在早期便可以评估相应设计的合理性，尽管部分地方性法规不认可其结果，但是对于方案阶段的快速判断还是较为实用的。

① 图片来源：http://www.tangent.com.cn/cpzhongxin/jianzhu/881.html.

图 2-12 利用天正建筑进行建筑面积统计①

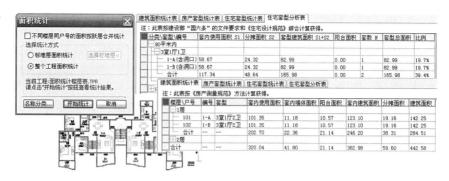

5）多专业配合系统

天正平台为适应建筑产业要求开发了诸如天正建筑、天正结构、天正给排水、天正暖通等一系列建筑细分软件，但其中核心贯穿的数据来源是天正建筑软件。设计师只需要以天正建筑进行模型设计以及平面创作，即可支持多工种的数据配合，方便不同专业人员进行模型设计，同时很多 3D 渲染图也可基于天正系统进行制作，拥有良好的交互性，设计师可以很好地进行可视化，并基于此同客户一起进行早期的设计决策。

另外，用户也可以基于天正建筑平台，进行自我的需求开发以及平台指定，使得天正同实际工程拥有了更好的适配性。

2.2.5 Autodesk Revit 软件简介

Autodesk Revit 软件的前身是美国 Revit Technology 公司开发的一个参数化的设计软件 Revit，2002 年 Revit Technology 公司被 Autodesk 公司收购，其后 Revit 就成为 Autodesk 公司的系列产品之一。

目前，Revit 已经发展成为完整的建筑设计平台，包括用于建筑设计的 Autodesk Revit Architecture，用于结构设计的 Autodesk Revit Structural 和用于给水排水、供暖、空调、电气设计的 Autodesk Revit MEP 在内的 3 个模块，目前的最新版本为 Revit 2024。

Revit 体现了 BIM 的思想，同时也是 BIM 的具体实现，其中参数化建筑图元和参数化修改引擎又是 Revit 的核心。Revit 提供了许多在设计中可以立刻启用的图元，这些图元以建筑构件的形式出现，包括墙、门、窗、柱、楼梯、屋顶等，同一类构件的不同类型可通过参数的调整反映出来，例如：不同厚度的砖墙、不同宽度的双开门。在这些构件之间有内在的智能关联。Revit 也可以通过自定义"族（family）"定义新的建筑构件图元，让用户直接设计自己的建筑构件，可以灵活地适应建筑师的创新要求。用户只需在设计时输入一次信息，就可以随时捕获这些信息并在整个项目中使用（图 2-13）。

1）Autodesk Revit 软件要点

（1）构件（component）

一座建筑物由很多构件组成，有墙、楼板、梁、柱、门、窗、管道

---

① 图片来源：http://tangent.com.cn/cpzhongxin/jianzhu/528.html.

图 2-13　Revit 建模基本视图界面①

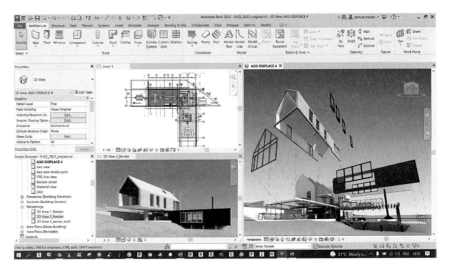

等，可以划分为不同的类别。在 Revit 中，就是以这些构件作为项目的基本单元，有时也把构件称作图元。这也是基于建筑信息模型的设计软件不同于以往以点、线、弧、圆等几何对象为基本图元的绘图软件的一个重要方面。

（2）族（family）

族是 Revit 中的一个重要的概念，族是 Revit 中构件的分类方式，Revit 中众多构件分属于不同的族，族中的成员几何图形相似而尺寸有可能不同，Revit 提供让用户自定义族的功能。

（3）类型（type）

从族的定义中看出，族中的成员几何图形相似而尺寸有可能不同。属于一个族的不同图元的部分或全部参数可能有不同的值，但是参数（其名称与含义）的集合是相同的。族中的这些变体称作族类型或类型。例如：一系列相似的单开门因为其宽度的变化不同可以把它们分为不同的类型，多种不同的尺寸的门都可以包含在同一个族内。如：对于平开型的木门，可能包含 750mm 宽、900mm 宽、1200mm 宽的多种类型。

（4）实例（instance）

实例是放置在项目中的实际项，是类型模板的具体化。类型是唯一的，但是任何类型都可以有许多相同的实例，在设计中这些实例可被定位在不同的地方。这就等于在同一座房子中，可以安装很多个完全一样的窗那样。

2）Autodesk Revit 应用特点

（1）Revit 平台的集成及协同特性

在实际的设计生产实践中，多专业的协同工作具有重要的意义，在以 CAD 技术为基础的设计平台上，各专业之间的协调大多数情况下仅仅是交换或共享部分图形文件数据，很难实现真正的协同工作，如：建筑师绘制

① 图片来源：https://www.autodesk.com.cn/products/revit/features.

建筑图，包括墙体、柱子等的布置，结构工程师再根据其图纸重新创建结构计算模型，建筑师提供的图纸仅仅是建筑构件的位置参考，并不能为结构软件提供更多的额外相关信息，这无疑会带来效率的降低及增加出错的机会。

Revit平台目前把建筑、结构、系统（对应于国内的给排水、暖通空调、电气专业）多专业集成在一个统一平台。Revit除了支持横向的在不同的专业之间的集成，对于设计的纵向，从概念设计、设计深化、施工图、图纸交付等环节也有着不同层次的具体解决应用，当然这有赖于设计人员的具体工作流程的设计（图2-14）。

图2-14 创建中心模型的工作流程[①]

另外，Revit支持协同工作，Revit可以将设计的中心模型划分为多个工作集，不同设计师可以在不同的工作集上"并行"工作，当设计师保存自己的设计变更时，所有的设计变更就会保存到中心文件，使其他设计师可见。同时工作集的划分是建立在构件级别上以一种非常自然的方式划分的，如图2-15所示，工作集的管理是自动的，这对于设计师来说，技术障碍要小得多。

图2-15 为不同设计师创建不同工作集[②]

（2）工程数据与构件模型高度集成

采用构建空间建筑模型的方式在很大程度上提升了设计人员的手段，而工程中实际应用的往往是平面图纸文档，在Revit模型中，建筑构件在

---

① 图片来源：https://www.autodesk.com.cn/support/technical/article/caas/tsarticles/ts/2RHtxi11fhC5BsYzS1drMM.html.

② 图片来源：https://www.autodesk.com.cn/support/technical/article/caas/tsarticles/ts/2RHtxi11fhC5BsYzS1drMM. Html.

不同视图中其不同的显示是模型本身的定义内容，实际上，构件的设计者可以定义该构件在不同的视图下该如何表现。并且，其表现属性是可以被访问及调整的。比如：门的开启方向开关，可以通过平面视图中的控制开关图标来调整门的开启方向，构件的 3D 模型也会作出相应的调整。在 Revit 模型中，工程数据与构件模型是高度集成的，多类型数据的完备性也保证了其支持的各种功能，平面图纸只是空间模型的"副产品"。

（3）支持建筑性能分析、施工模拟和运维管理

建筑的建成之前往往要对建筑物的结构性能，热工性能，声、光环境等建筑性能进行必要的模拟分析及优化设计，这与 BIM 面向建筑全生命周期内的不同类型应用是一致的。

Revit 支持非常多的外部化性能分析。例如：专为绿色建筑设计与评估而定义的 gbXML 标准，gbXML 结构中描述和定义了建筑的空间和围护结构等要素，可以被 Green Building Studio[1] 在线服务所使用。Revit 构建的模型可通过网络提交到在线服务站点，通过其反馈的能耗及负荷数据来修改设计。

Revit 模型的另一个显著的特点是其包含的时间进度属性，借助于 BIM 技术，可以将建筑工程模型及施工现场模型与施工进度计划关联整合，并与施工资源和场地布置信息进行有效的集成，以实现施工进度、人力、材料、设备、成本和场地布置的动态集成管理以及整个施工过程的 4D 可视化模拟的管理（图 2-16）。

图 2-16 应用 Forge 平台的 BIM 模型交付及现场应用[2]

Revit 的另一个重要的应用是基于该模型基础上的运维管理应用。Revit 模型其本身一般包含了完整的建筑工程信息，其涵盖了建筑、结构、装修、给排水、空调、机电等多专业的空间位置及工程构件信息，其本身可以方便地用于建筑竣工后的数字化资料存档查阅及运行维护管理应用，

---

① Green Building Studio 是 Autodesk 公司旗下一个基于网络服务的建筑能源和低碳分析的网站工具。

② 图片来源：https://aps.autodesk.com/customer-stories/jfe-engineering.

尤其是面向诸多的如墙内、楼板内管线敷设等隐蔽工程。BuildCANBIM 模型数据可以从物联网和传感器收集信息并集成（图 2-17）。目前，基于 Revit 的建筑工程运维管理已成为 BIM 全生命周期中重要的应用以及经济效益增长点。

图 2-17 BuildCANBIM 模型数据，并从物联网传感器收集信息[①]

2.2.6 MicroStation & OpenBuildings Designer 软件简介

1）MicroStation 软件要点

MicroStation 是美国 Bentley 基础设施工程软件公司开发的是集平面绘图，空间建模和工程可视化（静态渲染 + 各种工程动画设计）于一体的软件平台，专为公用事业系统、公路和铁路、桥梁、建筑、通信网络、给水排水管网、流程处理工厂、采矿等所有类型的基础设施的建筑、工程、施工和运营而设计。目前，MicroStation 所用的版本还属于 V10 的范畴，但是在使用过程中经常有小更新，例如：在 2023 年 1 月 19 日显示的最新版本是 V10.17.02.61。此外，MicroStation 也具有嵌入式可视化分析工具、标准检查工具等，提供了整合的项目问题解决云服务，根据地理信息数据定位真实环境的功能；在丰富的设计类功能基础上，也可以契合 BIM 工作流，随时进行数字信息模型的设计与整理。MicroStation 为各个专业软件提供了一个统一的、通用的图形环境，有力地保障了数据的交互性和互用性。软件中各模块使用了相同的引擎，保障了任何数据都只需要建立一次，就可以在整个系统的不同模块中重复使用，大大减少文件转换的次数。

（1）2D 与 3D 设计

MicroStation 的专有文件格式为 DGN，为数据互用性等方面提供了有力保障，其兼容 AutoCAD 的 DWG/DXF 等格式，约束功能、布局和注释绘图工具等在 MicroStation 中均包含，而通过智能、交互式捕捉和动态数据输入等功能，也可加快绘图和注释工作流程。在对 DWG 等文件进行处

---

① 图片来源：https://aps.autodesk.com/customer-stories/yasui-ae。

理时，软件会自动限制其余不可在 DWG 文件中进行数据储存的功能，确保始终在统一的图形环境之上进行各专业模块的处理，最大限度减少了在不同软件间切换造成的文件信息损坏。

MicroStation 的建模较为便捷，提供了类似于 SketchUp 的基于线框、表面建模方式以及实体建模方式，还提供了基于特征的建模方式；支持包括贝塞尔曲线和 B 样条曲线在内的复杂曲面造型（图 2-18），还可进行布尔运算和高级编辑，支持全局变量和参数化图元设计，并可以统一存储在用户库中以轻松查找和管理类似组件。利用自带的嵌入式可视化分析工具，可以基于几何结构或属性进行分析并可视化，如：进行日照和阴影分析。通过应用实时显示样式，可以根据每个对象的高度、坡度、方位角和其他嵌入属性对模型进行可视化处理。

图 2-18　MicroStation 复杂曲面造型[①]

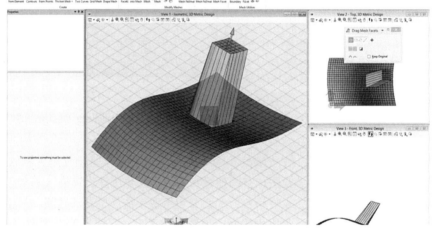

软件也具有良好的地理空间信息协同能力，集成了 GoogleEarth 的内容，可使用多个坐标系统进行地理空间参考，对建筑物进行简单的 AEC 坐标转换，也可将实时 GPS 数据链接到模型上，并且集成支持多种光栅图像、点云数据，将地理空间数据纳入现实网格，辅助设计工作开展。

（2）多内容、专业协同

在数字化信息建模方面，MicroStation 可以对模型的属性进行设置，添加材料、设备型号、颜色、位置、功能等数字信息，支持创建预定义的变体构建智能参数化功能组件等，具备良好的 BIM 工作流融入环境，不仅可供设计人员随时查看，也可为工程完工后的全生命周期管理提供信息基础。

而在 2D 与 3D 设计配合方面，使用图纸提取工具可自动将图纸对应在模型中，提高设计呈现的清晰度并简化文档工作流程。在整理图纸、报告等可交付成果时，也可直接从对象的嵌入属性创建注释、显示样式和报告，以确保它们在进行过程中始终与设计模型保持同步。

---

① 图片来源：https://software.com.co/p/microstation.

对于多专业的协同设计方面，在传统的 CAD 制图过程中，需要分图层、分区块制图，图纸的系统性不够明朗，不利于各专业综合的设计工作的开展。Microstation 软件提供了引用参考功能，用户可以实现多专业协同设计，互相参考其他专业的模型，而不互相干扰，并且可以实时更新被参考对象，保证设计工作的流畅和高效率，避免返工。

2）OpenBuildings Designer 软件要点

OpenBuildings Designer 是一款支持多学科融合建筑信息建模（BIM）软件，是 Bentley 软件系列产品中的旗舰型产品之一，基于 MicroStation 强大的图形平台之上，涵盖了建筑设计、结构设计、暖通设计、管道设计及电气设计 5 个模块。它包含了模型创建、图纸输出、材料统计、性能模拟评估及后续的数字化应用，同时也强调多方协同工作，可在整个项目团队中共享设计组件目录，且内置冲突检测以保证设计过程协调。利用良好的协调性和互用性，多用户可以在任何规模的模型上同时工作，以联合数据的方式来进行建模和图纸管理。

（1）利用 BIM 进行设计信息管理及多方协作

OpenBuildings Designer 具有进行复杂几何建模的能力，不仅是异形造型，也可以进行参数化建模，以距离、角度、函数表达式来定义变量，以平行、垂直、重合、固定、同心、相切等平面约束和空间约束来确定各元素的相对位置关系，利用点、线、曲面、实体的方式来构造参数化模型。另外也可设置自定义对象，将模型的参数化变量链接到数据集工具自定义编辑器中，制作参数化的自定义对象，这样就可以把已经建立的模型导入其他类似的工程项目中，只需通过修改属性命令，即可直接修改模型的参数、调整模型尺寸大小，满足同类工程的建模和设计需要，从而避免重复劳动提高设计工作效率。

OpenBuildings Designer 对于大型、小型项目，均可运行自如。包含了建筑设计、建筑结构、建筑暖通、建筑电气等多专业模块。以结构设计为例，对于各类结构（钢结构、混凝土结构、木结构等）可进行建模，创建墙、地基和柱以及其他结构组件，可与详图设计应用程序，尤其是同公司的 Bentley ProStructures 紧密集成。也支持直接从 BIM 模型中生成协调一致的建筑文档，为各类建筑组件创建平面图、剖面图、立面图和详细数据一览表。在设计流程和实践中，团队可以通过在一个统一的设计环境中，共享一组工具和工作流，利用 BIM 文件支持的各类数据，通过设计组件、工具、工作流和生产标准的共享库，也可集成来自多种格式的信息，在项目环境中更高效地协同工作，促进合作及解决问题时的多方协调。

（2）可视化效果与性能模拟分析

对于模型的可视化展现，OpenBuildings Designer 内置了可视化工具而无需额外添置软件，在软件中即可查看生成模型的可视化效果，得到较为不错的渲染效果图形和动画，便于让利益相关者了解情况，有助于进一步优化设计。

利用置入的各类分析工具，OpenBuildings Designer 通过多种建模及场景模拟，可以完成日光高度角、入射角、照度及阴影的分析并以多种可视化结果呈现。而根据 BIM 模型中集成的建筑构件、设备数据、工程文档等信息，也可以基于模型进行真实性能模拟、评估实际的建筑能耗并据此生成可视化效果，借助概念能源分析提供峰值负荷、年度能源计算、能耗、碳排放和燃料成本等（图 2-19），也可依据碰撞检查功能来解决实际的建模冲突问题。对于交通站点的设计，例如：火车站、轻轨，利用功能空间定义和设计组件目录的工作集定义空间、活动、乘客特征和运营信息（如：列车时刻表）来创建模拟场景，也可以进行人流的模拟和分析，从而帮助进行设计决策，探索更加合理的设计方案。

图 2-19　利用 OpenBuildings Designer 进行能耗分析[1]

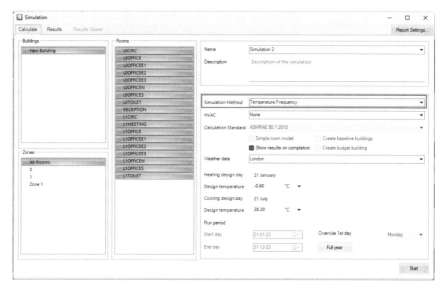

2.2.7　ArchiCAD 软件简介

ArchiCAD 是由匈牙利 GRAPHISOFT 公司专为建筑师而开发服务的建筑设计类 BIM 软件，至今已有 30 年的 BIM 开发历史。在建筑领域中，ArchiCAD 可以在短时间内为初期建筑方案设计、中期施工图设计、后期施工管理以及运维提供一个可实施的 BIM 解决方案，帮助建筑师更有效地提高设计生产效率，为项目缩短工期、节约资金、提高建筑品质提供极大的便利性。

ArchiCAD 的最早发布在 1984 年苹果的 MacOS 系统上。自 1987 年推出正式版本以来，ArchiCAD 一度被视为第一款真正意义上的 BIM 软件，也是第一个用于个人计算机的商业 BIM 产品，当前的最新版本是 ArchiCAD 26。作为一款跨时代的建筑设计软件，其在 BIM 领域有着非同一般的意义，作为一款经久不衰的软件，ArchiCAD 也拥有造型设计能力强、图纸文档工作流程成熟、可视化能力以及解算效率高等多种优势。

---

① 图片来源：https://avxhm.se/software/OpenBuildings-Designer-2023-23-00-00-114.html.

ArchiCAD 软件要点如下：

1）自由造型设计

ArchiCAD 丰富的造型能力横跨平面及空间层面，能够让建筑设计师最大限度地释放创造性，从而不再只局限于简单的欧几里得几何体，大幅度提升了模型以及工作的丰富性。作为 BIM 软件，其软件的可塑性能力往往会制约建筑师的创作，有限的工具集也会极大减少建筑方案的可能性，但 ArchiCAD 扩展了其 BIM 工具的设计能力，使得壳体结构、异形体的塑形均成为可能，支持建筑造型的自由度，可满足用户在空间中进行自由设计的追求。ArchiCAD 推出的 3D 辅助线和编辑平面革新了 3D 空间的定义，为建筑设计提供真实的透视图及 3D 环境。利用 ArchiCAD 的灵活建模系统，建筑师可以轻松创建诸如幕墙和楼梯等复杂构件。

2）图纸文档工作流程成熟

源于 20 世纪 80 年代的 ArchiCAD，作为 BIM 平台中成立较为悠久的软件，在过去的很多年里，ArchiCAD 一直是 MacOS 系统下唯一的一款建筑 CAD 软件。也因此，ArchiCAD 在绘图、出图等平面工具上，也有多年积累的独特优势。利用 ArchiCAD 的本地化模板和内置库，建筑师可以短时间内生成高质量的可交付产品，并满足相应的国家标准。

同时使用 ArchiCAD 的内置工具可以完全控制文档集的显示（图 2-20），方便建筑师直接从 BIM 模型获得所有信息（包括图形和数字）的准确显示，此外 ArchiCAD 也提供了诸如 Bluebeam 这样的专业 PDF 接口，最大程度提升文档的专业度以及规范化。

除却本地化的功能模块以外，ArchiCAD 也在尝试引入最新的在线图库部件搜索和共享功能，为后续的信息化时代无限扩充图库对象的范围。

3）可视化能力以及解算效率

ArchiCAD 是以建筑师为核心开发、专为建筑师服务的软件，因此它

图 2-20　利用 ArchiCAD 建立图纸文档[①]

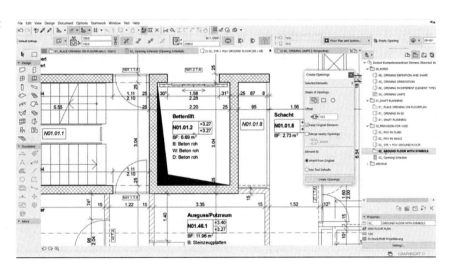

① 图片来源：https://graphisoft.com/solutions/archicad#document.

的一个重要特点是极强的可视化能力，并符合建筑师的思维方式和操作习惯。ArchiCAD 内置了包括草图渲染、白模渲染、照片真实渲染、动画以及太阳光模拟、曲面纹理渲染等一系列可视化工具，方便建筑师在方案的不同阶段的效果演示，真正做到了设计可视化。同时新版本的 ArchiCAD 可以与虚幻引擎为核心驱动的 Twinmotion 以及 Enscape 等渲染器通过 Datasmith 端口进行联动，进一步扩展了自身的可视化能力。

值得注意的是，伴随着建筑信息化的进程以及生活硬件的普及化，ArchiCAD 如今也支持在 iPad 等移动设备上进行 3D 预览，通过沉浸式的虚拟现实应用进一步强化了软件的使用场景。

作为一款 BIM 软件，其解算效率往往也决定了软件的成败，在这方面，ArchiCAD 拥有无与伦比的优势。用户不仅可以设计大体量的模型，还可以将模型做得非常详细。真正起到辅助设计、辅助施工的作用。而相比其他软件，ArchiCAD 对硬件配置的要求远远低于其他 BIM 软件，应用者（如：设计院）不需要花费大量资金进行硬件升级，即可快速开展 BIM 实施，极大提升了运用的可能性。

4）多工种之间的协作能力

建筑专业作为产业龙头，其在应用场景中往往需要兼顾多方的意见；同时 BIM 作为建筑信息平台，多工种的配合是必然的。ArchiCAD 建立了 OpenBIM 的协作方式，将供应商、设计师、工程师、建造者以及建筑物所有者全部纳入到一个统一的工作流程以及平台中，软件内置了 IFC 模型转换器，通过 IFC 与其他利益相关者进行沟通并协调一个完全 3D 的建筑项目，真正做到了全过程参与。

在机电层面，新版本的 ArchiCAD 也内置了相应的 MEP 设计工具（Built-in MEP modeler），进一步扩展了 ArchiCAD 的集成设计造型方法。用户可以轻松访问建筑模型内部的智能 MEP 设备，而不再需要传统意义上多方用户进行模型共享的繁琐流程。

ArchiCAD 同样也考虑到了设计中的修改沟通问题，通过直观的方式检测和可视化模型和修订之间的变化告知使用者模型间的修改差异。同时通过 BIMcloud，无论每个团队成员身处何处，都可以在模型中上传和刷新内容。节省时间、避免错误、自信地分享文件，极大地提升了多工种之间的协作能力。

5）设计自动化

作为一款当代的 BIM 软件，ArchiCAD 也在努力通过数字化媒介以及设计自动化服务于每一个建筑从业者，规避传统建筑行业中效率较低的工作环境（图 2-21）。

ArchiCAD 同 Rhino & Grasshopper 的算法联动设计能够灵活运用跨平台的资源与优势，使用算法以及数字媒介创建和微调构建细节和结构，并构建出了多样化的平台可能；使用 Archicad-dRofus Connection Tool[①]

---

① dRofus 属于 BIM 协作工具，Archicad-dRofus Connection Tool 可以在 Argicad 和 dRofus 数据库之间建立双向链接。

图 2-21　设计自动化 ①

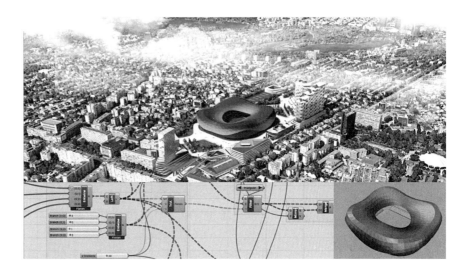

（Archicad-dRofus 连接工具），ArchiCAD 的使用者可以轻松地管理建筑项目产生的功能需求，即使是在医院和机场等大型复杂建筑物项目中，也能够最大限度地满足客户的需求；ArchiCAD 同样也内置了诸如 PARAM-O 的参数化设计工具，设计师不再需要自己编写 GDL 代码或脚本即可快速创建自定义参数库对象和构建元素，极大提升了设计师的设计效率，将传统意义上重复的工作流进行最大程度地消解。除却已经为用户架构好的软件平台外，使用者也可以通过二次开发，针对 ArchiCAD 以及自身项目的特殊性进行有机结合，从而更好地将 ArchiCAD 融入设计过程以及全生命周期环节中。

2.2.8　Rhino & Grasshopper 软件简介

Rhino（Rhinoceros）是美国 Robert McNeel & Associates 公司于 1998 年推出的一款 NURBS CAD 建模软件。由于软件创始人 Bob McNeel 早年曾经是 AutoCAD 的经销商以及 AutoCAD 插件脚本编写者，其团队早年曾为 AutoCAD 设计工具栏插件的独特经历使得 Rhino（Rhinoceros）的操作逻辑以及交互逻辑都和 AutoCAD 非常相近。

Rhino 最初被运用在工业产品设计上，随着参数化思想融入了建筑领域，依托多样化的插件，Rhino 在建筑领域中被广泛运用。依托其独特的 NURBS 建模技术，Rhino 可以简易地实现多样化的曲面建模，解决了传统建筑曲面建模的复杂问题。相比于其他传统的曲面建模软件，Rhino 依托其简易上手的建模工具，提供了使用者更高的曲面建模效率，极大丰富了数字化时代下建筑造型多样化的需求。

目前，其最新版本是 Rhinoceros8.0，其 Rhino 工具库中包含了分别适应建筑初步设计、扩初设计、施工图设计阶段的功能，通过内置的渲染引擎、线稿绘制、图纸图框模板等，很好地兼容了建筑设计的各个流程。

---

① 图片来源：https://graphisoft.com/solutions/archicad#design.

另外，Rhino 平台中内嵌了以参数化建模为核心的 Grasshopper 插件。该插件以图形化的编程语言实现了快速简易编程建模操作的可能性，设计者通过命令语块的组合能够实现快速的构件制造以及控制，极大地提升了建模效率；同时依托编程语言的介入，设计者依托数字化算法能够实现传统建模无法实现的建筑造型；依托二次开发，真正实现跨软件的信息实时交互，提高建筑信息化效率。

1）Rhino 软件要点

（1）NURBS 曲面建筑建模

NURBS 全称 Non-Uniform Rational B-Spline，中文意为非均匀有理 B 样条曲线，是 Rhino 平台自推出以来便被广泛推崇的核心技术。其核心思想在于通过精确的数学模型来描述物体，通过 NURBS 建模技术，可以在空间中获得精确的曲面，并保持强有力的可编辑性。在建筑领域当中，伴随后现代主义以及参数化浪潮的涌现，曲面建模正在成为设计师必备的技能，而 Rhino 提供的 NURBS 技术大大简化了整体的工作流程。以善于运用"上帝曲线"所著称的 Zaha Hadid 设计的巴库的阿利耶夫文化中心以及广州的广州大剧院为例，其外表皮流畅的曲面设计便是典型的 NURBS 技术所呈现的。

（2）Rhino 建筑设计工作要点

Rhino 建模遵循由点成线以及由线成面的基本原则，设计者在早期设计阶段可以通过将 SketchUp 在操作空间中进行线条绘制后，通过成面工具进行塑形，值得注意的是，由于是数学公式支撑，其中所有的点面的矢量信息都是可被读取的，设计者只需要通过拖动相应控制点的方式便能完成线面的修改，更为高效、便利地进行设计工作。Rhino 的工具栏（图 2-22）中也包含了同 AutoCAD 相似的诸如图层管理、图块命名编辑、材质赋予、协同操作等一系列实用的管理工具，方便设计者针对设计进行更好的信息存储以及团队沟通。

图 2-22 Rhino 工具栏界面[①]

（3）超强信息联动性

Rhino 作为一款能够兼容建筑产业前期、后期不同阶段的建模软件，其拥有超强的信息联动以及共享性是必然的。在文件格式上，Rhino 基本包含了所有目前通用的 3D 软件数据格式，其中也包含了 BIM 系统通用的 IFC 数据交换格式。近年来，由于 Rhino 的二次开发可能性，大量以 Rhino 为核心的实时信息交互软件被开发，其中包含了 LumionLive sync 插件；

---

① 图片来源：https://www.rhino3d.com/features/.

Datasmith for Twimmotion 插件；最引人注目的是同 Revit 平台联动信息的 Rhino Inside 插件。后者能够实现 Revit 以及 Rhino 平台内的模型信息实时联动，最大程度地发挥两款软件在其相应领域的优势，将数字化信息化提升到了新的台阶（图 2-23）。

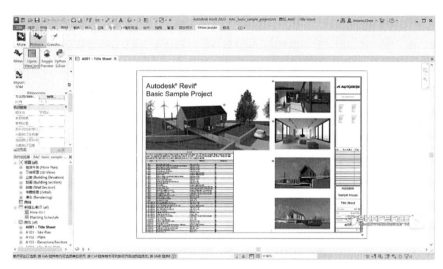

2）Grasshopper 插件平台

Grasshopper 是一款可视化编程语言，它基于 Rhino 平台运行，是数字化设计方向主流的可视化编程工具之一。Grasshopper 与交互设计也有重叠的部分，其核心思想在于通过算法以及数字组合探索新的形式以及新的可能性。与传统设计方法相比，Grasshopper 可以通过命令模块组合，使计算机根据拟定的算法自动生成结果，算法结果不限于模型、视频流媒体以及可视化方案。同时通过编写算法程序，机械性的重复操作及大量具有逻辑的演化过程可被计算机的循环运算取代，方案调整也可通过参数的修改直接得到修改结果，这些方式可以有效地提升设计人员的工作效率。总的来说，对于身处数字化浪潮中的设计师，Grasshopper 拥有图形化交互界面、多方向插件使用以及二次开发可能性的 3 大优点，大大提高了设计效率。

（1）图形化交互界面

作为传统设计人员而言，其较少接触纯代码，Grasshopper 通过类似 Scratch 语言 [2] 的图形化操作界面，将复杂的代码语言进行封装为一个操作模块对应一个具体的功能命令，并通过图标的方式进行具体形象化，使得整体的代码操作极为简便，提高了设计人员的适应性，降低了使用门槛。

（2）多方向插件使用

同时作为一款开源的插件应用，Grasshopper 允许用户自己进行插件

① 图片来源：http://tips.cn.rhino3d.com/2021/09/rhino7-inside-revit-introduction/.

② Scratch 的编程方式又被称为"积木式编程"，并且是开源免费的，不同于 VB、VC、JAVA 等以编写代码为主的编程语言，用类似于积木形状的模块实现构成程序的命令和参数。

开发并发布。其相应网址 Food4Rhino（www.food4rhino.com）中包含了大量的第三方插件安装，领域囊括了智能制造、结构计算、数据采集、能耗分析、采光分析……。例如：平台提供的 Ladybug 插件通过读取 Epw 文件可以便于设计者进行建筑的日常采光模拟分析（图 2-24）；Honeybee 插件则通过内嵌 Energyplus 为设计者提供了建筑日常运营的能耗分析；Butterfly 插件通过内嵌 OpenFoam 提供了建筑室外以及室内的 CFD[①] 风环境模拟（图 2-25）；Karamba3D 插件则通过相应的有限元算法为建筑设计者在早期形体阶段提供了结构合理性验算的可能。

图 2-24　利用 Ladybug 插件进行建筑物日常采光模拟分析[②]

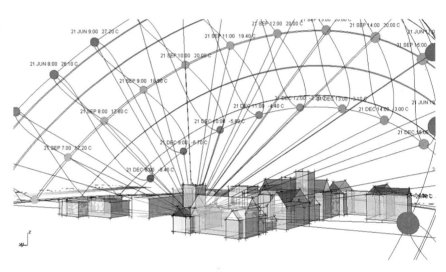

图 2-25　利用 Butterfly 插件进行建筑室内外 CFD 风环境模拟[③]

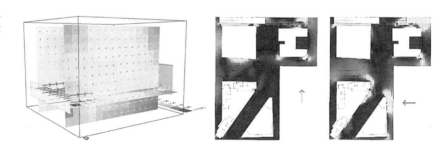

3）二次开发的可能性

Grasshopper 平台作为一款编程软件，代码编写以及二次开发是必然绕不开的话题。其平台中内嵌了相应的 C#[④]、Visual Basic、Python 语言模块组，通过相应语言的编译，使用者能够最大化发挥创意灵感而不再只限

　　①　CFD（Computational Fluid Dynamics），即计算流体动力学。CFD 是近代流体力学、数值数学和计算机科学结合的产物，是一门具有强大生命力的边缘科学。

　　②　图片来源：https：//www.food4rhino.com/en/app/ladybug-tools.

　　③　图片来源：https：//www.ladybug.tools/butterfly.html.

　　④　C#：是一个简单的、现代的、通用的、面向对象的编程语言，它是由微软公司开发的。C# 编程基于 C 和 C++ 编程语言，是专为公共语言基础结构（CLI：Common Language Infrastructure 通用语言框架）设计的。

于平台中包含的有限的功能模块，真正实现数字化的建模开发。同时依托相应的语言模块，Grasshopper 同样通过二次开发，可以实现跨软件的交互操作。以 Rhino Inside Revit 为例（图 2-26），其相应的 Grasshopper 模块组就可以实现 Grasshopper 数据信息同 Revit 的信息交换，将编程以及工具结合，以数字为媒介进行信息交换，真正做到建筑模型信息化。

图 2-26　依托 Rhino inside 将 Revit 图元无损传递至 Rhino①

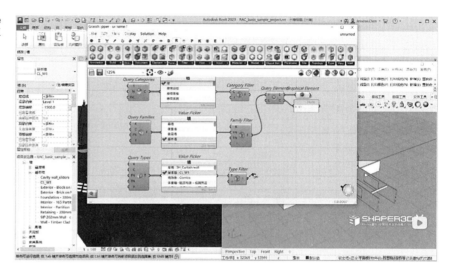

2.2.9　Adobe Photoshop 软件简介

Adobe Photoshop 是 Adobe 公司为 Windows 和 MacOS 系统开发和发布的一个位图图像编辑器软件。Adobe Photoshop 的最初版本在 1988 年发布。此后，该软件不仅成为光栅图形编辑的行业标准，而且成为整个数字艺术的行业标准。Adobe Photoshop 可以编辑和合成多层光栅图像和多种颜色模型，包括 RGB、CMYK、CIELAB、专色和双色调。Adobe Photoshop 使用自己的 PSD 和 PSB 文件格式来支持以上这些特性，新版本的 Adobe Photoshop 也开发了网络云端平台进行存储。另一方面，Adobe Photoshop 编辑或渲染文本和矢量图形（特别是通过后者的剪辑路径）以及 3D 图形和视频的能力有限，它的功能集可以通过插件来扩展；独立于 Adobe Photoshop 开发和发布的程序可以在其内部运行并提供新的或增强的功能。

在建筑领域，Adobe Photoshop 因其功能强大、操作简单被广泛应用于建筑可视化领域，其对于建筑的表现以及氛围营造在方案初期有着非同一般的影响力。无论是在草图中添加简单的颜色，还是在完整的渲染图上进行后期处理，Photoshop 已经渗透到建筑师的各项工作流程中。在建筑图像中使用 Photoshop 几乎是不言而喻的，目前软件的最新版本是 Photoshop 2024。

---

① 图片来源：https://www.bilibili.com/video/BV1Vj411P7y4/?spm_id_from=888.80997.embed_other.whitelist.

Adobe Photoshop 软件要点如下：

1）图层编辑

Adobe Photoshop 相对于其他光栅图像编辑软件而言，其核心优势在于其独特且功能强大的图层编辑能力。在 Adobe Photoshop 中，所有的操作都是基于图层为单位进行设置的。Adobe Photoshop 的每一图层都是独立的，使用者可以利用图层的叠加以及相应的创作进行设计，由于图层的独立属性，单一图层的编辑并不会影响其他图层，且图层与图层之间也可以创建图层组。这一优势确立了 Adobe Photoshop 进行复杂化项目的可能性，且使用者也具备良好的图层管理可能（图 2-27）。

图 2-27 Adobe Photoshop 图层面板①
1—图层面板菜单；2—过滤；3—图层组；4—图层；5—展开/折叠图层效果；6—图层效果；7—图层缩览图

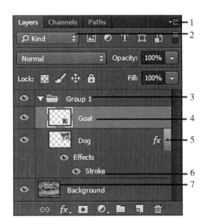

同时作为操作单元，Adobe Photoshop 的图层包含了诸如投影、发光、浮雕和描边等效果，使用者利用其组合可以创建具有真实质感的水晶、玻璃、金属和纹理特效。同时 Adobe Photoshop 图层之间的混合模式包含了组合模式；加深混合模式；减淡混合模式；对比混合模式；比较混合模式；色彩混合模式。使用者可以根据需求以及实际的图面效果进行控制，最大程度凸显图面效果。

2）像素编辑

值得注意的是，Adobe Photoshop 作为一款光栅图像处理软件，其核心操作是基于像素单元进行操作的，同市面上的矢量图像处理软件诸如 Adobe Illustrator 有着本质上的操作差异性。作为光栅图像处理软件，其拥有像素点、分辨率、图像尺寸等一系列概念需要进行明晰。尺寸是图像宽度的像素总数和高度的像素总数。分辨率是每英寸图像所拥有的像素数，其像素密度单位是 ppi（pixels per inch）。因此，图像每英寸的像素越多，其分辨率就越高。此外，高分辨率图像会产生更好的打印输出质量。Adobe Photoshop 所支持的最大像素尺寸为每个图像 300000×300000 像

图 2-28　在 Photoshop 中调整图像大小①

素点，用户需要衡量自身电脑的性能程度以及所需要的图像质量以及分辨率以进行灵活的操作（图 2-28），以取得比较好的性能配置，提升自身的工作效率。

3）Adobe Suite 整合运用

作为一款 Adobe 公司推出的软件，Adobe Photoshop 同 Adobe Suite 系列产品拥有良好的整合适应能力，同为图像处理软件的 Adobe Illustrator 进行处理的图像可以作为智能文件、链接或者像素导入到 Adobe Photoshop 中去，便于联动设计，尤其在当下 3D 设计软件的发展下，矢量格式成为优良的交互格式大背景下，Adobe Photoshop 同 Adobe Illustrator 之间的良好联动为设计者的工作效率提高无疑是大有益处的。两者之间除却文件的导入导出外，也具备诸如图案等信息的共享。

Adobe Photoshop 也同建筑设计类排版软件诸如 Adobe InDesign 等拥有直接的联系，Adobe Photoshop 的 PSD 文件可以作为链接导入到 Adobe InDesign 中进行排版设计，同时可以进行高清预览，设计者利用这种便利性可以很方便地进行排版设计，在必要时，也可以独立编辑并更改对应的 PSD 文件，不占用电脑内存的同时，也不影响编辑的灵敏度。

同时伴随着 Adobe Creative Cloud 的出现，Adobe Photoshop 可以进行云端存储、云端共享协同办公的可能，传统意义上的离线 PSD 版本通常由于文件信息量较大不方便携带共享，但在云存储时代下，Adobe Photoshop 搭配 Adobe Creative Cloud 可以最大化生产力，解放设计师。

4）AI 功能整合

伴随电脑算力以及相应神经网络模型算法整合的成熟度，越来越多的人工智能技术被运用到了图像处理软件层面，Adobe Photoshop 也不例外。

---

① 图片来源：https://helpx.adobe.com/cn/photoshop/using/resizing-image.html。

Adobe Photoshop 2023 内嵌了大量的人工智能图像处理技术，包含了诸如自动天空识别、毛发生成、自动物体识别选取等功能。对于建筑师而言，其职业特点决定了要处理建筑与周边环境的融合关系，但日常生活中的树木、天空等要素时常会成为工作处理难点，伴随 Adobe Photoshop 人工智能技术的整合，Adobe Photoshop 已经可以自动勾线树木的边际线进行蒙版操作、自动识别天空并进行天空替换、自动识别人体毛发进行后期操作等等。

Adobe Photoshop 2023 中包含了诸如 Neutral Filter 的智能神经滤镜，通过应用照片增强和划痕减少，以提高对比度、增强细节，并消除划痕的目的，提供了一键修复老旧照片的可能性。

人工智能处理图像的广泛运用势必会使得 Adobe Photoshop 具备更强大的生产力，也使得建筑设计师可以在后期阶段降低大量的劳动力，而将更多精力放置于前端生产，从而更好地提升建筑设计质量。

5）宏命令

建筑图像处理的还有一个特点，即重复性劳动多导致的工作量巨大。在实际工程项目中，往往为了更好地同甲方进行沟通，效果图的处理往往是极大的重复劳动。设计师在其中往往重复着相同的命令，导致大量无意义时间的浪费。Adobe Photoshop 提供了相应的宏命令工具以更好地解放设计生产力。所谓宏命令就是将独立命令通过整合以形成一个独特的工具命令，一个宏命令往往会包含少则两三个，多至几百个的图像操作命令。

利用 Adobe Photoshop 提供的宏命令，用户只需要针对一个文件录入相应的操作顺序且符合逻辑后，便能够让 Adobe Photoshop 自动执行以上编录的命令，尤其在面对图像数量巨大、操作稍显麻烦的项目中，依靠以上操作可以减轻巨大的工作量，而能够实现相同的图像呈现效果。

2.3 其他数字化建筑设计软件

经过多年建筑数字技术的应用发展，人们已经发现，目前没有一款软件是可以覆盖整个建筑设计阶段的，必须根据不同的设计阶段和应用需求，采用不同的软件。在了解了常用的数字化建筑设计软件后，可以在满足自身需求的基础上，更进一步了解其他软件的应用情况。表 2-1 中列出了更数字化建筑设计相关的软件，包括与 BIM 应用相关的软件，部分软件功能也涵盖结构算量、建筑能耗与日照分析等，它们属于在当前数字化建筑设计中使用较多、较有代表性的一批软件，并且表格中也给出了不同软件的适用阶段说明，帮助设计师更好地了解软件应用场景。而已经在上一节中介绍过的软件就不再出现在表 2-1 中了。读者如需要进一步了解这些软件，可以到相关网站深入了解。

软件名称	国别	开发商	适用阶段							
			数据采集	投资估算	场地分析	设计方案论证	设计建模	结构分析	能源分析	照明分析
EAM	美国	Assetworks		★		★				
Allplan	德国	Nemetschek		★			★			
AutoCAD Civil 3D	美国	Autodesk	★		★		★			
BricsCAD	比利时	Bricsys Services					★			
CATIA	法国	Dassault Systemes					★	★		★
Daysim	加拿大 德国	加拿大国家研究委员会、德国 Fraunhofer 太阳能系统研究所							★	★
DDS-CAD	挪威	Data Design System		★		★	★			
Design Advisor	美国	美国麻省理工学院							★	
Digital Project	美国	Gehry Technologies					★			
DProfiler	美国	BeckTechnology		★	★		★		★	
Eagle Point suite	美国	Eagle Point Software Corporation					★			
EcoDesigner STAR	匈牙利	Graphisoft							★	★
Edificius	意大利	ACCA Software S.p.A					★			
EnergyPlus	美国	美国能源部、劳伦斯伯克利国家实验室							★	★
ETABS	美国	CSI					★	★		
Generative Components	美国	Bentley Systems					★			
Green Building Studio	美国	Autodesk							★	★
MagiCAD	芬兰	Progman					★		★	
MicroStation	美国	Bentley Systems			★	★	★			
Newforma	英国	Newforma		★		★				
Navisworks	美国	Autodesk		★		★	★			
PKPM	中国	北京构力科技有限公司					★	★	★	★
Radiance	美国	美国劳伦斯伯克利国家实验室								★
SAP2000	美国	CSI					★	★		
SDS/2	美国	Design Data					★	★		
Tekla	芬兰	TrimbleNavigation					★	★		
Vectorworks Suite	德国	Nemetschek					★		★	★
3D3S	中国	上海同磊土木工程技术公司					★	★		
广联达数字设计系列	中国	广联达					★	★	★	★
理正系列	中国	北京理正	★	★	★		★	★		
鲁班系列	中国	上海 Lubansoft		★			★			
斯维尔系列	中国	深圳斯维尔		★		★	★		★	★

本章参考文献

[1] SketchUp Help Center[EB/OL]. [2022-12-01]. https：//help.sketchup.com/en/sketchup.

[2] V-Ray 6 for SketchUp[EB/OL]. [2022-12-01]. https：//www.chaos.com/cn/vray/sketchup.

[3] Autodesk AutoCAD：深受数百万用户信赖的设计和绘图软件[EB/OL].[2022-12-06]. https：//www.autodesk.com.cn/products/autocad.

[4] AutoCAD 2023 随附 Architecture 工具组合[EB/OL]. [2022-12-06]. https：//www.autodesk.com.cn/products/autocad/included-toolsets/autocad-architecture.

[5] 中望 CAD2023[EB/OL]. [2022-12-18]. https：//www.zwsoft.cn/product/zwcad/.

[6] 中望帮助文档[EB/OL]. [2022-12-18]. https：//help.zwsoft.cn/zh-CN.

[7] 天正建筑 TArch[EB/OL]. [2022-12-22]. http：//tangent.com.cn/cpzhongxin/jianzhu/528.html.

[8] Customer Story：Yasui Architects & Engineers[EB/OL]. [2023-01-20]. https：//forge.autodesk.com/zh-hans/customer-stories/yasui-ae.

[9] Customer Story：JFE Engineering Corporation[EB/OL]. [2023-01-20]. https：//forge.autodesk.com/zh-hans/node/2150.

[10] Key features of Autodesk Revit[EB/OL]. [2023-01-20]. https：//www.autodesk.in/products/revit/features

[11] Bentley-Resource Center[EB/OL]. [2023-01-18]. https：//www.bentley.com/resources/?_resource_search=openbuilding.

[12] MicroStation[EB/OL]. [2023-01-18]. https：//virtuosity.bentley.com/product/microstation/.

[13] OpenBuildings Designer[EB/OL]. [2023-01-19]. https：//virtuosity.bentley.com/product/openbuildings-designer.

[14] Design and Deliver Great Buildings[EB/OL]. [2023-01-20]. https：//graphisoft.com/solutions/archicad.

[15] Revit to Rhino[EB/OL]. [2023-01-20]. https：//www.rhino3d.com/inside/revit/1.0/guides.

[16] Ladybug Tools-Butterfly[EB/OL]. [2023-01-20]. https：//www.ladybug.tools/butterfly.html.

[17] Feature summary-Photoshop desktop[EP/OL]. 2022-10-01 [2023-01-20]. https：//helpx.adobe.com/photoshop/using/whats-new/2023.html#new-neural-filters.

[18] Go from inspiration to creation faster[EB/OL]. [2023-01-20]. https：//www.adobe.com/products/photoshop.html.

[19] Photoshop Features-add drama with Sky Replacement[EB/OL]. [2023-01-20]. https：//www.adobe.com/products/photoshop/sky-replacement.html.

第3章 参数化设计

3.1 参数化设计概念与思维体系

3.1.1 参数化设计概念体系

1）参数化设计的发展简介

参数化广泛应用于各个学科领域，参数化设计及建筑参数化设计均以参数化为基础，运用参数系统建立元素之间的联系及固有逻辑进行设计。

最初的参数化"技术"是一种通过逻辑规则来使不同个体数据发生关联的操作方式，如"黄金分割比例"在古希腊建筑中的普遍运用，是协调建筑形态与体量关系的关键因素。阿尔伯蒂（Alberti）在其所著的《论建筑》中，系统解析了黄金分割比例在古希腊建筑比例和柱式设计中的应用。我国宋代的材分制和清代的斗口制也是参数化早期应用的实例之一，清工部《工程做法则例》规定："凡檐柱以面阔十分之八定高，以十分之七（应为百分之七）定径寸。如面阔一丈一尺，得柱高八尺八寸，径七寸七分。"根据这些规定，可以对面阔、柱高、柱径等进行互相推算。但因缺乏数学理论与技术平台，此时的参数化更像一种数据处理方式而非严格意义上的技术。

随着计算机辅助设计技术的发展和创新，参数化设计也迎来了新的变革，机器学习、动态信息建模、虚拟现实与增强现实[①] 建模、深度学习等领域的新方法、新技术和新工具也将不断推动建筑参数化设计的发展，并对建筑设计产生了更深刻和更广泛的影响。

图3-1从计算机发展促成的参数化建模、石油危机引发的参数化模拟、复杂性科学催生的参数化决策支持及依托数控平台发展的参数化建构4条主线出发，对建筑参数化设计的发展进行阐述，总结其发展脉络、重要时间节点以及参数化设计的相关人物及其重要思想。

2）参数化设计的内涵

对于参数化设计的内涵，不同研究学者有着不同的见解，本节将对参数化、参数化设计及建筑参数化设计的概念进行解析。

"参数（Parameter）"一词最初来源于数学名词。参数化，在广义上来说，是指自然界各种事物发展过程中的量化行为，通过将变化的信息转换为可量度的数字、数据来实现信息的传递；在狭义上来说，它强调元素彼此之间的关联性，指的是在多元素之间建立的一种特定关系，当某一元

---

① 有关虚拟现实和增强现实的相关知识请参看本书第7章内容。

图 3-1 参数化设计发展脉络

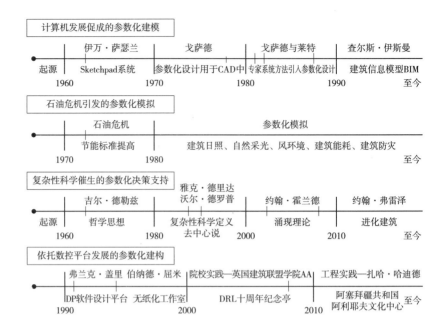

素发生变化时，其他元素会随着建立的关系产生相应的变化。

在现代设计领域，参数化设计广义上指利用参数化建模软件进行设计的过程。进行参数化设计时，设计者需综合考虑建筑周边的环境信息，建立各参数之间的拓扑关系，以描述设计对象，进而借助一定的固有逻辑（如：数学原理、几何逻辑等）和计算机辅助设计技术，通过调整其内部的参数，表达设计目的，并解决其几何形式问题[1]。

对于参数化设计的定义和内涵，一些该领域的理论家和实践者均提出了自己独到的见解。如帕特里克·舒马赫（Patrik Schumacher）提出，参数化设计通过引入参数化工具和脚本语言，可更高效、精确地制定和执行单元体之间及子系统之间的复杂联系，并在共享的理论概念、计算机技术、形式逻辑以及建构方式的共同作用下，成为一个全新的、逐渐占据主导地位的范式[2]。苏黎世联邦理工学院（ETH）菲利普·布洛克教授（Philip Block）也曾提出，建筑物是由参数组成的，参数化设计便是将这些参数组织起来，再通过数据的变化来控制建筑的实体状态。他于 2009 年提出基于图解静力学的推力线网络分析法，并基于此开发了参数化设计工具 RhinoVault，以用于纯压状态下连续拱壳结构的生形与控制[3]。

建筑参数化设计，是指将影响建筑设计的因素，包括外部环境和内部功能设计参量等，均看作变量，并建立参数化设计逻辑，通过算法执行获得多种建筑设计方案的过程。建筑参数化设计拓展了设计思维广度，实现了逻辑关系控制下的设计方案可能性探索。

1977 年首次提出"参数化建筑学"的路易吉·莫雷蒂（Luigi Moretti）将建筑参数化设计作为一个建筑体系进行研究，其目的是"定义各参数维度之间的关系"[4]。他用一个体育场作为例子来说明体育场的形式可以被分为 19 个参数进行设计[5]。

3）参数化设计的外延

随着参数化在建筑设计中的发展及应用，一方面，衍生出了包括生成设计和性能驱动思维在内的思维方法；另一方面，催生了多目标优化设计方法，能够在建筑设计中对多个性能目标同时进行权衡，辅助设计者完成具备较优性能的建筑空间、形态等设计。之后，设计者逐渐意识到参数化设计不应当只关注计算机辅助下的建筑设计，而应结合硬件与建造工具实现无缝衔接，参数化建构成为实现"设计"与"建造"有效结合的重要手段。

（1）生成设计

生成设计是基于设计者制定的算法及生成逻辑，通过自组织完成由无序到有序的建筑形态生成过程。设计者通过对建筑功能、环境影响、经济制约等客观因素的分析，对元素间的作用关系与设计发展方向作出主观判断，感性地初步预想出建筑形态的生成过程及生成结果，同时以建筑、环境、行为之间的互动影响作为驱动力，基于这些刚性约束，利用计算机辅助技术理性地进行建筑方案设计的生成。生成设计，其本质特征是"自下而上"。

生成设计的实践应用最早可以追溯到安东尼奥·高迪（Antonio Gaudi）的圣家族教堂设计，教堂穹顶找形采用针对不规则建筑形态的求解方法，通过重力环境进行形态发生设计。切莱斯蒂诺·索杜（Celestino Soddu）教授提出了生成艺术与设计（Generative art and design）理论，是生成设计方法（Generative design approaches）探索的先驱，其认为生成设计是一种科学的艺术创作过程，通过生成设计程序创作设计方案。

（2）性能驱动设计

性能驱动设计以性能目标为驱动力，根据建筑功能要求及所处气候环境特征，从建筑功能使用舒适度出发，借助计算机强大的数据分析能力，在满足综合性能要求的前提下创造出多样的形态和功能解决方案，是通过优化选择出最佳方案、制定相应设计策略并契合建筑功能与使用行为的设计模式。性能驱动设计将性能指标对设计方案的推动效应发挥到最大，避免设计方案因性能指标不符合要求而进行返工，从而提高了设计效率。建筑的性能驱动设计借鉴并延续了性能驱动设计思想，其过程如图3-2所示。不同于生成设计思维，性能驱动设计思维具备"自上而下"与"自下而上"两个向度，并能够极大地扩展问题求解空间，体现出了双向性及全面性[6]。

在性能驱动设计领域，荷兰代尔夫特理工大学、美国麻省理工学院、英国建筑联盟学院等处于研究前沿，许多国际知名设计机构也展开了相关

图3-2 性能驱动设计过程

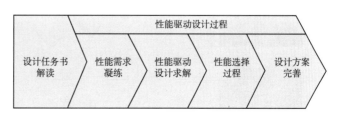

图 3-3 英国伦敦市政厅性能驱动设计探索 [8]
（a）伦敦市政厅太阳辐射分析；
（b）伦敦市政厅会堂声环境分析

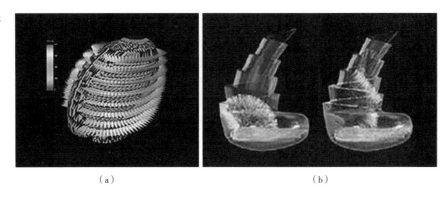

（a）　　　　　　　　　　　　（b）

探索，诺曼·福斯特（Norman Foster）在 2002 年设计伦敦市政厅（The City Hall in London）（图 3-3），使用了多项针对采光通风、声学的性能模拟等技术辅助建筑设计 [7]。

（3）多目标优化方法

多目标优化方法是性能目标导向下的建筑设计参量数值最优组合搜索过程，其不仅适用于建筑设计前期的方案推敲，也可通过调整优化设计参量类型，应用于建筑立面材料属性、构造方式等参数优化。多目标优化问题求解需权衡多性能目标要求，由于受到多项建筑性能目标要求控制，多目标优化设计结果不一定存在唯一相对最优解，其结果多是一系列对设计目标呈现不同响应程度的相对最优解集。

在建筑设计中，多目标优化设计能够针对设计参数和性能之间较为复杂的物理功能关系，探索最优方案解集，相比基于建筑性能模拟的多方案比较方法可大幅提高设计效率及优化效果。国内外对多目标优化方法展开了广泛研究，主要针对建筑能耗、自然采光、自然通风等性能目标及建筑形态、窗形态、空间形态等优化参量，使生成建筑方案的性能达到综合最优的效果。图 3-4 便是以采暖能耗及照明能耗为性能目标的建筑形态优化设计探索。

（4）参数化建构

参数化设计利于实现设计信息与建造工具的无缝衔接，推动了"设计"与"建造"的有机结合。参数化建构凭借其智能化水平是建筑参数化

图 3-4 多目标优化设计过程 [9]

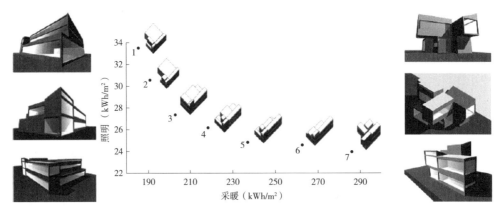

设计在建造阶段的延伸。

参数化建构包括两方面内容：一方面是建筑方案创作过程；另一方面是建筑数控建造过程。从弗兰克·盖里（Frank Gehry）到伯纳德·屈米（Bernard Tschumi）再到扎哈·哈迪德（Zaha Hadid），多位建筑师对参数化建构进行了研究和探索。图3-5为德国Olafur Eliasson事务所设计的Kirk Kapital办公楼，使用了模具塑型法完成整个建筑的参数化建构，建筑共6层，高度为32.3m，由4组圆柱形体量构成，建造过程共使用了19个交叉的、面积不等的曲面开口模具，堪称是日德兰半岛上最具特色的办公楼之一。

图3-5 参数化建构设计过程[10]
（a）Kirk Kapital办公楼实景鸟瞰；
（b）Kirk Kapital办公楼体量构成分析

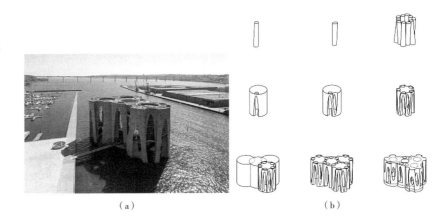

（a） （b）

3.1.2 参数化设计思维体系

设计者对于建筑的理解及其思维意识对于建筑设计有决定性作用。随着社会、时代的不断发展、科学技术的不断进步，建筑设计思维也在逐渐发生变化。本小节通过建筑设计思维的演变过程，首先对于设计思维的含义和分类进行阐述，进而总结其主要特征，然后具体解析在数字技术的推动下，由"自上而下"的设计思维到生成设计思维，再到性能驱动设计思维的发展过程，并结合具体案例分析了3种设计思维的特征与局限性，提出其发展趋势。

1）设计思维概述

设计思维是一种较为高级的意识活动，综合运用理性和感性、直观和抽象的信息处理方式来进行活动。设计者头脑中的一切与设计理解相关的活动都可以称作设计思维，它是一种复杂的、综合性的思维活动，也必然需要多种思维方式的融合和转换。同时，设计思维包含了多种不同类型的思维，其中的"建筑设计思维"除具有设计思维的普遍特征外，其功能性和实践价值更加突出，在思维的应用方面与其他类型的设计思维也存在着一定的差异。而且由于建筑创作的特殊背景，建筑设计思维对于多种思维的综合运用要求更高。

此外，设计思维在不断地演变。当今时代，在数字技术的支撑下，观念的多元化、情趣的大众化、概念的模糊化等，都将对数字化背景下人们生存空间的设计方式产生深刻的思维转变。从设计思维的总体发展趋势上看，以往的总体性思维、线性思维、理性思维逐渐向非总体性思维、混沌思维、非理性和非逻辑型思维演变，原来判定思维方式正确与否的逻辑思维模式也正渐渐地"放权"，还建筑设计以更广阔的空间。

设计思维作为一种整体的、综合的思维，能够充分地表达思维过程中的全局性和概括性。与其他类型的思维方式不同，设计思维以设想的构建为基础，无论是单纯的艺术创作，还是需要同时解决实际问题，设计思维都非常注重整个过程的连贯性，其主要特征包括：整体性、创新性和求实性。

2）"自上而下"设计思维

"自上而下"设计思维，其是一个将人的认知和创造性逐渐深入的过程，设计者通过眼睛观察和大脑思考、辨别和判断，给原来的设计方案构思一个反馈，再基于设计概念对既有设计方案构思进行演进，以此往复构成了"自上而下"设计思维过程[11]。

近年来，"自上而下"设计思维的应用向尺度扩大和复杂度增加两个方向发展：一方面由建筑单体向城市街区扩展，多位学者对住区建筑间距、街区密度、组团布局等城市街区设计参数与能耗的关系展开了讨论，提出了一系列城市街区尺度节能设计方法与策略[12, 13]；另一方面，由标准形态建筑向非标准形态建筑设计拓展。

吴雨洲（Yu-Chou Wu）等人以伦佐·皮亚诺（Renzo Piano）设计的吉巴乌文化中心（Tjibaou Cultural Center）为例，提出应用计算流体动力学（Computational Fluid Dynamics，CFD）模拟方法将数值预测结果与建筑师最初的洞察力进行比较，以验证设计者在实现设计目标时的主观思考是否有效。同时，研究还提出了一个改进的模型，在风路径上尽量减少障碍，扩大通风口，仿真结果表明，改进后的设计大大提高了通风效率，进一步加强了吉巴乌文化中心的生态效应（图3-6）。

"自上而下"设计思维对于设计可能性的探索是存在局限的，在建筑设计的过程中，设计者总是会在头脑中组织大量设计信息。这些设计信息不仅包含空间、材料、建造技术等"建筑"信息，也包含人的行为心理、地形、气候、交通等"非建筑"信息，与此同时还会受艺术、经济、文化背景等影响。当设计者将这些信息组织消化为自身的设计语言，并最终以建筑的形态产生出来后，所有的信息可以视为一种"信息转译"的过程。首先，在这一信息转译的过程中，可能由于设计者经验不足或草图绘制能力的缺陷而导致偏差，并且难以交流，其次，"自上而下"的设计思维在一些案例中也暴露出了技术层面的局限性。我们需要合理利用"自上而下"设计思维指导建筑设计，最大限度地发挥其优势，弥补其劣势。

3）"自下而上"设计思维

早期的"自下而上"设计思维研究源于切莱斯蒂诺·索杜教授提出的生成艺术与设计理论，他应用"自下而上"设计方法重构了威尼斯城市图景（图3-7）[14]，并对"自下而上"设计进行了阐述："'自下而上'设计

图 3-6 吉巴乌文化中心改
进模型非标准形态 CFD 模拟
结果
（a）设计师对于风环境效果的
预知；（b）Y=2m 处截面图中
的模拟预测风场；（c）Y=2m 处
横截面图中的压力分布预测；
（d）Z=0.5m 俯视图中的模拟预
测风场

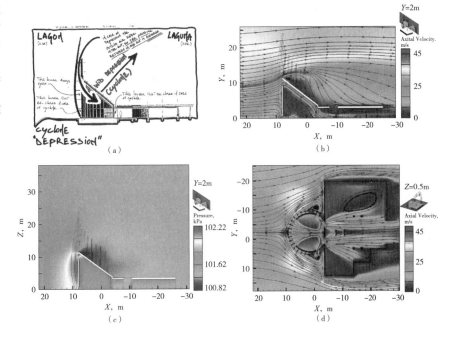

图 3-7 索杜教授基于生成
设计思维得到的威尼斯城市
图景[14]

可以通过基因编码的变化来创造一个具有创新性的设计，这是一个较为科
学的设计过程，在设计的过程中会产生多种可能性，最终的关注点不仅仅
在于设计成果，还在于设计演变的过程，即设计结果是从怎样的编码转换
生成的”[15]（图 3-8）。

图 3-8 通过信息编码生成的
多样建筑形态[15]

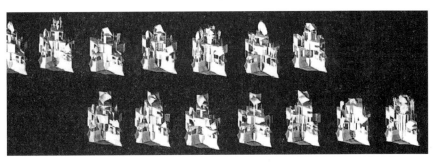

其他学者也对"自下而上"设计的含义进行过解读。李飚在《建筑生成设计》中提出，计算机辅助的生成艺术是自组织过程，这一过程采用算法或规则来控制，可以仿效机械的、随机的或数学的自组织过程，与其他设计方法相比，"自下而上"设计方法有其特殊的作用，能够引发设计者的灵感[16]。陈寿恒在《数字营造》中将"自下而上"的设计过程定义为生成设计，认为这是一种能够产生多种解决方案的设计方法，能够运用逻辑算法或规则引导生成过程，其中的算法或规则可以通过不同的方式来确定，如：图表、脚本语言等；同时，"自下而上"设计涉及一些可以定义的参量，可以在设计之初确定，并由此生成设计结果[17]。

"自下而上"设计思维引领了建筑设计新趋向，为设计者提供了新思路。这种思维方式将多种因素纳入考虑范围，借由数字技术进行建筑设计的自组织，具有以下突出特征：

（1）自组织性、逻辑性

"自下而上"设计思维的引导下，设计过程不再被机械地分解为若干程序，而逐步转化为某种可控规则下的自组织活动。自组织是指一种起源于初始无序系统的部分元素之间的局部相互作用、所产生出某种形式的整体秩序的过程。自组织规律是生成设计的核心，通过自组织可以呈现生成建筑形态的过程。例如，"生命游戏"是最有名的元胞自动机 ① 案例，是由英国数学家约翰·霍顿·康韦（John Horton Conway）于 1970 年研发的生成设计算法，规则制定者仅给定系统初始状态和建立演化规则，系统基于规则从初始状态开始迭代一定次数，在无限的 2D 网格里进行计算，每个格子是生或死，且都与它周围的 8 个格子相邻，如图 3-9（a）所示。演化规则有 3 条：①如果活细胞周围活细胞数小于 2 个或者大于 3 个，则转为死。②如果活细胞周围活细胞数为 2 个或者 3 个，则保持活。③如果死细胞周围有 3 个活细胞，则转为活。将平面的元胞自动机背景变为 3D 空间，每个矩形细胞则变为 1 个立方体，并根据"生命游戏"的空间规则如图 3-9（b）所示，在每一代进行自我复制，单个 CA 系统的层数定义有多种解释的空间形式，并可根据其自身的几何特性推广到更大的范围，如图 3-9（c）所示。

（2）随机性、创造性

"自下而上"设计思维基于生成规则控制生成过程，制定建筑设计决策，其生成的设计方案在形态和空间上均更具随机性，说明"自下而上"设计思维充分地发挥了数字技术的复杂数据计算优势，增强了设计者对建筑设计可能性的探索能力。应用参数化建模技术与建筑性能模拟工具，可以分别从环境性能引导建筑形态生成和围护结构单元数字化定制两方面展开非标准建筑形态设计研究，图 3-10 是基于风环境模拟数据的非标准建筑形态"自下而上"设计探索[19]。

---

① 元胞自动机（Cellular Automata，CA）是一种时间、空间、状态都离散，空间相互作用和时间因果关系为局部的网格动力学模型，具有模拟复杂系统时空演化过程的能力。不同于一般的动力学模型，元胞自动机不是由严格定义的物理方程或函数确定，而是用一系列模型构造的规则构成。

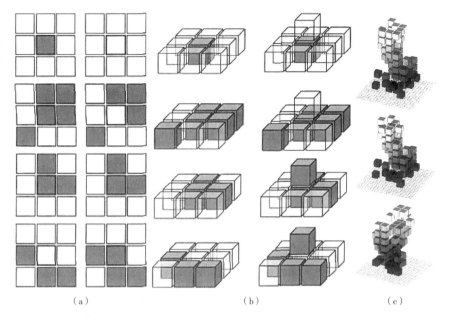

图 3-9 元胞自动机生成规则引导下的空间形态生成[18]
（a）二维生成规则；（b）三维生成规则；（c）基于生成规则的典型空间形态

图 3-10 基于风环境模拟数据的非标准建筑形态生成设计[19]

（3）开放性、包容性

"自下而上"设计思维的另一特征是转译规则的开放性，设计过程能够综合考量各类设计要素，获得与以往不同的设计结果。也正由于"自下而上"设计思维的包容力，能够将多类型设计目标融合到建筑之中，但也容易导致建筑形态过于复杂（图 3-11）。

（4）过程性、动态性

不同于面向结果的静态设计思维，"自下而上"设计思维是面向过程的动态设计思维。需对建筑生成设计规则及其过程进行逻辑设定和系统建模，而不需要对最终的生成设计结果进行预期限定。建筑"自下而上"设计系统中的信息常受到设计过程的动态影响，易导致随机和不确定现象的发生，也必然会导致建筑设计结果的多样性。如图 3-12 为设计者根据调查获得人群需求信息，并在 C++ 多代理系统程序中根据流线设置球体力场及周边建筑对内部功能分布力场生成的建筑设计方案，其具有鲜明的过程性和动态性特征。

（5）交互性、关联性

"自下而上"设计的交互性和关联性特征是其非线性自然属性的客观呈现。在"自下而上"设计思维引导下，建筑设计要素之间的相互影响和相互作用并不是以简单的线性叠加来分析和计算的，而是以多要素的交互作用和关联关系为背景来协同考虑的。以建筑功能布局为例，城市文脉、空间形式、建设规模等要素都具有直接或间接的交互作用和互为因果的反馈关系。其功能的合理性是不可以通过简单地在空间中随机添加所需功能空间来获得的，而是应该兼顾多要素对于建筑"自下而上"设计过程的影

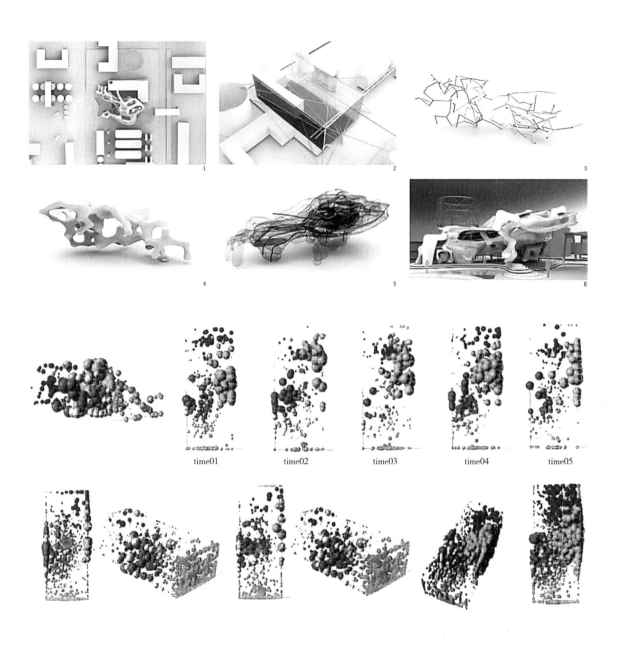

time01 time02 time03 time04 time05

图 3-11 根据 3D 限制性扩散聚集算法生成的建筑形态 [19]（上）

图 3-12 生成设计具有鲜明的过程性和动态性特征 [20]（下）

响来综合考虑的（图 3-13）。

4）性能驱动设计思维

性能驱动设计思维以建筑性能等条件为设计目标，根据场地气候环境特征、设计功能要求，从建筑功能使用和室内物理空间舒适度等角度出发，应用遗传优化算法制定建筑设计决策，基于计算机平台生成建筑的相对最优解集，再由设计者对计算得出的建筑设计方案相对最优解集进行筛选，得出设计问题相对最优可行解。在性能驱动思维引导下的建筑设计过程中，设计者对于建筑设计过程的主观介入发生于优化设计过程前和优化设计过程后，而优化过程中的设计决策是由遗传优化算法根据性能目标适应度函数制定的。

性能驱动设计可以被阐述为，通过对建筑设计相关的多学科因素的考

图 3-13 "赋值际村"的模块分解图[21]

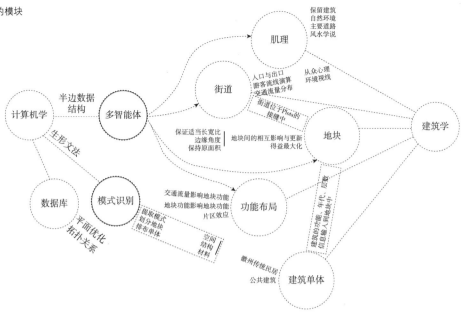

量，来科学回应建筑性能需求的过程。具有以下突出特征：

（1）双向性

与生成设计思维围绕自组织过程展开不同，性能驱动设计思维强调多性能指标的平衡，存在成果选择与主观控制的自上而下优化筛选过程；同时，性能驱动设计思维又不同于"自上而下"设计思维的主观决策过程，而是引导设计者综合应用建筑性能模拟、建筑信息建模和遗传优化搜索技术，实现了对参数化技术的综合运用。

性能驱动设计思维是兼顾了"自上而下"与"自下而上"两个向度，能够平衡设计过程中计算机客体和设计者主体决策作用的建筑设计思维。T. Echenagucia 公司基于性能驱动设计思维，以建筑能耗水平最低为设计目标，应用遗传优化算法展开了建筑外窗布局设计（图 3-14）。由设计结果可知，虽然得出的方案存在差异性，但是所有的设计结果都呈现出对于一定约束条件的响应。在性能驱动设计思维的引导下，建筑设计方案在探索设计结果可行性的同时，充分回应了预定约束条件的各项要求，达成了参数化技术客观计算能力与设计者主观约束能力的平衡[22]。

（2）全面性

性能驱动设计思维的发展基于遗传优化搜索技术的推动。遗传优化搜索技术为设计者呈现了建筑设计背后庞大的解空间，改善了设计者对于建筑复合性能的全局优化能力，为性能驱动建筑设计思维应用奠定了技术基础，使其能够发挥进化算法对建筑设计解空间的全局搜索技术优势，可在设计过程中显著拓展建筑设计可能性探索广度，突破了既有多方案比较试错方法对设计可能性的探索局限，呈现出鲜明的全面性特征。

米凯拉·图林（Michela Turrin）基于性能驱动设计思维，以结构和日照得热性能为驱动力，应用第 3 章介绍过的遗传算法对大跨度屋面展开了

图 3-14 基于性能驱动设计
思维的外窗布局设计探索 [22]

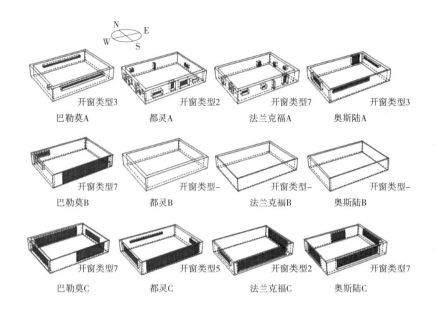

开窗类型3
巴勒莫A

开窗类型2
都灵A

开窗类型7
法兰克福A

开窗类型3
奥斯陆A

开窗类型7
巴勒莫B

开窗类型-
都灵B

开窗类型-
法兰克福B

开窗类型-
奥斯陆B

开窗类型7
巴勒莫C

开窗类型5
都灵C

开窗类型2
法兰克福C

开窗类型7
奥斯陆C

建筑形态节能设计，其设计结果（图 3-15）是由相同母题设计得出的屋面
形态，其起伏角度和位置存在差异，在回应设计目标的前提下产生了多组
最优建筑形态方案供选择。通过组合筛选，性能驱动设计极大地扩展了问
题求解空间，使得设计问题的解决更加全面 [23]。

图 3-15 Michela Turrin 展开
的大跨屋面性能优化设计研究

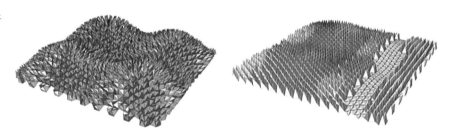

（3）耦合性

性能驱动设计以性能要素为驱动力，在综合满足各项性能要求的前提
下，创作出多样的空间形态和功能解决方案，由设计者从中选择出最佳方
案，实现对多目标问题的优化求解。在优化求解过程中，性能驱动设计思
维可耦合考虑温度场、引力场、湿度场等物理场的叠加作用和相互影响，
权衡考虑呈现负相关关系的多建筑性能目标，呈现出鲜明的耦合性特征。

建筑自然采光可有效改善室内照度，但也有引发眩光的风险。如何权
衡考虑自然采光性能目标与眩光防护，成为建筑多性能目标优化设计中的
重要问题。如图 3-16 所示，基于遗传算法生成了 50 代解决方案，性能驱
动设计思维可以帮助设计者权衡冲突目标，获得各性能相对均衡的建筑设
计方案 [24]。

（4）高效性

既有建筑设计过程，多通过性能模拟比较多设计方案，制定设计决策

图 3-16 基于性能驱动设计思维权衡照度和眩光性能目标[24]

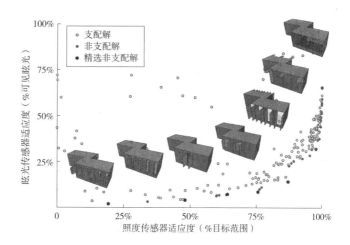

调整方向，通常在已经完成的建筑方案的基础上进行建筑性能模拟分析与评价，若不达标，需对建筑方案进行反复调整修改，效率低、耗时长。性能驱动设计思维借鉴自然物种进化机理，展开设计参量种群迭代计算，可显著提高设计效率，降低设计耗时。如图 3-17 所示，在 2008 年北京奥林匹克体育馆的方案设计中，设计者基于性能驱动设计思维，展开了钢梁定位设计参量优化设计，对海量设计方案进行了比选，并根据各代种群计算结果自动制定设计决策，在遗传、变异 600 代后，得到相对最优解集。这一过程充分地体现了性能驱动设计思维的高效性[29]。

图 3-17 基于性能驱动设计思维的优化设计探索[25]

3.2 参数化设计关键技术与工具

3.2.1 信息建模技术与工具

1）信息建模逻辑

建筑与环境子系统交互作用、相互影响，并共同构成了人居环境系统。信息建模过程是对建筑与环境子系统信息的集成和信息化关联关系的建构，其首先需通过实测采集建筑及环境信息，随后应用参数化技术建构所采集建筑环境信息的参数化关联关系，从而为建筑环境系统交互作用解析和多目标优化设计奠定基础。

建筑环境信息是参数化建模实现的基础，其包括建筑形态空间、材料构造、设备运行等建筑多层级信息，还包括局地气候、场地风貌、城市文脉等环境多类型数据。以图3-18、图3-19所示的建筑为例，在它的室外空间参数化建模中，其建筑环境信息包括：东西翼围合场地的建筑形态、空间和材料构造信息，以及设计场地的局地热环境、风环境、日照辐射等环境信息（图3-18），也包括建筑设计风格、城市历史文脉、街区文化风貌等信息（图3-19）。

图3-18 参数化建模案例平面图（左）

图3-19 参数化建模案例鸟瞰图（右）

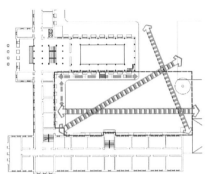

建筑与环境信息采集是建筑环境信息参数化建模的重要基础。完成建筑与环境信息采集后，设计者将基于所采集的建筑和环境信息，通过映射元素建构、映射关系建构展开建筑环境信息参数化建模。

（1）映射元素建构

在映射元素建构过程中，设计者将梳理参数化建模逻辑并对流程中的参数化映射过程进行分析，进而对映射过程中的作用信息与被作用信息进行提取，作为参数化映射的原始信息。将被作用信息称为原象信息，作用信息称为算子信息。

原象信息需根植于各类可调节的基础参数，如独立的数组、数列，或基础几何元素如点、线等。以此类信息为控制要素来创建原象，进而用数学方法实现对信息内容的控制，即完成了原象信息的参数化转换。原象信息创建完成后，设计者需基于特定参数化设计流程，对原象信息中的受影响参数进行提取并置于参数化建模平台中。譬如在上述实例中，原象信息为基于场地现有范围建构的固定大小单元格群组，群组单元尺寸由可控制的2D数组构成，同时单元格中心位置参数、各单元格边缘参数等信息也被提取并将其作为后续参数化转换的起点，如图3-20所示为场地中建立的初始单元格。

对于算子信息，在参数化建模中，将对原象信息构成映射作用的建筑信息定义为算子，原象信息通过单个或多个算子的作用，逐步转化为目标状态。参数化建模中，基于特定的参数化建模逻辑，作为算子的信息通常可从各类建筑形态以外的影响要素中进行提取，如：各类绿色性能参数、使用者行为参数、周边城市环境等。在室外空间参数化建模实例中，设计者将核心影响因素进行抽象与转换，使场地内部流线转化为曲线形式，建

图 3-20　场地中建立的初始
单元格（左）

图 3-21　场地算子信息集成
（右）

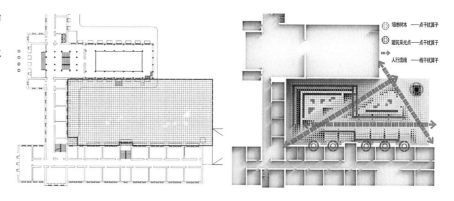

筑采光需求权重转译为采光窗平面位置参数，高度限制要素转译为数列结构，如图 3-21 所示为室外空间中建立的算子信息要素。

（2）映射关系建构

参数化映射关系建构是在完成建筑环境信息建构的基础上，根据算子信息架构，实现原象信息的分阶段转译。映射关系建构需依托计算机程序语言，展开大量数据的信息互动及转译，包括信息编辑与信息创建两类。

①信息编辑类映射关系建构，在对基础模型中的原象信息进行参数化映射关系建构时，基于既有的参数化逻辑，设计者需针对现有原象信息内容，完成形态的几何转化。信息编辑类映射关系不仅包括建筑形态与空间信息的映射关系建构，还包括建筑墙体、屋面等围护结构构造信息，以及建筑空调机组、采暖照明等设备的运行维护信息的映射关系建构。

信息编辑类映射关系建构依托于建模平台的内部指令库，常见的编辑指令包括移动、旋转、缩放、镜像、阵列等。在映射关系建构过程中，通常将原象信息作为初始输入，算子信息作为控制参数输入，同时需保证两类信息的数据结构满足特定算法要求，最终完成算子信息导向下的原象信息转译。在图 3-21 案例的室外空间参数化建模实例中，基于生成的单元格，设计者首先对其进行批量缩放操作。以每单元格中心点为缩放原点，测量其中心点与最近人流路径曲线的距离，同时测量其中心点与最近地下采光位置的距离，取二者中的较小值为有效参数，再通过对参数的数值处理，提出缩放比例参数，输入缩放指令，最终得到人流与采光双重映射下的建筑设计方案（图 3-22）。

图 3-22　信息编辑类映射关
系建构探索

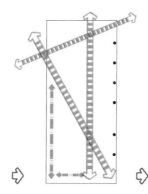

②信息创建类映射关系建构，设计者基于现有环境分析创建建筑形态空间、材料构造、设备运行维护等设计元素，并在此基础上，通过建筑环境信息参数化建模，逐步展开建筑设计方案的生成和优化。

信息创建类映射关系建构多应用于形态元素创建，其涉及的参数化指令与特定的建模平台具有较强关联性，但通常按照"点—线—面—体"的逻辑进行生成，其中每生成一组形态，均需输入作为主体参照的上级形态，其生成形态的数据结构将与参照形态的结构保持一致；同时形态的生成通常需要输入额外的控制参量，作为基于参照形态的控制参数，这就给多类型算子信息的介入提供了渠道，设计者可通过算子信息群组的输入，实现其对于形态生成的控制或干预作用。室外空间参数化建模实例中，设计者基于缩放后的单元格面，在生成地面高度时，提取每一单元格面的中心位置并测量其与最近人行路径曲线的距离，若距离小于 2m 时不进行挤出命令，大于 2m 时将距离参数做同类数学转换后作为挤出高度参数，同时限制最大挤出距离为 1.5m，即可得到在人行流线影响下的地面形态（图 3-23）。实例中参数化模型建构过程完成后，经过进一步的深化设计最终得到如图 3-24 所示的景观效果。

图 3-23　信息创建类映射关系建构探索（左）

图 3-24　信息创建类映射关系建构成果（右）

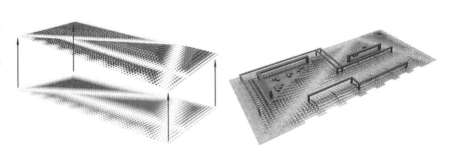

2）参数化建模工具

参数化辅助设计软件是进行参数化建模的基础工具，其核心功能是能够将模型信息转化为参数信息并实现量化控制。我们通过在参数化辅助设计软件中进行各种操作，建立不同参数之间的参数化关联，并由少数的核心参数控制整体形态，形成一套完整的建立逻辑；进而借由修改少数参数达到控制整体形态变化的目的。同时，此类软件均建立于传统建模平台之上，可以拾取建模平台中的元素作为逻辑中的一环，其生成的形态也将同步至 BIM 平台中进行后续调整。常用的参数化建模工具，见表 3-1 所示。

参数化建模工具对比表　　　　　　　　　　　　　　　　　表 3-1

工具类型	工具名称	建模平台	支持脚本语言
节点式编程	Grasshopper	Rhinoceros	Python、VB、C#
	Dynamo	Autodesk Revit	Python、C#
	Generative Components	MicroStation	VBScript、Jscript
脚本式编程	Monkey	Rhinoceros	Rhinoscript
	MEL	Autodesk Maya	Maya Embedded Language
	Maxscript	Autodesk 3ds Max	Maxscript

3.2.2　建筑性能模拟概述与流程

面向建筑节能设计、自然采光、自然通风、室外风环境、室内热舒适模拟需求，以下从建筑性能参数化模拟定义、流程和技术优势 3 方面阐释了建筑性能参数化模拟方法，介绍了建筑性能参数化模拟中的建筑模型精细化策略、能耗参数化模拟策略、自然采光参数化模拟策略、CFD 建筑环境参数化模拟策略。

1）建筑性能模拟概述

建筑性能参数化模拟是参数化编程与性能模拟技术的有机融合，是建筑产业信息化转型背景下，建筑性能仿真技术体系的智能化革新，也是建筑参数化设计体系在性能仿真领域的拓展和延伸。

建筑性能参数化模拟需面向建筑日照、自然采光、通风、围护结构传热、热舒适度评价、建筑能耗分析等性能仿真问题求解需求，应用参数化编程技术，整合建筑性能模拟工具与建筑环境信息模型，展开建筑性能仿真模拟，并能对模拟结果进行可视化分析。近年来，越来越多的学者开始研究如何基于性能反馈制定建筑形态空间、材料构造和设备运行维护设计决策，使性能驱动设计思维在方案创作阶段融入建筑参数化设计过程[26]。

建筑性能参数化模拟方法，可以让使用者在调用多性能仿真模拟引擎，自适应调整仿真模拟参数，从而降低学习成本，提高学习效率。

2）建筑性能参数化模拟流程

建筑性能参数化模拟可提高设计效率并对设计方案的可行性进行预判，其首先展开建筑性能参数化模拟模型建构，进一步设置建筑性能参数化模拟所需的边界条件等相关参数，随后展开建筑性能参数化模拟计算，并将计算结果反馈回参数化平台进行可视化分析。

（1）性能参数化模拟模型建构

性能参数化模拟模型建构中，设计者需首先明确性能模拟问题，明晰性能参数化模拟需计算的具体指标，了解掌握性能参数化模拟计算理论模型与数学原理；同时，设计者还需根据模拟工作服务的设计阶段，如：方案创作阶段、扩大初步设计阶段和施工图设计阶段等，确立性能参数化模拟模型建构的精细度。模型精细度越高，其模拟计算的精度越优，但建模时间和性能仿真计算耗时也越长，所以建筑性能参数化模拟中的模型精细度并非越高越好，而应根据服务的设计阶段合理设定。

（2）性能参数化模拟参数设置

性能参数化模拟参数包括边界条件参数、模拟引擎计算参数等，其设置过程需结合模拟工作服务的设计阶段合理设置，以求得模拟精度与效率的平衡。如：建筑自然采光性能参数化模拟中，若性能模拟旨在服务方案创作阶段，其模拟计算引擎的反射次数宜设置为较低数值，以便高效率地对多方案进行自然采光性能比较[27]。

（3）性能参数化模拟计算

性能参数化模拟计算过程，多由建筑性能模拟计算引擎自动执行，设计者需关注模拟计算过程中各阶段完成情况反馈信息，以便更好地理解建筑性能参数化模拟计算结果。模拟耗时受模型精细度、模拟参数设置、场景复杂程度等多因素影响。

（4）数据反馈与可视化分析

性能参数化模拟可将模拟数据列表反馈至参数化平台，进行数据管理、编辑与可视化分析。反馈的数据能以时间维度进行数据列表，如：逐时建筑围护结构传热量、逐时建筑室内温湿度水平；也能以空间维度进行数据列表，如：室内工作面逐点照度分布、室外空间逐点风速与风向。参数化平台可基于性能参数化模拟反馈的数据列表，通过 2D 与 3D 绘图、伪彩图渲染等方式展开建筑性能可视化分析，为设计者提供更加直观的决策支持[28]。

3.2.3　参数化设计决策支持技术与工具

随着计算机模拟技术的发展与应用，建筑方案多目标优化设计已逐步推广应用于建筑方案设计实践中，复杂性科学发展与建筑性能要求的攀升，更对当代建筑设计提出了新的挑战，设计者需权衡的建筑性能也日益多元化、复合化，如何在多个目标之间找到一个满意的权衡解已成为设计决策的核心。决策支持即是基于优化目标满足程度的加权综合排序技术，用于帮助设计者通过优化过程形成最佳备选设计。

1）多目标优化概述

建筑设计需不断调整设计参量，以满足建筑设计多目标要求，逐步确定建筑形态空间、材料构造等设计决策。实际上，建筑设计过程是一个不断探索与修正设计解决方案的过程。设计者往往需要依托自己具备的专业知识、经验等完成对设计要求的解答，并对其进行评价和验证，通过反复的修正得出满足设计要求的建筑设计方案。建筑设计方案求解域具有显著的广泛性与不确定性特征，而优化设计方法可以克服单纯通过模拟进行试错的缺点，通过将优化程序与模拟程序结合，可以实现在设计空间中自动搜寻最优解或非支配解，能够更好地辅助建筑性能优化设计。在自动优化设计过程中，优化设计者不需要手动调整建筑设计参数，只需要定义优化问题和初始优化参数，确定优化搜索范围、目标及其他条件。计算机优化程序能在设计空间中自动搜索较优的可选方案并根据搜索结果进行方案重构，通过建筑性能模拟或其他目标函数评估方式对设计方案的目标性能进行评估并保留较优方案。

在优化问题中，想要达成的设计目标被称为优化目标，根据优化目标数量是否唯一可以分为单目标优化和多目标优化两类问题。建筑性能优化的目标以建筑环境性能目标为主，如：能耗、碳排放、采光、热舒适等，也可以包括规划设计指标要求、经济性、功能空间指标要求等。由于建筑设计过程中涉及的性能目标数量多且相关关系复杂，因此能权衡优化多性能目标的多目标优化比单目标优化更具有应用价值[29]。

2）建筑多目标优化工具实例

随着计算机科学的发展与用户使用体验度优化需求的提高，多目标优化工具逐步由数学模型和程序代码发展为具有友好用户界面的软件工具，其可显著提高多目标优化设计效率和精度，改善用户体验。经多年发展，多目标优化工具体系日益完善，其中尤以 Octopus、Matlab 遗传优化工具

目标	工具名称	概述
单目标	GenOpt	允许对一个由模拟程序计算的目标函数进行多维优化。优化是通过系统地改变指定的设计参数来完成的，以使目标函数最小化或最大化。该程序可以耦合到任何支持文本输入输出的模拟程序
	Galapagos	基于 Grasshopper 平台展开优化，具有友好的人机交互界面
多目标	Matlab 遗传算法优化工具箱	科学计算软件 Matlab 中提供了遗传算法工具箱，支持包括遗传算法、简单遗传算法、多目标遗传算法等多种优化算法，适用于各种优化问题，应用较为广泛
	Octopus	是 Grasshopper 平台的插件，可承载多类型进化算法展开多目标优化问题求解
	modeFRONTIER	modeFRONTIER 是基于遗传算法的多目标优化工具，具备操作简单、优化快速高效、后处理功能强大等优势
	MultiOpt	MultiOpt 是基于遗传算法开发的优化设计工具，其可与 TRNSYS[①] 模拟工具协同运行

箱应用最为广泛（表 3-2）。

　　研究者选择办公建筑外表皮设计形式相关的设计参量，综合应用 Octopus 优化工具和建筑性能参数化模拟工具，融合 SPEA-2 和 HypE 算法[②]，对建筑全年能耗、表皮成本、室内采光和热环境进行了优化，使建筑设计方案满足项目所在国节能设计规范的要求，具有较好的建筑环境性能（图 3-25）。与一般的建筑优化设计流程不同，该研究选择在设计初期进行建筑性能优化，使建筑性能具有更大的提升空间，展示了建筑性能优化更早介入设计过程的可能。应用 Octopus 建筑多目标优化设计工具，可充分探索建筑设计可能性，权衡具有负相关关系的建筑多性能目标，并能够为设计者提供清晰、直观的建筑设计非支配解集，支持建筑设计决策制定过程。

图 3-25　建筑表皮多目标优化设计[30]
（a）建筑表皮优化设计参量；
（b）优化设计过程得到的非支配解集

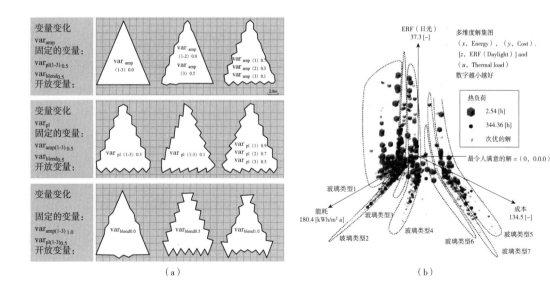

（a）　　　　　　　　　　　　　　（b）

①　TRNSYS 软件最早由美国 Wisconsin-Madison 大学 Solar Energy 实验室（SEL）开发，并在欧洲一些研究所的共同努力下逐步完善，可用于建筑性能优化与控制及负荷模拟、常规中央空调系统模拟等等，是模块化的动态仿真软件。
②　Octopus 使用 SPEA-2 和 HypE 多目标优化算法用于淘汰非优解，相比于 Grasshoper 自带的 Galapagos，可以处理更复杂的优化问题。

第 3 章　参数化设计　83

3.3 参数化设计的工程实践应用

3.3.1 建筑参数化设计工程实践

本小节以某寒地图书馆建筑展开参数化设计案例实践为例，展示如何应用参数化设计方法和工具进行建筑方案设计。

1）概念形态生成

首先，根据场地情况和任务书要求得到基础形态和变量值域范围。该建筑设计项目位于长春工业大学，在分析了新校区的整体规划、既有建筑风格以及校方意见后，确定初步的设计意向，综合考虑校园的功能分区，轴线布局，图书馆的规模（面积、藏书量、高度等）以及相邻建筑的立面形态等，进行了基于草图的方案概念设计。

再进一步根据寒地气候特点、建筑功能要求与设计美学要素确定优化目标。由于方案设计初期存在着多方案比较、材料不确定、相关各类参数无法准确取值，难以进行准确物理信息模拟，故以建筑体形系数、阅览空间自然采光和美学比例3个方面作为优化目标，进行初步概念方案的多目标优化。依据面积规模、用地尺寸和高度限制构思5种体量形式的概念方案，传统概念设计阶段往往根据设计师的经验，进行主观方案筛选，主观判断往往无法权衡多设计因素和目标，选出综合各类因素考量的最优方案解。以参数化方法对于5种方案遵循既定的3个方面目标分别进行优化筛选，以矩形方案为例，采用遗传算法进行迭代运算，以体形系数、立面比例和自然采光利用面积比为优化目标，进行方案的多目标优化。随着优化过程的开展，相应性能水平得到逐渐提升；经过19代优化趋于稳定，最终共得到78组非支配解，也就是优化目标下的建筑体量形态的最优解集（图3-26）。

同理，对另外4种体量形式的方案进行多目标优化，分别选出各自的相对最优解（图3-27）。分析比较5种不同体量形式最优解方案的3个方面优化指标，矩形方案相较于方形和U形方案在采光利用面积相差不多的

图 3-26　初步概念方案多目标优化结果

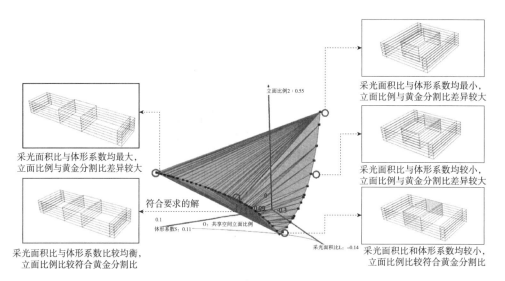

采光面积比与体形系数均最大，立面比例与黄金分割比差异较大

采光面积比与体形系数均最小，立面比例与黄金分割比差异较大

采光面积比与体形系数较小，立面比例与黄金分割比差异较大

采光面积比与体形系数比较均衡，立面比例比较符合黄金分割比

符合要求的解

采光面积比和体形系数均较小，立面比例比较符合黄金分割比

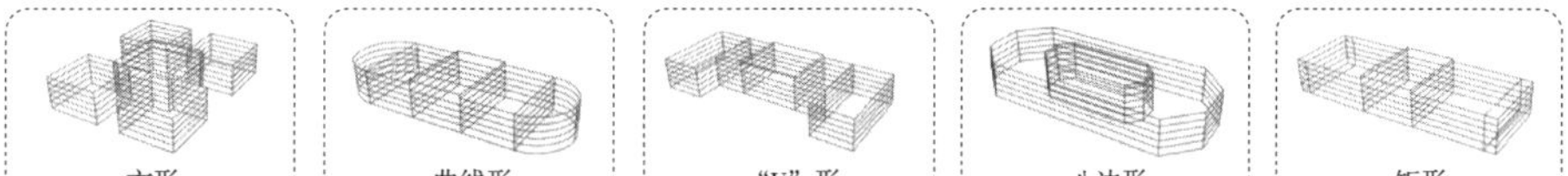

	方形	曲线形	"U"形	八边形	矩形
体量进深（m）	110	50.3	39.8	31.5	50
体量面宽（m）	110	105	150	147.1	145
体形系数S	0.133	0.086	0.109	0.092	0.099
采光利用面积比L	0.235	0.194	0.241	0.243	0.244
立面比例差1	0.036	0.014	0.31	0.424	0.163
立面比例差2		0.053	0.087		0.005

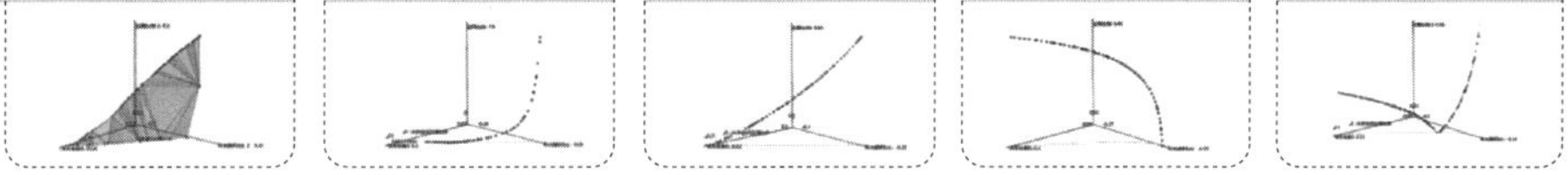

图 3-27 不同体量形式多目标优化结果

情况下在体形系数指标上有明显优势，与曲线形方案比较在采光方面优势较大；相较于八边形方案、矩形方案立面比例关系与新校区整体风格更为接近，所以确定矩形方案为最符合设计目标的建筑形态设计方案。

2）平面空间生成

在得到建筑体量形态方案后，进行建筑平面空间生成。在疏散楼梯设计过程中，可通过遗传算法对符合防火分区布局、疏散距离以及结构对位关系的不同交通核组合方案进行分析比较与筛选，得到疏散效率高、疏散压力分散的平面交通核布置方案。基于确定的交通核位置进行平面功能空间生成，根据各交通核疏散入口位置，并避开基于阅览室照度标准与自然采光利用面积比确定优先用作阅览功能的空间，筛选确定交通疏散流线。基于初步设计的立面开窗进行室内采光模拟，根据图书馆主要功能构成、动静分区与人流路线组织，确定功能空间布局，生成初步建筑平面空间方案。这一设计过程中，定性的判断与计算性设计的量化决策相结合，有效提高了设计效率与精度。

3）性能导向下的深化设计

性能导向下的方案深化设计，遵循"设计—优化—再设计"的方案设计流程。在初始设计方案基础上，保留其平面布局和立面特色，选择合适的建筑设计参量进行优化，以提升建筑多性能目标。

（1）多目标优化问题确定过程

在建筑优化目标方面，旨在降低建筑物的能源消耗和经济成本，同时确保室内采光质量的最优化。因此，选取与建筑环境影响有关的年均能耗密度（Energy Use Intensity，EUI）指标、与环境空间品质有关的空间全天然采光百分比（Spatial Daylight Autonomy，sDA）指标和有效天然采光百分比（Useful Daylight Illuminance，UDI）指标，以及与经济性有关的围护结构造价（Cost of Building Envelope，CBE）指标作为建筑优化目标。

确定建筑优化目标后，进行建筑设计参量的选择。由于主要对建筑围护结构进行优化，选取的建筑设计参量包括：图书馆层高、不同类型的天窗及侧窗宽度、外墙墙体构造类型和窗户玻璃类型（图 3-28）。

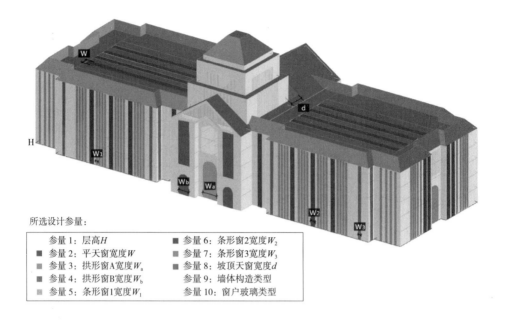

所选设计参量：

■ 参量1：层高H	■ 参量6：条形窗2宽度W_2
■ 参量2：平天窗宽度W	■ 参量7：条形窗3宽度W_3
■ 参量3：拱形窗A宽度W_a	■ 参量8：坡顶天窗宽度d
■ 参量4：拱形窗B宽度W_b	参量9：墙体构造类型
■ 参量5：条形窗1宽度W_1	参量10：窗户玻璃类型

图3-28　选取的建筑设计参量

（2）神经网络[1]预测模型构建过程

神经网络训练数据集生成。神经网络预测模型通过学习样本点分布规律来拟合出整个数据空间的分布情况，因此需要在设计空间内抽取样本点，并对其进行建筑性能模拟，以制作建筑设计参数与建筑性能模拟值对应的训练数据集。为了减少模拟次数，提升优化效率，本研究选择拉丁超立方采样[2]方法抽取可行解样本。既有研究表明，大于两倍设计参量数目的样本就能较好地代表建筑设计空间。因此，采用拉丁超立方采样法在设计空间内随机抽取了200组设计样本。利用DSE[3]插件的Sampler组件执行拉丁超立方采样，设置采样组数为200组，得到可行解样本的建筑设计参量值（图3-29）。

本研究中涉及的建筑性能模拟包括建筑全年能耗模拟和采光模拟。通过模拟过程获取可行解样本的建筑年均能耗密度（EUI）值、建筑空间全天然采光百分比（sDA）值和建筑有效天然采光百分比（UDI）值。在进行建筑采光模拟时，为了确定采光计算网格的布置范围，首先对建筑标准层平面所有区域布置采光计算网格，经采光预模拟后发现热区B、C、D、F、I、G内建筑空间全天然采光百分比（sDA）和建筑有效天然采光百分比（UDI）均有较大的优化提升空间。因此在这些区域内布置1m×1m采光计算网格，拟优化该区域内的自然采光效果。

① 有关神经网络和人工神经网络的知识，可参看本书第8章第2节。

② 拉丁超立方采样（Latin hypercube sampling，LHS），是一种分层随机抽样，能够从变量的分布区间进行高效采样，假设现在有k个变量，我们现在要从他们规定的区间中取出N个样本，则每个变量的累计分布被分成相同的N个小区间，从每一个区间随机地选择一个值，每一个变量的N个值和其他变量的值进行随机组合，不同于随机抽样，这种方法通过最大化地使每一个边缘分布分层，能够保证每一个变量范围的全覆盖。

③ DSE（Design Space Exploration），自动生成建筑的插件，通过调整配置系统的参数，生成大量功能等效的设计备选方案，以确定多目标优化方案。

图 3-29 在 Grasshopper 软件上进行超拉丁立方采样的界面

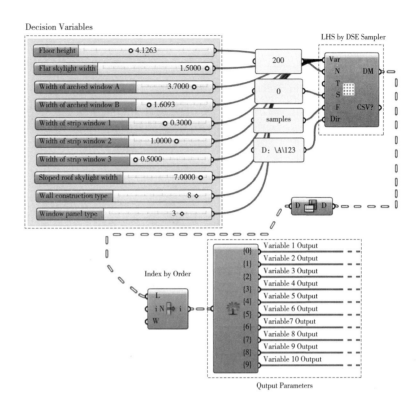

利用参数化建模建立建筑热工分区模型时，需要将建筑设计参量值作为输入数据，构建建筑参数化模型，对建筑设计参数样本逐组进行能耗、采光性能模拟，得到每组建筑设计参量值对应的建筑年均能耗密度（ EUI ）值、建筑空间全天然采光百分比（ sDA ）值和建筑有效天然采光百分比（ UDI ）值。

神经网络预测模型建模与训练。为了优化神经网络预测模型建模和训练时需要设置的参数，将 200 组样本数据随机分为两个数据集，包括 120 组样本构成的训练数据集和 80 组样本构成的验证数据集。以最小化神经网络训练数据预测值与模拟值的均方误差（ Mean Square Error, MSE ）、最大化验证数据预测值与模拟值的线性相关系数（ R ）作为优化目标，采用 Octopus 插件的 SPEA 2 优化算法对神经网络层数、学习率等参数进行优化（图 3-30 ）。

得到神经网络预测模型后，对模型精度进行验证。最终 EUI 神经网络模型训练数据预测值与模拟值均方误差降低到 0.001，验证数据预测值与模拟值相关系数达 0.973；sDA 神经网络模型训练数据预测值与模拟值均方误差降低到 0.0009，验证数据预测值与模拟值相关系数达 0.986；UDI 神经网络模型训练数据预测值与模拟值均方误差降低到 0.001，验证数据预测值与模拟值相关系数达到 0.983（图 3-31 ）。经验证神经网络预测模型无过度拟合现象，达到了较高预测精度，可以作为建筑性能模拟程序的替代模型。

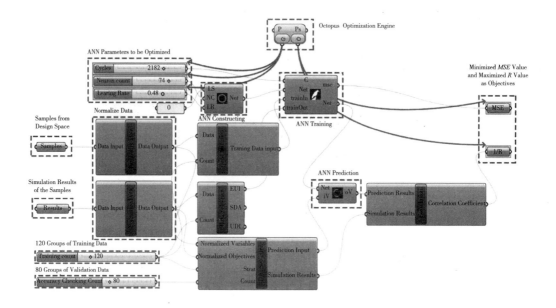

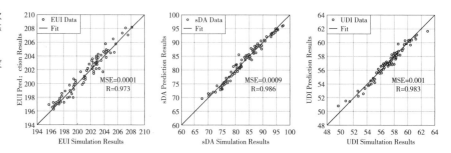

图 3-30　在 Grasshopper 软件上进行神经网络建模与训练的界面（上）

图 3-31　神经网络训练精度验证（下）

4）多目标优化搜索过程

利用训练成功的神经网络预测模型计算 *EUI*、*sDA*、*UDI* 优化目标函数值，并利用围护结构造价数学公式计算出围护结构造价目标值，采用 Octopus 平台的 HypE 算法依据多个优化目标函数值进行寻优（图 3-32）。该优化算法对建筑设计参数选择、交叉、变异与重组，在迭代过程中采用精英保留策略，并引入超体积贡献度指标作为判断解支配关系的指标，从而很好地平衡算法在高维情况下收敛性和分布性之间的表现。寻优过程中采用了精英保留率 0.5、交叉率 0.8、变异率 0.9、设置种群数量为 100，迭代次数为 50 次。

5）非支配解验证分析

（1）非支配解收敛性分析

寻优最终得到 176 个非支配解（图 3-33）。图中的 3 个坐标轴分别对应围护结构造价函数值（*BEC*）、空间全天然采光百分比目标函数值（1/*sDA*）和有效天然采光百分比目标函数值（1/*UDI*），用明度倾向对应建筑年均能耗密度值。在图 3-33（a）中，明度越低的点表示迭代次数越高的一代解；明度最低的一系列点（黑色和灰色）表示最后一代解，即本研究中得到的非支解。代表可行解的点越接近坐标原点，表示解的采光性能

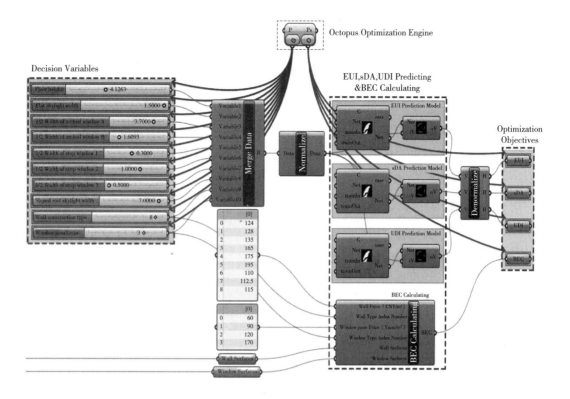

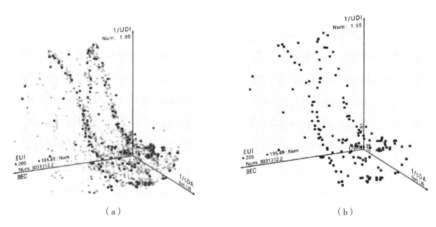

图3-32 在 Grasshopper 软件上进行多目标优化的界面（上）

图3-33 多目标寻优结果（下）
（a）寻优过程中逐代收敛的解；（b）最终的非支配解集

（a）　　　　　　　　　　　　　（b）

和围护结构造价性能越好，从深色到浅色的梯度渐变表示建筑能耗性能由优到劣。从图3-33（b）中可以看出优化搜索到的解随着迭代次数增加逐渐向非支配解前沿收敛。

（2）设计参量与优化目标综合分析

将非支配解的建筑设计参量和建筑优化目标值用平行坐标图展示（图3-34）。图中左侧的10个纵轴与建筑设计参量对应，右侧的4个纵轴建筑优化目标对应，不同颜色的折线代表不同非支配解。在非支配解的各个设计参量中，层高参量的变化范围较为广泛，区间分布也较为均匀。平天窗宽度集中分布在数值较低范围内；拱形窗A宽度分布在中高数值范围内；拱形窗B宽度在数值较低范围内分布更为集中；条形窗1宽度在数值

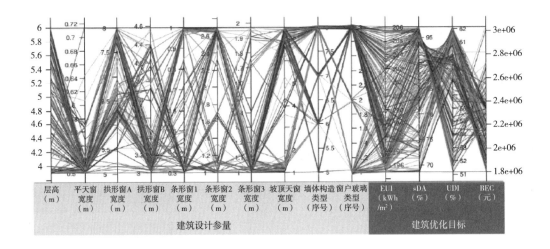

层高 (m)	平天窗 宽度 (m)	拱形窗A 宽度 (m)	拱形窗B 宽度 (m)	条形窗1 宽度 (m)	条形窗2 宽度 (m)	条形窗3 宽度 (m)	坡顶天窗 宽度 (m)	墙体构造 类型 (序号)	窗户玻璃 类型 (序号)	EUI (kWh /m²)	sDA (%)	UDI (%)	BEC (元)
建筑设计参量										建筑优化目标			

图 3-34　非支配解的建筑设计参量和建筑优化目标值

较高和较低范围内分布较为集中；条形窗 2 宽度在数值较高的范围内分布更为集中；条形窗 3 宽度在数值较低的范围内分布更为集中；坡顶天窗宽度集中分布在最高值和最低值附近。非支配解的墙体构造有 5、6、7、8 共 4 种类型，窗户构造有 1、2、3 共 3 种类型，并且大多数为序号 3 代表的窗户玻璃类型。非支配解 EUI 性能的值域为 195.5~206.0 kWh/m²，EUI 值越低，建筑单位面积的年均能耗越少；sDA 性能的值域为 68.7%~97.0%，sDA 值越高，满足天然采光照度和时长标准的房间面积在采光测试总面积中占比越高；UDI 性能的值域为 51.2%~62.2%，UDI 值越高，满足最低照度需求且无眩光的采光测点在所有测点中占比越高；BEC 性能的值域为（1.8×106）~（3.0×106）元，BEC 值越低，建筑围护结构造价越低。所以在进行非支配解的比较筛选时应选择 sDA 和 UDI 值较高，而 EUI 和 BEC 值较低的解。图 3-35 中表示建筑优化目标的纵轴之间连线错综复杂，说明多个建筑优化目标间具有复杂相关关系。EUI 值较低时，sDA 值很少达到较高水平；sDA 值较高时，UDI 值下降明显；BEC 值较低时，sDA 值同样有较低倾向。找到 4 个建筑优化目标之间权衡较优的解难度极高。

（3）建筑设计参量导向神经元筛选

由于剩余 24 个非支配解的建筑优化目标差异较小，此时进行建筑设计参量导向的筛选。提取剩余非支配解的建筑设计参量数据，构成建筑设计参量矩阵并进行归一化处理；构建新的自组织映射[1]神经网络，设置神经网络尺寸为 3×3，利用归一化的建筑设计参量数据训练自组织映射神经网络，得到建筑设计参量自组织映射聚类模型。计算各类非支配解的平均设计参量值，并将平均建筑设计参量值对应的设计方案效果图置入相应神经元单元格中，数据量为 0 的单元格则留白，得到平均建筑设计参量效果图，如图 3-35（a）。计算每类非支配解的数量，绘制各类非支配解数量

---

[1]　自组织映射（Self-organizing map，SOM）神经网络是基于无监督学习方法的神经网络的一种重要类型，它运用竞争学习策略，依靠神经元之间互相竞争逐步优化网络。自组织映射网络理论最早是由芬兰赫尔辛基理工大学 Kohen 于 1981 年提出的。此后，伴随着神经网络在 20 世纪 80 年代中后期的迅速发展，自组织映射理论及其应用也有了长足的进步。

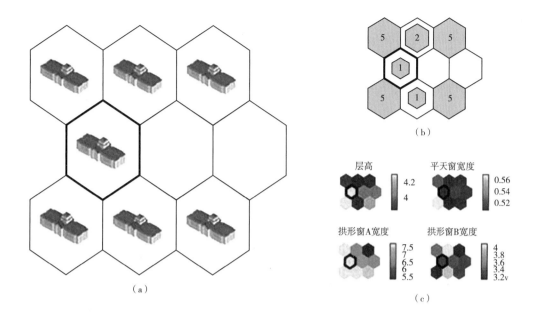

（a）

（b）

层高 4.2 4

平天窗宽度 0.56 0.54 0.52

拱形窗A宽度 7.5 7 6.5 6 5.5

拱形窗B宽度 4 3.8 3.6 3.4 3.2v

（c）

图 3-35　建筑设计参量导向神经元筛选
（a）平均建筑设计参量效果图；（b）各类非支配解数量图；（c）平均建筑设计参量成分图

图，如图 3-35（b），根据平均建筑设计参量值绘制平均建筑设计参量成分图，如图 3-35（c）。对照图 3-35 中的（a）和（c）可以发现，对方案设计效果影响较大的建筑设计参量为层高和坡顶天窗宽度。粗线框的六边形范围内的设计方案层高最高，坡顶天窗宽度尺寸适宜，且只有 1 个非支配解，无需进一步比较，因此选择粗线框的六边形范围内的神经元。

明确所选神经元之后，利用神经元序号索引对应的非支配解，得到 1 个非支配解，也就是最终建筑优化设计方案图（图 3-36）。值得一提的是，建筑设计参量的选择和最终方案确定的主观性较高，因此制定决策时因决策主体不同产生差异性结果的可能性也较大。

图 3-36　最终建筑优化设计方案

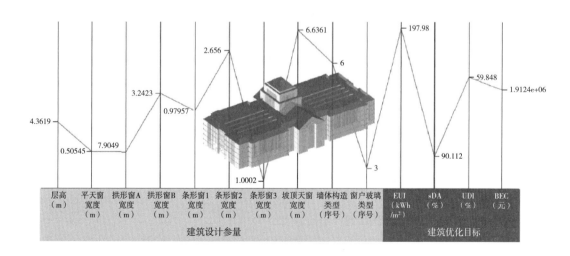

层高 (m)	平天窗 宽度 (m)	拱形窗A 宽度 (m)	拱形窗B 宽度 (m)	条形窗1 宽度 (m)	条形窗2 宽度 (m)	条形窗3 宽度 (m)	坡顶天窗 宽度 (m)	墙体构造 类型 (序号)	窗户玻璃 类型 (序号)	EUI (kWh /m²)	sDA (%)	UDI (%)	BEC (元)
建筑设计参量										建筑优化目标			

3.3.2　街区参数化设计工程实践

本小节以高层办公建筑组群为例，在城市尺度下对其形态展开优化设计。不同于建筑尺度下的建筑多目标优化设计，日照辐射不仅在影响办公建筑热环境中扮演了重要角色，也在建筑与环境之间的传热传质过程中发挥着重要影响。建筑群体形态高度、布局、朝向等对建筑组群日照辐射利用具有显著影响。因此，城市尺度的优化设计对于城市热舒适环境的构建具有重要意义。

实践案例选取办公建筑外围护结构的日照辐射为优化设计目标。冬季时，应注重对日照辐射的利用以便降低建筑采暖能耗；夏季时，应注重对日照辐射的遮挡，以降低建筑夏季制冷能耗，提高办公空间舒适度。

建筑优化设计参量的选择需基于优化目标展开，设计者首先应分析优化目标与高层办公建筑组群形态之间的关系，选取的设计参量必须与优化目标具有一定的相关性，否则优化设计过程可能不收敛或耗时较长，无法及时为设计者提供设计决策支持。设计者选择了建筑楼心间距、楼心连线与正东方向夹角、裙房层数、高层建筑塔楼层数、建筑组群沿 X 方向和 Y 方向位移距离、南向暴露系数、街道宽度等作为优化设计参量（表 3-3）。图 3-37 以建筑楼心间距为例给出了优化设计参量对外围护结构日照辐射量的影响。

图 3-37　建筑间距变化引起的日照辐射变化[31]
（a）建筑间距为 65m；（b）建筑间距为 50m；（c）建筑间距为 35m

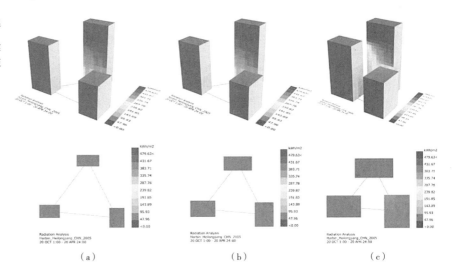

（a）　　　　　　（b）　　　　　　（c）

建筑组群形态优化设计参量 表 3-3

参量序号	参量名称	参量单位
1	建筑楼心间距	m
2	楼心连线与正东方向夹角	度
3	裙房层数	层
4	高层建筑塔楼层数	层
5	建筑组群沿 X 方向位移距离	m
6	建筑组群沿 Y 方向位移距离	m
7	南向暴露系数	比例系数，无量纲
8	街道宽度	m

为保证办公建筑组团形态优化设计结果满足经济要求，在确定优化目标和形态设计参量后，还需制定相应的约束条件。设定的约束条件主要是针对建筑形态设计参量展开的值域约束，这类约束条件将限定多目标建筑形态优化设计流程中各项设计参量的参数取值范围。实践案例中，高层建筑之间的防火间距不小于13m，高层建筑与多层裙房的防火间距不小于9m（表3-4）。

办公建筑形态设计参量数值约束条件[31]　　　　表3-4

参量名称	参数值域	模数	单位
华威 A 座沿花园街方向移动距离	−23~0	3.8	m
华威 A 座进深	19~37	3	m
华威 A 座朝向（南偏东）	0~45	3	度
华威 B 座沿建设街方向移动距离	−2~13	3	m
华威 B 座沿花园街方向移动距离	0~23	3	m
华威 B 座朝向（南偏东）	0~45	3	度
宏达大厦进深	25~39	2.8	m

在优化设计过程中，首先应用建筑环境信息模型集成案例所在地区的气候数据。案例实践中，采用中国标准年气象数据库（Chinese Standard Weather Data，CSWD）的哈尔滨地区数据。并且对场地周边环境进行了模型构建，包括周边环境和建筑物，周边环境主要包括：地面、道路、周边建筑。

环境信息集成完成后，展开对建筑形态几何信息的集成。在规划建筑布局过程中，以单体建筑的位置作为设计参量。根据调研结果，需要综合考虑城市规划退线要求和办公建筑防火疏散要求。对于建筑形态几何信息的集成应用建筑环境信息模型，结合制定的约束条件进行建筑形态信息建模，并将7项办公建筑形态设计参量在建筑信息模型中设定为可调节参数模块。建筑形态几何信息集成的关键是达成优化设计参量及其约束条件的参数化转译。例如，本案例中需要对建筑是否跨越建筑红线、是否违反防火规范做出相应判定。

城市尺度下的办公建筑性能模拟将计算不同办公建筑形态布局下的性能目标。建筑环境信息模型基于数据接口模块，实现了建筑信息模型与建筑日照辐射模拟工具的数据交互。

本案例基于 Grasshopper 平台下的多目标优化模型对城市尺度下的建筑组群形态设计参量展开多目标优化。应用 HypE 算法驱动建筑组群形态多目标优化设计过程，种群数量设定为100，采用精英保留策略，将保留概率参数设定为0.5，将交叉概率参数设定为0.800，变异概率设定为0.1，变异速率则设定为0.5。

设计者在设计之初就制定了相关的优化设计目标、设计参量和约束条件，这种工作流程有效提高了设计者对建筑优化设计方案可行性的探索能力，并大幅降低了建筑设计的工作量。但是，仍需分析多目标优化设计过程制定的设计决策对建筑性能的改善效果；判断优化设计结果是否权衡考虑了冬季日照辐射量和夏季日照辐射量；解析基于多目标优化搜索得出的非支配解集是否充分探索了解空间。

首先，我们来分析多目标优化设计过程制定的设计决策是否真正改善了建筑性能，以迭代计算代数为单位，从优化设计得到的最终非支配解集中分别回溯4代、8代和12代计算得到的建筑组群形态可行解性能分布情况（图3-38）。

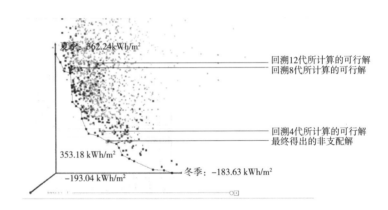

图 3-38　案例实践中得出的建筑非支配解集

夏季：862.24kWh/m²

回溯12代所计算的可行解
回溯8代所计算的可行解

回溯4代所计算的可行解
最终得出的非支配解

353.18 kWh/m²

-193.04 kWh/m²

冬季：-183.63 kWh/m²

回溯结果分析表明：回溯代数越小，优化过程所计算的建筑组群形态可行解集性能在整体上分布得越靠近坐标轴；当回溯 12 代时，计算得到的建筑组群形态可行解集性能分布更广泛，且多分布于距离坐标轴较远的区域。

随着回溯代数的减少，建筑组群形态可行解的性能水平逐渐向坐标轴靠近，提高冬季日照辐射利用能力的同时，改善其夏季日照辐射遮挡效果，说明建筑组群形态可行解性能在多目标优化设计过程中逐步改善。当计算至 14 代后可行解性能分布逐渐稳定下来，并日益接近理想性能水平。

随后，我们来分析一下优化设计结果是否权衡考虑了冬季日照辐射量和夏季日照辐射量。研究将基于对各代计算所得的非支配解集演化情况的分析，来验证多目标优化设计过程制定的设计决策能够在改善建筑性能的同时，平衡冬季日照辐射量与夏季日照辐射量性能要求。分别将优化过程在第 2 代、第 6 代、第 10 代和第 14 代迭代计算中求得的非支配解集抽离出来进行比较分析（图3-39）。

相比第 10 代计算得出的非支配解集，图 3-39（d）第 14 代迭代计算得出的非支配解集中，冬夏两季日照辐射水平较优的非支配解数量相近，且前缘曲线中心部位的非支配解向夏冬季日照辐射水平的有利方向偏移，说明优化过程中平台能够动态调整不同性能偏向的非支配解数量，从而保证最终设计结果对处于两个坐标轴上的目标进行均衡回应。可见，对于复合建筑性能设计目标要求下的优化设计问题，遗传优化模型制定的设计决

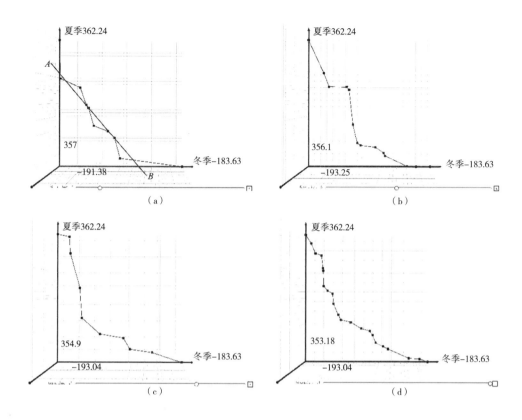

夏季362.24

357

−191.38

冬季−183.63

（a）

夏季362.24

356.1

−193.25

冬季−183.63

（b）

夏季362.24

354.9

−193.04

冬季−183.63

（c）

夏季362.24

353.18

−193.04

冬季−183.63

（d）

图 3-39 不同迭代数下的非支配解集

（a）至第 2 代计算得出的非支配解集；（b）至第 6 代计算得出的非支配解集；（c）至第 10 代计算得出的非支配解集；（d）至第 14 代计算得出的非支配解集

策能够基于各项性能目标对建筑布局形态的不同要求，权衡考虑不同建筑性能之间的负相关关系，计算得出对多种性能目标均衡回应的建筑组群形态设计方案。

最后，我们来分析基于多目标优化搜索得出的非支配解集是否充分探索了解空间。为计算冬夏季日照辐射得热量在建筑组群形态可行解集可能达到的极限值，应用 Galapagos 插件，分别以冬季日照辐射量和夏季日照辐射量为优化目标，应用遗传算法进行单目标优化，设置种群数量为 50 并展开计算。结果表明，冬季日照辐射水平能够达到的近似最大值为 191.70 kWh/m^2，夏季日照辐射水平能够达到的近似最小值为 355.96 kWh/m^2。可见，非支配解集计算得出的相对最优解，在数值上很接近该优化条件下所能得到的冬、夏季日照辐射性能极限值，考虑到非支配解集相对最优值是对多性能权衡的结果，可认为该优化设计过程已充分探索了解空间。

3.4 参数化设计相关的技术标准

参数化设计的相关技术标准可分为建筑信息模型相关标准、性能仿真相关标准以及优化设计相关标准；本书在第 5 章 "建筑信息模型" 中对建筑信息模型相关标准有专门介绍，本节简要介绍性能仿真相关标准和优化设计相关标准。

3.4.1 参数化性能仿真相关标准

面向国家碳达峰、碳中和与绿色低碳经济体系建设的时代语境，参数化设计已在建筑行业中得到了广泛应用，但国内外参数化设计的相关标准较少且尚不成熟。表 3-5 为国内先后出台的一系列绿色建筑评价标准中涉及参数化性能仿真的相关内容，如：国家标准《绿色建筑评价标准（2024年版）》GB/T 50378—2019、山东省地方标准《绿色建筑评价标准》DB 37/T 5097—2021；参数化性能仿真标准，如：行业标准《民用建筑绿色性能计算标准》JGJ/T 449—2018、协会标准《绿色建筑性能数据应用技术规程》T/CECS 827—2021。智慧建筑评价标准也有相关条例，如：中国房地产协会编制的行业标准《绿色建筑评价标准》T/CREA 002—2020。

参数化设计相关标准　　　　　　　　　　　　　表 3-5

标准号	标准名称
GB/T 50378—2019	绿色建筑评价标准（2024 年版）
DB37/T 5097—2021	绿色建筑评价标准
JGJ/T 449—2018	民用建筑绿色性能计算标准
T/CECS 827—2021	绿色建筑性能数据应用规程
T/CREA 002—2020	智慧建筑评价标准

其中国家标准《建筑绿色评价标准》GB 50378—2019 中，对建筑性能预评价、评价的设计阶段做了明确要求；行业标准《民用建筑绿色性能计算标准》JGJ/T 449—2018 结合我国的地域特点、绿色建筑发展水平，对比国际上民用建筑绿色性能计算和评价的丰富经验，基于大量案例调研、数值实验，归纳提出了适合我国国情的民用建筑绿色性能的计算方法、评价内容和专项报告规定，扩展和提高了现行节能标准设计计算方法，也为未来民用建筑绿色性能的标准化、系统化奠定了基础。中国工程建设标准化协会团体标准《绿色建筑性能数据应用规程》T/CECS 827—2021 对绿色建筑工程通过统计、计算、检测、监测等方式得到的室内外物理环境、建筑热工和能耗等方面的性能数据在设计、运行、评审等工作中的应用进行规范和指导。

3.4.2 参数化优化设计相关标准

建筑参数化优化方法可以权衡多建筑性能，可基于遗传算法同时对建筑多性能展开优化，使得建筑能耗、采光、通风性能协同优化，是推动建筑可持续发展，深化节能减排战略落实的重要方法和关键技术。但目前优化设计在建筑行业中实践的深度、广度还比较局限，多性能目标优化过程缺乏统一标准，流程划分不清晰，阶段性成果不明确，亟待提出建筑参数化优化设计规程流程和策略的标准。

2021 年发布的中国建筑学会团体标准《寒地建筑多性能目标优化设计技术标准》T/ASC 20—2021，为改善寒地人居环境，规范和指导寒地建筑设计，使其多性能目标优化做到技术先进、准确适用、经济合理而制定。

标准适用于寒地新建、改建和扩建的民用及工业建筑项目的建筑多性能目标优化设计过程。

标准包含寒地建筑绿色性能设计、室内物理环境性能与舒适度等相关法律法规、政策文件的要求与分析，突出条文的覆盖范围、可行性、可操作性研究。标准以寒地建筑为对象，融合寒地建筑多性能目标优化设计研究前沿趋向，提出寒地建筑多性能目标优化设计流程，规范寒地建筑多性能目标优化设计阶段性成果，可指导寒地建筑多性能目标优化设计实践该标准明确设计流程，规范阶段性设计成果，提升寒地低能耗建筑设计精度与效率。

本章参考文献

[1] 马志良. 建筑参数化设计发展及应用的趋向性研究 [D]. 杭州：浙江大学，2014.

[2] 帕特里克·舒马赫，张朔炯，罗丹. 参数化主义——参数化的范式和新风格的形成 [J]. 时代建筑，2012（5）：22-31.

[3] Rippmann M. Funicular Shell Design：Geometric Approaches to Form Finding and Fabrication of Discrete Funicular Structures[D]. Zurich，ETH Zurich，2016.

[4] Davis D. Modelled on Software Engineering：Flexible Parametric Models in the Practice of Architecture[D]. Melbourne，RMIT University，2013.

[5] Moretti L，Bucci F，Mulazzani M. Luigi Moretti：Opere e Scritti[M]. Milano：Electa，2000：14-20.

[6] 韩昀松. 基于日照与风环境影响的建筑形态生成方法研究 [D]. 哈尔滨：哈尔滨工业大学，2013.

[7] Kolarevic B B，Malkawi A. Performative Architecture：Beyond Instrumentality[M]. London：Routledge，2005：205-225.

[8] Negendahl K. Building performance simulation in the early design stage：An introduction to integrated dynamic models[J]. Automation in Construction，2015，54（6）：39-53.

[9] Caldas L. Generation of Energy-efficient Architecture Solutions Applying GENE_ARCH：An Evolution-based Generative Design System[J]. Advanced Engineering Informatics，2008，22（1）：59-70.

[10] M C Ferraz. A Phenomenological Understanding of Fjordenhus Building in Vejle，Denmark The Role of "Art-and-Architecture" on Contemporaneity[D]. Leiden，Universiteit Leiden，2019.

[11] 周吉平. 图式思维理论在建筑设计方法研究中的运用 [J]. 山西建筑，2005，31（18）：40-41.

[12] Hachem C，Athienitis A，Fazio P.Evaluation of Energy Supply and Demand in Solar Neighborhood[J]. Energy & Buildings，2012，49（2）：335-347.

[13] Tereci A，Ozkan S T，Eicker U. Energy benchmarking for residential buildings[J].

Energy & Buildings, 2013, 60（6）: 92-99.

[14] Celestino S. Generative Design Futuring Past[C]. Proceedings of GA2015 – XVIII Generative Art Conference, 2015: 18-31.

[15] 切莱斯蒂诺·索杜, 刘临安. 变化多端的建筑生成设计法——针对表现未来建筑形态复杂性的一种设计方法 [J]. 建筑师, 2004（6）: 37-48.

[16] 李飚. 建筑生成设计: 基于复杂系统的建筑设计计算机生成方法研究 [M]. 南京: 东南大学出版社, 2012: 15-29.

[17] 李大夏, 陈寿恒. 数字营造: 建筑设计·运算逻辑·认知理论 [M]. 北京: 中国建筑工业出版社, 2009: 39-50.

[18] 徐卫国. 参数化设计与算法生形 [J]. 世界建筑, 2011（6）: 110-111.

[19] 孙澄, 韩昀松, 姜宏国. 数字语境下建筑与环境互动设计探究 [J]. 新建筑, 2013（4）: 32-35.

[20] 黄蔚欣, 徐卫国. 参数化非线性建筑设计中的多代理系统生成途径 [J]. 建筑技艺, 2011（1）: 42-45.

[21] 徐卫国. 数字图解 [J]. 时代建筑, 2012（5）: 56-59.

[22] Echenagucia T M, Capozzoli A., Cascone Y. The Early Design Stage of a Building Envelope: Multi-objective Search Through Heating, Cooling And Lighting Energy Performance Analysis[J]. Applied Energy, 2015, 154: 577-591.

[23] Turrin M, Buelow P V, Kilian A. Performative Skins for Passive Climatic Comfort: A Parametric Design Process[J]. Automation in Construction, 2012, 22（4）: 36-50.

[24] Jaime Gagne, Marilyne Andersen. A Generative Facade Design Method Based on Daylighting Performance Goals[J]. Journal of Building Performance Simulation, 2012, 5（3）: 141-154.

[25] 李飚. 算法, 让数字设计回归本原 [J]. 建筑学报, 2017（5）: 1-5.

[26] 李紫微. 性能导向的建筑方案阶段参数化设计优化策略与算法研究 [D]. 北京: 清华大学, 2014.

[27] Kim HI. Study on Integrated Workflow for Designing Sustainable Tall Building – With Parametric method using Rhino Grasshopper and DIVA for Daylight Optimization[J]. KIEAE Journal, 2016, 6（5）: 21-28.

[28] 王少军. 基于建筑采光性能的参数化设计研究 [D]. 绵阳: 西南科技大学, 2016.

[29] 刘倩倩. 方案设计阶段建筑高维多目标优化与决策支持方法研究 [D]. 哈尔滨: 哈尔滨工业大学, 2020.

[30] Negendahl K, Nielsen T R. Building energy optimization in the early design stages: A simplified method[J].Energy & Buildings, 2015, 105: 88-99.

[31] 杨丽晓. 日照辐射驱动的寒地高层办公建筑组群形态节能优化研究 [D]. 哈尔滨: 哈尔滨工业大学, 2018.

第4章 生成设计

生成设计（generative design）通过计算机算法生成建筑方案，在约束条件下对特定目标进行优化，帮助建筑师拓展设计的可能性。建筑生成设计逐渐从早期的计算机辅助建筑设计分化成独立的研究体系。1977年出版的《计算机辅助建筑设计》[1]对计算机的设计角色与智能潜力做出展望，随后计算机辅助建筑设计（CAAD）、进化建筑[2]、算法建筑[3]等理念不断发展。建筑设计中的各种复杂进程逐渐被转化为可执行的计算机程序。该转化过程需要计算机系统模型方法的辅助，把建筑设计过程中那些表述不明确的、需要反复调整的复杂进程转译为明确的运算步骤。数学优化、形状语法、多智能体系统等代表了建筑设计问题"程序化"的几类理论方法，正在推动生成设计方法渗透到建筑学设计方法论中。2010年以后，以人工神经网络为代表的新一代机器智能技术催生了一批新的数字化设计方法[4, 5]，新老方法相互贯通融合，逐渐形成了一个多元发展的研究领域——运算化设计（Computational Design）[6]或称计算性设计。"生成设计"始终强调设计原理解析与生成复杂形式之间的密切关联。生成设计既是设计方法又是信息技术，不断触发建筑师对设计本质与原理的反思。设计师通过计算机逻辑重新发现自我，并推动设计智能的升级。

4.1 生成设计概述

4.1.1 原理与方法

计算机辅助建筑设计已从狭义的辅助绘图发展为广义的数字化设计过程，包括：量化分析、方案评估、制图、协同设计等，甚至可以实现建筑原型定义与方案生成。生成设计作为一种新的设计方法，它与传统设计方法的区别在于：不直接描绘最终的结果，而是通过设定一系列演变规则生成大量可能的设计方案，推动设计过程的深化发展。

建筑设计包含诸多密不可分、彼此关联的系统因素，如：建筑环境及文脉、建筑功能与建筑空间、建造技术及成本控制，并通过彼此互动关联构成建筑设计的复杂适应系统（Complex Adaptive System）。建筑生成设计基于算法规则自动生成方案并使之不断优化完善，是一个从简单向复杂、从粗糙向精细，逐步提高设计有序度的过程[7]。建筑设计元素的自组织优化组合可以激发设计者的灵感与思路，因此生成设计方法力图实现从"计算机辅助建筑绘图"（Computer-Aided Architectural Drawing）到"计算机辅助建筑设计"（Computer-Aided Architectural Design）的飞跃[8]。

生成建筑设计通过非传统方法整合多学科思维模式，与之相关的学科领域有：计算几何学、离散数学及图论、计算机算法、复杂适应系统等。而生成算法规则涉及人工生命系统、涌现行为、自治行为等。计算机程序、复杂系统模型、数理逻辑及建筑设计方法是建筑生成设计的基本要素。除了数理知识与计算机编程之外，它涵盖了与建筑原型问题相对应的各类学术领域，如：计算机图形学、线性代数、数学优化。人们可以借助计算模型（computational model）和程序工具梳理与建筑原型相对应的各种数理逻辑关系，对建筑原型的计算模型进行多次程序调试及反馈，完成从简单模型到复杂系统模型的逐步提升。

1）生成设计算法对比人类设计思维

生成设计算法与人类思维对待设计问题的方式差异很大。生成式算法的过程是显现的，通常需要反复"试错"产生大量可行结果；而人类设计的过程是隐性的，往往能通过高层次的经验综合直达特定结果。

人类思维方式灵活多变，在寻求复杂因果关系时可以忽略许多细节而敏锐地做合理的决策，但人不善于处理关系复杂并有诸多可能的情形。而计算机强大的储存功能、高速的运算能力、能够运行任意计算模型的能力可以同时顾及建筑问题的方方面面。所以建筑生成设计应该充分发挥人、计算机各自的优势，经人类思维提炼的计算模型将人类直觉思维及推理过程构建成各种程序模块，形成的生成式算法驱动计算机程序实现预设目标。因此，通过计算机工具对建筑原型进行科学建模、优化决策便具有一定的优势。

2）建筑原型提炼

原型作为建筑生成设计研究的基础，对原初类型、形式或例证进行设定。不同的建筑原型可以通过重组或扩展，应用到各类形式和内容迥异的建筑设计课题。例如，一套系统化的建筑采光生成设计程序可以应用于多种建筑设计场景中，如：基于居住区规划规则的日照计算及平面布局的生成、基于建筑室内采光及节能控制的建筑形体生成、调控室内光环境的建筑立面生成等。这些从建筑传统设计角度看似不同的设计任务都涉及同样的建筑原型。

建筑原型的挖掘往往比编写程序更为本质，完善的建筑原型程序为建筑生成设计奠定了基础。计算机建模（modeling）是程序算法对建筑原型系统的同态构建，是数学、系统科学、认知科学的深度综合。计算机模型可以表征人类思维和创造过程，建筑生成设计是建筑知识向计算机运算的转化过程，建筑原型的计算机建模引发了对建筑设计方法的深层次探索。

复杂网络、多智能体系统、元胞自动机、形状语法等模型为建筑生成设计提供了行之有效的建模方法，借助程序算法便可以进行各种建筑设计原型问题研究。建筑生成技术涉及诸多复杂系统建模方法。与"参数化设计"[9] 的做法不同，建筑生成设计通常引入非简单迭代的程序进化机制，以动态或自组织方式让程序完成建筑方案的迭代优化。因此，创建建筑原型的关键是把相关建筑设计概念提炼并转化为程序能够运行的规则。

4.1.2　计算模型与生成设计特征

人类从对客观世界的认识到对客观世界的建模是一个从原始抽象模型到形式化数理模型的发展过程。模型是对相关领域信息和行为的某种形式描述，是关于真实对象及其互相关系的抽象与简化。如今，计算机程序的建模方式包含统计学模型、数学优化模型、博弈模型、动态系统等多种类型。模型通常运用演化过程或主体之间的相互作用来描述，人们对世界的认识过程就是对世界不断建立模型的过程；同时，建立模型的过程又可以不断提高人类对世界的认识。

1）计算模型

模型是人们对认识对象所做的一种简化描述，对事物的认识原型可形成与之相对应的模型，计算模型的内涵：

计算模型 = 概念模式 + 个体观察 + 提炼 + 程序架构 + 运行与修订

概念模式：构建模型前必须具备的预设知识，相关公共与专业知识确保模型可以在一定范围内讨论。

个体观察：建模者收集公共、专业知识以及个人对模型对象的思维过程。

提炼：根据建模的目的、数据、手段等分析观察对象，并在此基础上建立可行计划。

程序架构：建立模型的过程，通过计算机程序完成预期行为到模型结构的选择性映射。

运行与修订：将模型的行为与实际系统比较，从而调整模型参数、程序结构以达到建模者的预期。

建立计算模型是生成设计程序开发的必要过程。模型不是对原型的复制，而是按研究目的、实际需要、侧重面等进行信息提炼，从原型中提取出便于进行系统化研究的"替身"[10]。模型一般比原型系统更简单，建模过程需要对原型系统简化，从系统属性中寻找典型性指标，再逐步加入其他算法或参数使程序行为近似于原型系统。

原型系统与计算模型之间互动，且彼此间信息"反馈"，建模者根据对原型系统规律的认识建立计算模型，同时建模过程又可以发现许多新规律，并在此基础上增强对原型系统的认知。由此可见，建模是一个逐级从简单到复杂的升级过程，它从最初原始的思维模型发展到复杂而明确的形式模型（图 4-1）。

图 4-1　原型系统与计算模型

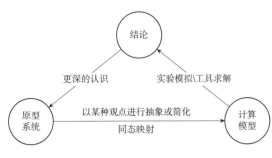

2）生成设计计算模型的特点

符号模型借助于抽象的符号并按一定的形式组合来描述研究对象，比如：由结点与边构成的图（graph）可以用来表示交通网络、结构中的力平衡、房间之间的相邻关系等等。计算模型作为一种特殊的符号模型，是建筑生成方法的主要研究手段，在建筑设计与计算模型之间形成运算逻辑的同构关系。

生成设计的关键步骤是把问题原型转译为定义明确的操作步骤，即建立计算模型，它具有如下特点：

（1）建模过程往往从最简单的数据模仿开始，然后逐步深化与求精，最终建立满足建筑原型需求的生成系统。

（2）计算模型往往用多个数值来模拟现实，而各类数据结构可以用来描述原型系统。

（3）计算模型在调度、规划、生产、决策等领域有广泛的应用。尽管计算机建模应用于建筑设计的时间不长，但具有深厚的技术积累和广阔的探索空间。

（4）计算模型充分发挥人、机各自优势。计算模型本身来自人类思维的提炼，它将直觉思维和推理过程转化成算法，以此驱动运算流程。

（5）同一原型对应于灵活多样的计算模型，建模的具体方式因人而异。

（6）计算模型正朝着智能化方向发展。近十几年来，进化运算、多智能体系统、人工神经网络等方法已经解决了很多传统数理方法不易解决的问题。

4.1.3 应用案例与发展趋势

近 20 年来，生成设计方法的发展与信息技术的普及使生成设计逐渐进入建筑设计实用阶段。但受到传统设计理念、行业既有惯例、多工种配合等因素的制约，把生成设计完整地贯穿到建筑工程中的案例比较少。一些建筑工程在设计阶段早期采用了生成设计方法，但在工程的中期后期逐渐被削弱，或被传统设计与施工方法取代。全面贯彻"利用算法生成建筑方案"的建成项目基本都是小尺度的建筑与结构，或是集中体现在建筑的某一个子系统，如：表皮设计、结构优化、空间布局等等。

矶崎新设计的卡塔尔国际会展中心基于结构与形式相统一的策略，采用拓扑优化的方法生成巨型的树状结构，是结构优化方面的生成设计案例。扎哈·哈迪德建筑事务所的设计方案广泛采用了数字技术，尤其是在建筑形体生成、表皮设计等方面采用了先进的生成设计方法。

智能化设计软件正在国内外崛起，试图针对建筑行业内某一类设计流程提供自动化的生成工具，如：小库科技的智能规划设计工具、NCFZ 团队的诺亚参数化工具、Autodesk 公司旗下的 SPACEMAKER 等设计工具、瑞士 Adaptive Architektur 公司的平面生成软件、spacio.ai 智能生成软件。

2003 年瑞士赫尔佐格德梅隆（Herzog & de Meuron）建筑事务所在设计"鸟巢"（北京 2008 年奥运会国家体育场）的过程中遇到了无法解决的难题。"鸟巢"的大型屋顶结构由 100 多根不规则排布的钢梁组成，错落的钢梁把屋顶平面切割成众多不规则形状的多边形。由于结构设计和装配技术方面的要求，这些多边形的面积必须保持在一定范围内：如果太大将导致局部跨度过大，而过小将导致连接构造的困难且不经济。瑞士苏黎世联邦理工学院（ETH）的 CAAD 研究所采用进化运算解决了这个设计难

图 4-2　直线钢梁把"鸟巢"顶面切割成众多不规则多边形①

题（图 4-2）。计算机不是依靠专业知识来解决问题，而是利用进化原理从无序随机的状态开始经过多次迭代逐渐得到满足要求的方案。以 100 根钢梁为例，计算机程序采用一种包含 600 个参数的遗传编码，在上千次"复制、突变、选择"迭代过程中概率性地逼近未知的"最优"方案。而且每次运行程序可以得到不同的解决方案。令人惊讶的是，该生成设计方案可以通过看似盲目的试错过程（stochastic hill climbing 算法）得到人脑很难解决的设计问题[11]。

荷兰鹿特丹 KCAP 建筑事务所与 ETH CAAD 研究所合作的城市露台（Stadsbalkon）项目实现了从计算机生成设计到施工建造的完整流程[11]。该自行车停放设施共 6200m²，可容纳 4000 辆自行车，顶部由 150 根自由布局的非垂直细柱撑起，自然起伏的顶面构成一个可供人休憩停留的公共广场。在生成程序中，每根圆柱可以移动、倾斜并改变自己的直径，目标是让开人行道或自行车摆放区，并高效地支撑起顶部。如果圆柱直径超出了特定值将分成两根；如果直径变得过小将会消失。方案的生成过程宛如一场圆柱的舞蹈，最终形成可供建筑师挑选的多种方案。

信息技术行业尤其是智能设计技术正在渗透到建筑设计的核心环节。国内外涌现出了众多智能化设计软件或网页应用程序。自 2000 年以来，过程式建模（或程序化建模）的应用开启了新纪元[12, 13]。如：软件CityEngine 采用 CGA（Computer-Generated Architecture）形状语法，包含道路生成与地块划分功能。针对不同功能的肌理要求，用户可通过内置模块实现道路的生长，并将道路围合产生的街区地块（block）划分成建筑地块（lot）。地块划分基于正交递归、鱼骨状和放射状三种模式及其混合模式[12]，通过设定建筑地块的面积范围、长宽、是否临街等参数来控制生成的形态。

Autodesk 公司的生成设计研发聚焦于建筑设计自动化、设计优化[14]，逐渐实现从绘图到生成的智能化飞跃（图 4-3）。Autodesk 把设计过程导向 6 个环节：生成（算法根据参数与目标生成多个方案）、分析（程序对方案进行量化评估）、排名（设计师根据实际需求与喜好对方案进行排序）、发展（根据方案排名重新调整生成的条件与目标）、验证（比较生成结果与设计要求）、整合（把生成的方案纳入整体工程项目中）。Autodesk 旗下的SPACEMAKER 软件能够根据场地条件与设计参数，自动化地生成建筑群布局与三维体块，提高了设计方案的科学性与工作效率。

---

① 图片来源：http://estructuras24.blogspot.com/2014/11/beijing-national-stadium.html.

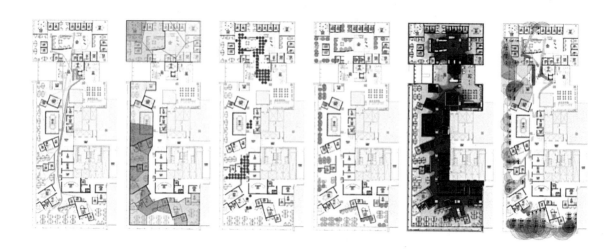

图 4-3　办公楼平面生成（Autodesk）[14]

4.2　数学优化方法

数学优化（mathematical optimization）或数学规划（mathematical programming）在建筑设计的自动化、智能化进程中发挥着核心作用[15, 16]，是建筑生成设计方法的重要组成部分。本节主要通过整数规划、启发式搜索、进化算法 3 个主题来诠释数学优化在建筑设计中应用。

4.2.1　数学规划

数学规划又称"数学优化"，通过函数理论及其微积分方法对实际问题进行数学建模，进而通过计算机程序求解最优方案。本条主要以线性规划和整数规划为例，介绍如何把建筑设计问题转化为数学规划。和工程领域相比，建筑师往往不追求唯一的"最优"解，而更重视一系列各不相同的"较优"解以便继续深化或调整。

1）建筑应用历程

建筑空间的布局问题类似于经济学领域中的资源最佳布局问题（optimum allocation of resources），如多个工厂之间的布局问题[17]，工厂内部的平面布局（正交网格）[18]。计算机辅助建筑设计之父威廉·米切尔（William Mitchell）在 1975 年总结了当时最先进的建筑空间自动生成技术[19]。为了弥补线性规划在建模中的局限性，非线性规划（nonlinear programming）、动态规划、混合整数规划（mixed-Integer programming）在 1980 年代之后被广泛运用。

长方形可以分割成多个房间，而非线性规划可用来优化分割过程中的具体参数[20]，包括：每个房间的长宽高、房间朝向、围合体的造价、檐下空间、房间之间的相邻关系。另一种策略是把每个房间看作是可以浮动的长方形。每个长方形的位置由两个小数变量（x，y 坐标）来表示。长方形之间不能重叠，而需要相邻的房间（长方形）必须靠在一起[21, 22]。房间的浮动也可以在正交网格上进行，此时每个长方形的 x，y 坐标、长与宽都由整数来表示。混合整数规划可以在网格上实现这种建筑平面生成[23]。

当今，运筹学方法的建筑应用聚焦于建筑设计问题本身，整数规划方法能够贯穿城市设计、建筑、室内3个空间尺度[24]。针对地块内部的交通网络，整数规划工具让设计师能够设定路网覆盖密度并控制路网等级[25, 26]，该方法也能在变形网格上生成建筑平面。如图4-4所示，基于7种房间模板和走廊模板、电梯井模板，整数规划在复杂的网格中排布房间，确保连通性和各种房间之间的比例。

图4-4 整数规划用于不规格网格上的建筑平面布局[32]

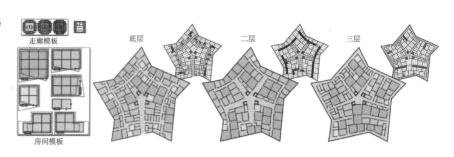

东南大学研究了网格上的日照强排问题[24]：使住区的容积率最大化地同时满足南向房间的日照需求。0-1整数规划既可以表达多层建筑的日照间距，又可以处理高层建筑每个时刻的投影（图4-5）。覆盖路网（coverage network）算法系统化地解决了道路曲直、死胡同等问题。

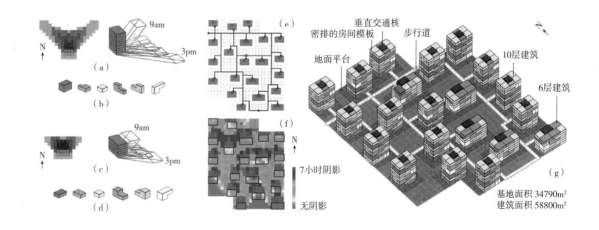

图4-5 整数线性规划用于高层住区设计[24]
（a）10层建筑；（b）10层建筑的房间模板；（c）6层建筑；（d）6层建筑的房间模板；（e）优化路网连接所有住宅入口；（f）建筑的阴影分布；（g）优化后的高层住宅设计轴测图

混合整数二次规划（mixed integer quadratic programming，简称MIQP）可以处理L形等复杂形状的房间[27]，在生成住宅方案的过程中考虑上下层对齐的问题（图4-6a），能处理规模比较大的公共建筑（图4-6b）。

2）基于0-1整数规划的空间生成

用线性的数学关系来表达复杂多变的建筑空间是一项长期的技术挑战。在50多年的研究历史中已涌现出大量的方法与应用场景。下文介绍如何用0-1整数规划来描述设计对象并生成符合要求的方案。其中路径规划、

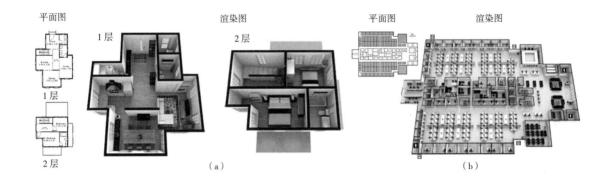

平面图　1层　渲染图　2层　平面图　渲染图

1层

2层

（a）　　　　　　　　　　　　　　　　　　（b）

图 4-6　MIQP 用于建筑平面布局[27]

地块内的建筑布局、建筑平面排布是 3 类常见应用。

（1）路径规划

城市道路、小区内部道路、车行道、人行路径等等都有各自的设计要点。整数规划的路径模型主要包括：①斯坦纳树（Steiner tree）以最短的总路径把地块上的所有目标点都连接起来；②覆盖网络，即以最短的总路径均匀地覆盖整个地块，密度可以统一调节。我们可以把两种网络模型都想象为：有水流从源点出发，流向各个目标点。引入"水流"概念是为了保证路径的全局联通性，避免出现道路孤岛。斯坦纳树适用于目标点已事先确定的情况，覆盖网络适用于目标点不确定的情况。

两种网络模型都用一个 0-1 变量 x_{ij} 来表示是否有路经过某一条边（连接两个节点），并用两个 0-1 变量 y_{ij} 和 y_{ji} 分别表示是否有"水流"从点 i 流向点 j、从点 j 流向点 i。对每一条边建立等式：

$$x_{ij}=y_{ij}+y_{ji}$$

它有两个作用：①保证最多只能有一个方向的"水流"通过一条边，即 y_{ij} 和 y_{ji} 不能同时为 1；②如果有"水流"通过一条边，则有路在这条边上通过，即 x_{ij} 的值为 1。

覆盖网络在"水流"联通、覆盖半径的约束条件下使路径的总长度最小化。路径的覆盖距离可以明确控制。图 4-7 显示了覆盖距离分别为 0，1，

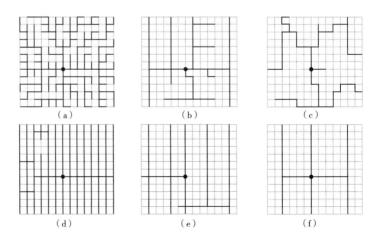

（a）　　　　　　　（b）　　　　　　　（c）

（d）　　　　　　　（e）　　　　　　　（f）

图 4-7　覆盖网络的曲直与覆盖距离[24]

（a）覆盖距离 =0；

（b）覆盖距离 =1；

（c）覆盖距离 =2；

（d）覆盖距离 =0；

（e）覆盖距离 =1；

（f）覆盖距离 =2

2 的情况下生成的路网。其中第一行的 3 组方案不考虑路径的曲直，而第二行的 3 组方案尽量让道路笔直[24]。

（2）地块内的建筑布局

在地块中合理地进行建筑布局往往会涉及城市设计问题与建筑设计问题。建筑布局需要考虑法律法规、自然条件、开发需求、建筑形体等问题。建筑布局首先要处理两个最基础的几何问题：建筑平面轮廓之间不重叠、建筑平面轮廓在地块内。2D 的模板可以包括多个层：建筑轮廓、室外场地、建筑的阴影等等。以住区的建筑布局为例，日照条件是一个关键控制因素。6 层以下的多层住宅可以把建筑阴影表示为建筑模板的一部分，禁止南向房间与其他建筑模板的阴影重叠。高层住宅需要分别计算每个时刻的建筑阴影，限制南向房间的最大被遮挡时长。图 4-5 显示了一个基于高层日照条件的密排建筑的结果。

（3）建筑平面排布

建筑内部的房间布局通常要考虑以下几类问题：①每个房间的几何特征，如：面积与长宽比；②房间之间的相邻关系，建筑师通常采用"泡泡图"来表示房间相邻关系；③建筑出入口、建筑轮廓长度、房间的朝向、走廊效率等条件。下文讨论线性 0-1 整数规划如何处理房间相邻关系以及房间的几何特征。

首先考虑最简单情况：每个房间的模板是固定的、唯一的（不能旋转），模板的定义方式详见[24]。记所有可放置区域的格子集合为 P。图 4-8 中的两个房间模板 A 与 B，设 0-1 变量 $x_{A_{ij}}$ 表示模板 A 的参考点是否在格子（i, j）上，同理，0-1 变量 $x_{B_{ij}}$ 表示模板 B 的参考点是否在格子（i, j）上。首先限定每种模板（房间）只能在网格中出现一次：

$$\sum_{ij \in P} x_{A_{ij}} = 1$$

$$\sum_{ij \in P} x_{B_{ij}} = 1$$

任意一对模板（房间）之间的相邻关系可以很明确地表示。在图 4-8 中可以看到：当模板 B 的参考点位置位于灰色打点方格范围的时候，两个模板处于相邻状态。灰色打点方格形成的集合 C 可以表示成模板 A 与 B 的一个函数：

$$C(i, j) = f[A(i, j), B]$$

"如果放了模板 A 就必须放置一个相邻模板 B"的约束条件为：

$$\sum_{mn \in C(i, j) \cap P} x_{B_{mn}} \geqslant x_{A_{ij}}, \forall ij \in P$$

基于房间拓扑关系的建筑生成也可以延伸到 3D 空间中，详情见本章参考文献 [28] 或参考文献 [29] 的第 3 章。

3）应用案例

线性规划逐渐进入建筑设计的各个领域，不少传统的人工设计过程可以被线性规划所替代，在科研与教学中有了比较成功的案例。以下介绍一

图 4-8 两个房间之间的相邻关系

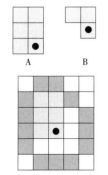

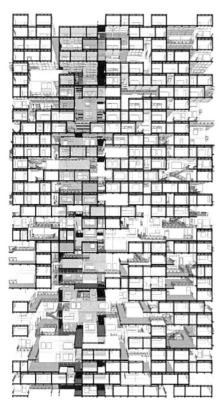

图 4-9 Unitopia 社区剖透视[2]

个高层公寓设计案例 Unitopia[1]，该公寓的居住人群需求十分多元化，因此设计的目标是在 3D 空间中合理布置多种居住单元，一方面满足各种人群居住需求，另一方面营造出生动的公共（含交通）空间。

整数规划在 3D 网格中进行：首先设置居住单元的避让点，包括柱网、公共空间等等。居住单元的排布需要避开避让点，保持通风面间距。此外，相邻两层的空间布局需要相互配合，譬如中庭空间下方为共享空间。每层的交通流线由斯坦纳树方法生成，并加入交流性与交通性的楼梯。把所有约束条件转化为 0-1 整数规划后，求解器得出容积率最大的方案。最后计算机程序把各类建筑细节自动加入到设计方案中，构成完整的设计（图 4-9）。

4.2.2 启发式搜索

科学家们不断尝试用认知科学与计算机科学相结合的方式来建立"解决问题"的通用性方法，例如在一个问题空间内搜索解[30]。建构一个包含所有方案可能性的解空间（solution space）或可行域（feasible region）至关重要[1]。启发式（heuristic）搜索方法增强了生成设计的效率与多样性，其基本步骤为：基于当前解及其相关信息，产生新的解或决定朝哪个方法继续搜索。有些启发式算法具有普适性，被认为是元启发式算法（metaheuristic）[31]，譬如模拟退火算法（simulated annealing）和遗传算法（genetic algorithm，GA）。而有些启发式算法是针对具体问题开发的，不具备普遍意义，但可以灵活地融合本专业的既有知识与经验。结合建筑学专业知识的启发式算法在生成设计中大有用武之地。下文通过两个案例来解释启发式算法在建筑设计中的应用。

1）DOMINO 平面生成

DOMINO 是计算机辅助建筑设计的先驱米切尔为建筑事务所 Welton Becket & Associates 开发的办公楼平面生成程序[32]。平面构图在正交网格中进行，每个房间（department）由多个相连的方块组成。平面图需要满足以下两类要求：

（1）每个房间的面积；房间具有相对简单的形状，长宽比适中。

（2）某些房间需要相邻，且具有重要性等级。当多个相邻要求有冲突时，先满足最重要的相邻关系。

DOMINO 程序的启发式原理为：在每一次"生长"步骤中，都从 1 个既有方格的 8 个邻居中选择 1 个作为生长点。每次生长，有可能是某个房间自身的扩大，也有可能是开始"长"出 1 个新房间。图 4-10 列出了一次生长过程，图中省略了每个房间自身的扩大过程。

---

① 东南大学建筑学院毕业设计，作者：张祺媛，指导老师：李飚、朱渊、夏冰。
② 图片来源：东南大学建筑学院毕业设计（张祺媛）。

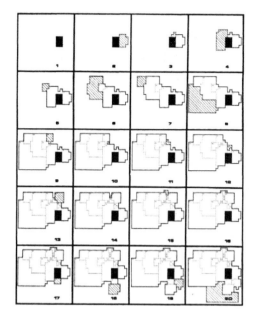

图4-10 平面的逐步生长过程 [32]

这种特殊"技巧"并不一定能够生成一个完全满足要求的方案，生成的方案也不一定是最优的。但这种启发式算法可以顺利地给出一个相对合理的方案，而且在不同参数设定下可以很快生成多种不同方案。

2）形状语法与启发式平面搜索

形状语法（shape grammar）是一种用来生成几何形状的产生式规则系统，兴起于1970年代，后来被用于描述某一既有类型的建筑或生成新的形式，在1990年代形成了较为完整的设计理论 [33]。此外，匈牙利植物学家Lindenmayer用并行复写系统（parallel rewriting system）——L-system [34] 来模拟各种植物形态，后来与形状语法相互融合，演变为过程式建模方法（procedural modeling）[12, 13, 35]。

以下案例把建筑平面构成转译为语言系统 [36]，用尽量少的语法与语义要素来建构尽可能多样化的平面图结构。语法树（parse tree）也叫分析树，表示1个句子的语法树状结构。语言系统定义了3个"叶子"名词：q（矩形）、t（三角形）、c（圆形），为语法树中的叶子结点（leaf node），它们没有子结点（child node）。叶子名词被动词操作之后也形成名词，即语法树的一般性结点（有子结点）。由动词操作获得的平面为一般性名词，由公共空间（深灰色）和房间（浅灰色）组成，只允许有一个公共空间，并且每个房间必须连接公共空间（图4-11）。

图4-11 语法中4个动词对名词（平面）的操作示意图

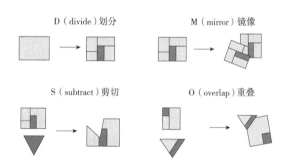

语言系统定义了4个动词，D（划分）、M（镜像）、S（剪切）、O（重叠）。每个动词具有特定的参数，如：M（镜像）的参数为对称轴的位置。有些动词在执行之后立即对名词（平面）的合法性进行判断，如：执行O（重叠）操作之后如果产生2个分离的公共空间，则判断为不合法。

平面生成过程分为两大步骤：先用字符复写系统（类似L-system）生成具有一定层级的语法树；然后用具体的平面几何来实现该语法树。其中，第二步的难点在于需要保证最终平面的合法性（唯一的、联通的深灰色交通空间；每个房间必须连接交通空间）。一种可行的启发式算法为：

（1）在执行某一个动词时多次调整参数，直到获得合法的结果。某些动词还配备了有效的修补措施，如：M（镜像）操作会另外生成连廊来保证交通空间的唯一性与联通性（图4-12（c）、（d））。

图4-12　从叶子到根结点逐层实现结点的几何形状[44]

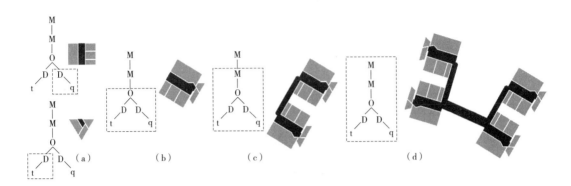

（2）整个实现过程从深度最大的结点（叶子）开始，一层一层运行到深度为0的根结点为止。当实现了深度为$d+1$的所有结点后，深度为d的子结点就是合法的平面，因此，从理论上讲实现每一个结点的复杂性与成功率是相同的。图4-12显示了该实现过程的一个例子。

该语法树与4.2.3条"展开胚胎学"中的GP树状结构有相似之处。用平面几何形状来逐层实现语法树的方法，不是严谨的全局解决方案，而是一种降低运算复杂度的"近似"搜索方案。但它有清晰的、与语法树紧密结合的操作步骤，有利于快速产生大量的平面构成。在"自由"实现语法树的基础上，可以在启发式搜索的步骤（1）中加入其他目标，生成具有目标特征的平面图[36]。

4.2.3　进化算法

1）进化论与进化算法

受到进化论的启发，进化算法（Evolutionary Algorithm）通过群体进行迭代优化，旨在从无序与混沌中逐渐演化出高适应性的秩序，在工程领域中可以实现多目标优化[37]，其中最著名的算法包括：遗传算法（Genetic Algorithm，GA）、遗传编程（Genetic Programming，GP）[38, 39]，后来的NSGA-II多目标优化算法，是一类被广泛应用的元启发式算法。

GA是根据达尔文生物进化理论演化而来的随机优化搜索方法。适者生存（survival of the fittest）理论认为，在生存斗争中具有不利基因特征的个体容易被淘汰，产生后代的机会逐步减少；而具备有利基因（交叉组合或变异）的个体容易存活下来，它们具备更多的机会将优良基因传给后代，并在生存斗争中具有更强的环境适应性。西姆斯（K. Sims）的模拟进化实验[40]提供了一个直观的案例。

GA首先要建构代表问题潜在解集的种群。种群由经过基因编码的个体组成。个体的染色体或基因型（genotype）为遗传信息的载体。基因型是某种抽象编码的组合，它决定个体的表现型（phenotype）。初始种群产生之后，按照适者生存和优胜劣汰的原理，逐代演化出适应性越来

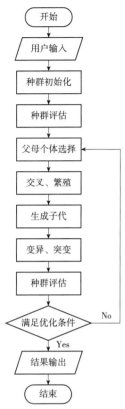

开始

用户输入

种群初始化

种群评估

父母个体选择

交叉、繁殖

生成子代

变异、突变

种群评估

满足优化条件 — No

Yes

结果输出

结束

图 4-13　遗传算法的流程
示意图

越高的个体。在每一代中，根据问题域中个体适应度（fitness）选择个体，并借助遗传算子（genetic operators）进行组合交叉和变异，产生代表新解集的种群。与自然进化类似，每一代种群比前一代具有更强的环境适应性，末代种群中的最优个体经过解码可以作为特定问题的近似最优解（图 4-13）。

选择、交叉、变异是 GA 逐代进化过程的关键步骤，其目标函数（objective function）的输出值（适应度）将引导种群的进化方向。根据各领域具体课题需求不同，选择、交叉、变异及目标函数的设定各有不同。GA 提供了解决复杂优化问题的通用框架，在建筑生成设计中的应用可参见 [41-43]，此外，广义的进化算法的成功案例有 [2, 44, 45]。

2）GA 应用：notchSpace

notchSpace 是 GA 建筑应用的一个早期案例（图 4-14），开发灵感源于中国古代的"孔明锁"，以"九宫格"为基本原型进行多功能塔楼的生成设计，详情见本章参考文献 [7] 第 3.4 节。每一个可行方案的基因型由 144 个建筑空间布局形态构成。长方体方格单元是构成基因型的最小单元。种群的交叉、变异至少需要在两个独立个体中进行。notchSpace 的交叉、变异过程共分为四步：

（1）产生随机交叉点，交叉点为建筑方格单元规模范围的一个随机数。

（2）搜索并记录被影响的剖分空间：由于两个父个体在染色体中均存在上、下层贯通的空间结构，所以当从交叉点向两端搜寻各自方格单元的时候，需要记录被交叉点影响的建筑剖分空间。

（3）交叉染色体：从交叉点处将两个父个体一分为二，保持其上部染色体不变，交换两父个体下部染色体。

（4）检测、重组子个体染色体：检测其周围的方格单元所在的剖分空间，根据具体情况确定是否可以与它们重组。

根据用户所确定的建筑朝向，运用程序语言转换成建筑单体的适应度，即目标函数的值。该目标函数决定了种群的进化方向。通过 notchSpace 生成的建筑空间剖分，建筑师可以便捷地进行下一步建筑设计拓展。notchSpace 借助 GA 的优化搜索可以生成建筑功能空间与外部造型一致的设计结果。

3）GP 应用：展开胚胎学

展开胚胎学（Unfolding Embryology）利用进化算法的另一个分支——遗传编程（GP）实现了多层住宅的自动生成 [46]。对矩形（多边形）进行多次横向或竖向剖分可以得到住宅平面内的房间布局。所有的细分操作可以表示成为一个抽象的树状结构，作为 GP 的基因型，与 4.2.2 小节"形状语法与启发式平面搜索"中的语法树有相似之处。其中标记为 H 的节点表示一次横向剖分，V 节点表示一次竖向剖分（图 4-15）。这些字符构成的树状结构（基因型）产生的平面布局即为 GP 的表现型。

两个基因型之间的交叉为树状结构中某两个同级别的分支互换，从而

图 4-14   notchSpace 种群交叉流程

父个体1
西南角轴侧   东北角轴侧

父个体2
西南角轴侧   东北角轴侧

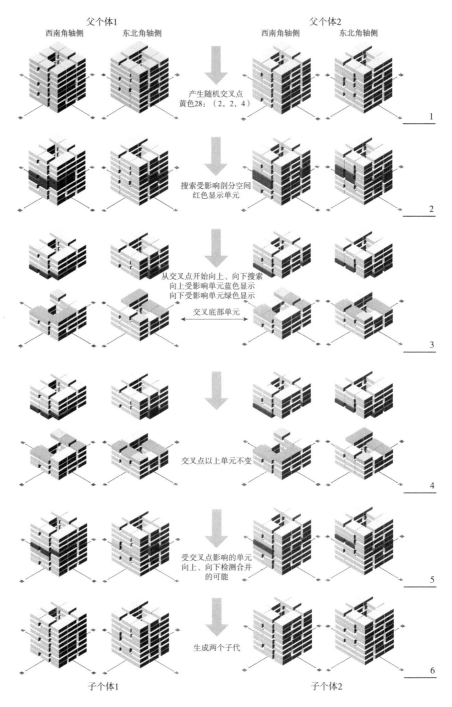

产生随机交叉点
黄色28：（2，2，4）

1

搜索受影响剖分空间
红色显示单元

2

从交叉点开始向上、向下搜索
向上受影响单元蓝色显示
向下受影响单元绿色显示

交叉底部单元

3

交叉点以上单元不变

4

受交叉点影响的单元
向上、向下检测合并
的可能

5

生成两个子代

6

子个体1   子个体2

实现对应的两个现象型（平面图）之间的局部互换（图 4-16）。

程序将住宅内的各项功能（垂直交通、入口通道、起居室、卧室、厨房、餐厅、卫生间等）赋予现象型（平面图），考虑功能之间的相邻拓扑关系、房间长宽比等因素，进而计算每个平面图的适应度。经过种群多次迭代优化，生成了多种优秀的平面布局方案。

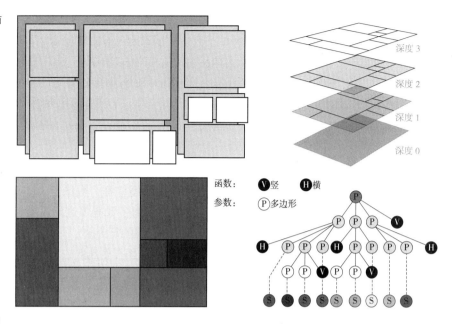

图 4-15　细分操作产生平面图的基因型与表现型[46]

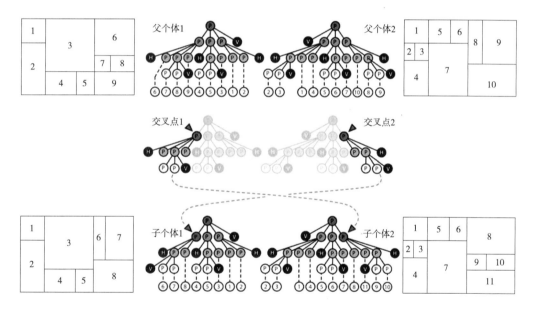

图 4-16　两个基因型的之间的交叉[46]

4.3　多智能体系统

多智能体系统（Multi-Agent Systems，MAS）[47] 的发展源自人工智能科学的"分布式人工智能"。与之密切相关的概念是自组织（self-organization）：局部行为推动整个系统从无序演化为全局有序 [48, 49]。MAS 是由多个智能体（agent）组成的集合，智能体一般具备多个属性特征，并具有自我行为的能力；各智能体间通过信息交换和互动使系统涌现出某种宏观特征，体现从底层行为进而建立全局秩序的"自下而上"（bottom up）行为模式。MAS 包含具有独立行为能力的智能体、象征环境与资源的各种限定条件。

4.3.1 多智能体系统原理

MAS 解决问题的哲学是将"智能"诠释为众多智能体的集体行为。各智能体具有自己的属性并独立处理问题，通过联合与群集的方式，一群智能体共同作用能够找到单个决策者很难实现的解决方案。自然界智能体有时被解释为"自治"（autonomy）或自组织[48, 50]，如：弱势群体采用群聚方式抵御外来入侵。MAS 系统通过自身的"自组织"行为解决问题，即：各个体在不受外界干涉或宏观指导的情况下通过局部性的合作来解决问题。但在实际应用中，智能体也可以在人类的监测与干预下运行。

MAS 建筑设计模型将类型多样、数量巨大的建筑要素抽象为众多智能体的集合。设计过程可体现为各智能体之间不断组合、分解、适应的进化过程。各智能体无意识、局部的行为叠加，构成 MAS 的复杂行为特征，多个建筑要素间相互作用表现出不平凡的宏观特征，该过程被称为"涌现"（Emergence），其整体表现优于个体的简单叠加，体现出复杂系统特征[51]。MAS 在建筑设计方面有诸多应用，例如：大型建筑人流疏散问题、建筑空间布局、复杂建筑结构生成等等，并且可以生成人工方法难以企及的形态结构。

4.3.2 赋值际村

"赋值际村"是 MAS 在建筑设计中的一个应用案例。基于村落的现状秩序，该项目基于 MAS 提取可程序化的建筑设计原型，从安徽省黄山市黟县际村的形态、肌理、交通、建筑功能和单体模式探索其发展趋势[52]。

"赋值际村"用张量场（tensor field）来控制村镇肌理，主要考虑四种关联因素：①河流、山体等既定位置关系，如：背山面水等布局特征；②重要（保留）建筑，新建建筑与老建筑通常方向一致；③历史形成的主要干道，以及"鱼骨形"次一级干道，沿街建筑通常面向街道；④"风水"从另一个角度提供了肌理参考，如：祠堂的朝向等。图 4-17 显示了不同权重系数对肌理的影响。

图 4-17 基于 MAS 自组织的地块优化演化过程

地块优化以地块利益最大化为目标，体现为多智能体之间的彼此博弈

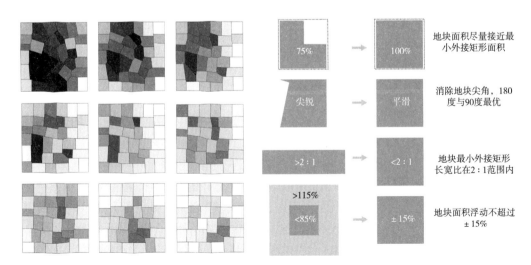

地块面积尽量接近最小外接矩形面积

消除地块尖角，180度与90度最优

地块最小外接矩形长宽比在2:1范围内

地块面积浮动不超过±15%

过程。地块需保持预定的基本参数需求并遵循共同的演化规则，如：合理的长宽比、面积浮动范围、地块角度控制等等。半边结构（half-edge）[53]描述了地块与相邻地块的数据关系，并储存相关地块内的建筑年龄、层数、功能及完好度。所有地块彼此无缝连接，道路网将通过半边结构节点与边的关系选择性地在地块边界演化生成。地块优化基于多智能体演化算法，图 4-17 为随机初始状态下各地块的优化演变过程（地块灰度越深表示状态越差）。

　　"赋值际村"交通系统与地块优化互动均基于半边结构，提供了节点和边的多种数据，并根据现状路网设定不同的权重。临街且人流量大的地块倾向于布置商业功能，街区内部的地块倾向于居住功能，其他地块功能则介于两者之间。地块自组织演化，不断寻找更为理想的形状和位置，并因此牵动主要交通网络的变更，变更的交通网反过来影响地块的功能属性，而功能改变又会对地块形状提出新要求。地块、交通网络、功能互相牵制，动态演化过程最终达到预设演化目标（图 4-18）。

图 4-18　"赋值际村"生成结果

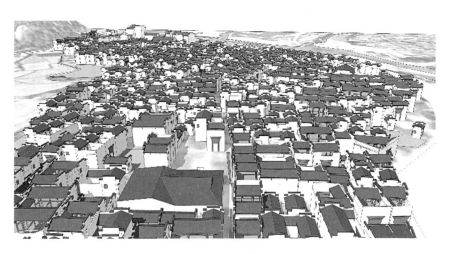

　　"赋值际村"定义智能体以及智能体各自的属性和行为，将建筑设计转化为由多智能体协作的复杂自适应系统。该案例表明，MAS 的"自下而上"的自组织方式可以有效求解复杂设计问题。

4.4　基于案例的推理与设计

　　建筑设计很难完全从第一原理（first principles）直接推导出来，往往需要依赖于以往的经验与范式。"基于案例的设计"试图系统化地从案例中提取基本元素，并根据具体的设计要求对元素进行调整和重组，构成新的设计方案。可行性、合理性、创新性是案例重构是否成功的关键。依托认知科学与先进的信息技术，基于案例的设计方法可以协助设计师进行推理

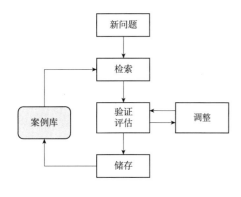

图 4-19 基于案例推理的操作步骤

与设计，并有效地积累专业知识。

4.4.1 基于案例的设计方法

基于案例推理（Case-Based Reasoning，CBR）利用既有的成功经验来解决新问题[54]。1980 年代的动态记忆研究是早期 CBR 系统起源的理论基础[55]。CBR 本身与认知科学息息相关，1990 年代的 CBR 方法逐渐与计算机技术充分结合，建立了运算模型与计算方法。《基于案例推理导论》[56] 指出：CBR 结合了推理过程与学习过程，对既有解决方案进行验证、评估、调整、总结和储存。因此，案例库是一个不断发展、不断完善的动态知识结构（图 4-19）。

为了调整与再利用既有解决方案，使其能最大程度地解决新问题，人们又建立了基于案例设计（Case-Based Design，CBD）研究方向。《设计中的基于案例推理》[57] 指出该领域的两大难题为：①如何把案例用一种可操作的、有意义的符号形式（symbolic form）来表示。②如何把检索获得的既有案例进行调整与改良。对先例的调整可以由设计师（行业专家）来完成，也可以基于知识系统由计算机来完成（使旧方案满足新的约束条件与优化目标）。此外也可以脱离知识系统对方案进行优化。

建筑空间的内在秩序很难用明确的法则来定义，再加上不同功能类型、不同文化地域之间的种种差异，人们难以制定有效表征方案内在特征的数据结构。因此，建筑设计（尤其是平面布局）的 CBD 研究充满挑战。1990 年代中期出现了一系列 CBD 系统或专家系统（expert system），包括：Archie-II 系统[58]、SEED 系统[59]、IDIOM[60]、CADRE 系统[61] 等。另辟蹊径的一种方式是用九宫格在房间、建筑、环境 3 个尺度上表示空间布局，并运用进化算法来搜索优良的平面布局[62]。该程序的数据库采用了建筑大师赖特的 12 个草原式住宅方案，而进化算法生成的新方案仍带有部分草原式住宅的空间特征。

CBD 既可以用人工的传统方式进行，也可以利用计算机技术实现自动化的推理与设计。我国从 1980 年代起进行了大量基于专家系统的住宅单元组合设计，如：沈阳建筑工程学院用 AutoLISP 语言实现了多层板式住宅中的单元优化组合[63]。同济大学 CAD 研究中心[64] 和清华大学[65] 也研发了计算机辅助住宅设计系统。原南京工学院建筑系的鲍家声探索了支撑体住宅设计[66]，卫兆骥团队开发了 ADM 住宅方案设计系统，包含了住宅单元体数据库和方案处理软件。

4.4.2 建筑先例的再利用

学习并分析优秀先例，并在设计中对其进行改良与转化，是设计师的一种重要工作方法。建筑设计依赖于以往的经验和范例（已经在实践中获得成功的解决方案），无法从第一原理直接推导出来。对先例的解读需要专业知识（domain-specific knowledge），把先例拆解为元素首先需要对先例的构成进行理性分析。建筑师会在自己的设计中借鉴既有先例中的元素，并根据现实的设计要求进行细致的整合。这样的重构过程需要经过大量自觉的或不自觉的推理。然而，合理性并非建筑设计的唯一追求，在重构的过程中实现创新才是更高的追求。建筑师的设计能力就是在学习先例、改造先例的过程中螺旋上升发展的。在先例的分解与重组的过程中往往会引发3种问题：①一个先例可以被拆解成元素吗？②多个先例的元素如何组合在一起？③重组是否产生了新的意义？这3个层次的问题分别涉及 CBD 的可行性、合理性、创新性[67]。

迪朗（J.N.L. Durand）在巴黎综合理工学院传授一种类似于当代"形状语法"的设计方法[68]：①首先将传统的建筑元素抽象成简单的几何元素，譬如：一组穹棱拱顶（groin vault）在平面上对应于一个方形；②通过一系列几何操作生成一个详细平面构成，其中每个几何元素对应一种传统建筑元素；③把具体的建筑元素代入平面构成中的每个几何元素，从而获得一个具体的建筑方案。迪朗的形状语法是承载建筑设计知识的符号系统。

古典元素在建筑设计中进行重组可以重新获得功能、经济、美学上的意义。迪朗的建筑理论把建筑设计看作是一种对建筑元素进行组合的形式游戏[69]。柯林·罗曾揭示柯布西耶的斯坦因别墅（Villa de Monzie/Stein）和帕拉第奥的马孔坦塔别墅（Villa Malcontenta）运用了类似的比例法则[70]。而亚历山大（Christopher Alexander）则把建筑设计看成是实现功能、解决问题的过程，需要选择、调整、重组各个子系统来形成优良方案[71]。

4.4.3 斯坦因别墅的重构

基于 ETH CAAD 研究所的前期研究[72]，东南大学建筑运算与应用研究所对经典建筑平面进行了重构实验。受到纯粹主义构图[73]的启发，该实验以几何形状的平面重叠（superposition）为主题，定义了覆盖交叠（R）、镜像复制（M）、剪切（S）3种几何操作，通过3个步骤生成建筑平面：

（1）从先例中提取平面元素。19个几何图元（图4-20上部）来自于柯布西耶的斯坦因别墅的局部，或是对整体平面的简化。其中深灰色区域为公共空间，如：走道、起居室等；而浅灰色区域表示房间。提取过程由

图4-20 从斯坦因别墅平面提取的19个元素（上），以及重组后生成的平面（下）[36]

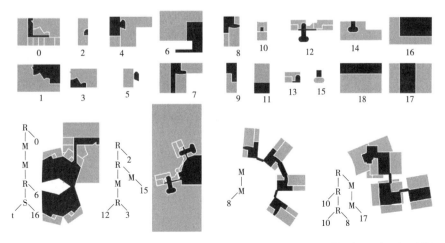

建筑师完成。

（2）计算机程序生成一个树状字符串，用来定义拼接过程中的具体操作，可参见第 4.2.2 条中的"形状语法与启发式平面搜索"部分。图 4-20 下部列出了 4 个重组后的平面，每个平面左侧的字符串代表了这个平面的语法结构。譬如，M-M-8 表示：首先将 8 号平面元素进行一次镜像操作；然后把得到的平面再镜像一次。

（3）在拼接过程中进行推理，基本原则为：公共空间（深灰色）必须是连续的，而房间（浅灰色）必须与公共区域相连。如果公共空间不连续，程序会生成新的走道或者尝试其他拼接方式。

4.4.4　基于三维模型库的方案重构

纯粹主义绘画用日常用品（瓶子、咖啡壶、吉他等）的简单形之间的层叠创造出丰富的平面构成[73]。斯坦因别墅的平面图清晰地反映了这种层叠操作。简单几何元素在建筑构图中重组的偶然性是建筑师创作的灵感来源。路易斯·康设计的社区中心（Dominican Motherhouse）采用了一种大胆的"自由拼图"，但并没有完全打破我们对其中每个组件的传统解读。与之形成对比的是艾森曼的 3 号住宅：两组网格交错在一起，原来的墙、梁、柱、楼板在新的构图中的意义发生了质变。譬如，原来的外墙有一部分被转到室内，从而影响观察者对内、外空间的认知。解构主义与后现代主义都运用了这种现象。文丘里也重视建筑元素组合过程中的偶然性，认为它是创新的源泉，即传统元素的非传统组合能在整体中创造出新的意义。

ETH CAAD 研究所对建筑的索引与重构进行了多样化的研究，萌生了特征建筑（EigenArchitecture）[74]、住宅平面特征提取与归类[72]、先例三维模型的分析与重构等路线。其中，建筑 mesh 模型的拓扑识别与重组程序（GRAMMA）[75] 兼顾了基本功能和整体三维构图的创新（图 4-21）。

基于一批建筑先例的 3D 模型（mesh 三角面网格），GRAMMA 程序包含以下 3 个步骤：

（1）程序自动提取楼面、交通体、墙面等关键信息。这样的分类如今也可以用机器学习来完成。

（2）程序以楼层为基本元素对先例进行重组。在图 4-22 中，来自 4

图 4-21　GRAMMA 以楼层为基本元素对先例进行重组

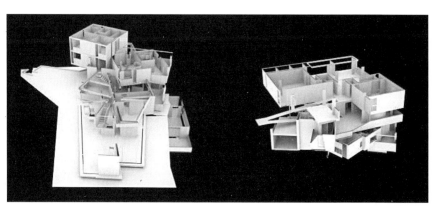

图 4-22　以楼层为基本元素对先例进行重组，并保证楼层之间的交通[75]

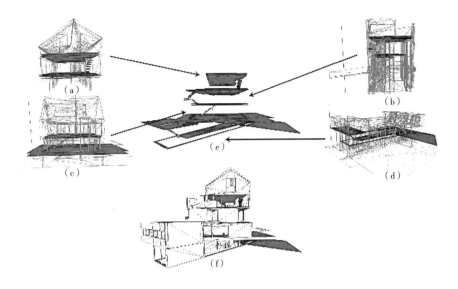

个先例的部分（a，b，c，d）重新拼接成一个新的建筑楼层结构（e），保证楼层之间的交通，也支持跃层等多种情况。

（3）把表皮、屋顶等细节赋予对应的楼层，形成一个完整的建筑方案（f）。

从 18 世纪布雷、迪郎的中心对称构图，到现代主义初期柯布西耶的纯粹主义层叠手法，到解构主义对传统建筑元素的重构，都体现了对分析先例、打破先例、超越先例的不断追求。如今运算化设计、机器学习等方法逐渐在解析与合成方案的过程中扮演越来越重要的角色。

4.5　机器学习的生成设计应用

近十几年来，机器学习与人工智能[76, 77]改变了人们描述与解决问题的方式，也为建筑设计提供了新的思路[4, 78, 79]。以往人们用规则来构建复杂系统与行为，而机器学习方法基于大量数据来解决问题、挖掘模式、模拟人的认知与行为。

4.5.1　数据驱动的生成设计

从计算模型构建的逻辑来看，生成设计方法可以分为两个方向：

1）基于规则的生成设计方法，明确定义建筑概念、元素、物理环境、要素关联规则等，通过数理方法将元素与关联转译为计算模型（见本章 4.1.2 条）。

2）数据驱动的生成设计方法，用统计学方法处理众多的元素、关联和变量。大量数据有助于建筑与环境的分析和搜索，通过数据挖掘寻求重要规律，可实现空间肌理自动织补[80, 81]等功能。

数据驱动的方法从巨量数据中提取出隐含的重要规律，可以在设计决策阶段提供重要支撑。人们运用分类或聚类算法进行风格判别、建筑元素分类与合成、分析城市要素、解读城市形态模式，从而支持城市与建筑的形态分析和设计决策[82]。因此，数据驱动与规则系统的方法互为有益补充。基于数据的解析与处理可以支撑建筑师的设计决策，继而引导数理模型精准关联设计元素与设计目标，完成设计评价反馈与深度优化。

4.5.2 建筑空间形态分析与生成

本条将以空间形态为例说明机器学习方法的特征。空间形态设计直接影响建筑空间品质和各项性能，以往难以直接被计算机量化。空间形态往往包含难以明确定义的隐性属性，例如：感受、偏好、环境等等。而机器学习方法可以较好地描述建筑空间形态特征，建立从底层数据格式到空间形态认知之间的概率性关联。

数据挖掘、分类、预测、聚类分析等机器学习技术为建筑生成设计提供了技术支撑。神经网络尤其是卷积神经网络（convolutional neural network）显著提高了对数据的学习能力[76]。神经网络应用于空间形态分析时需要关注：①神经网络输入端的空间形态样本的获取与预处理。充足的训练样本才能获得良好的训练效果。②空间形态样本的有效数据表征。形态样本需要经过信息编码量化为具有建筑学意义的有效表征数据，成为机器学习的运算对象。

为了研究形态、功能等显性建筑学问题，生成设计模型需要通过有效的编码方式表征建筑的空间类型、功能类型、空间占据状态等。图像可以反映空间信息，但有意义的特征往往隐藏在像素之中。深度学习中的像素取样、语义分割、特征映射等方法以紧凑的编码方式表征样本的特征。建筑组合形态的多样性与定义模糊性对建筑分类来说是个难题，而神经网络恰好能解决这个难题。神经网络的建筑应用通常分为两步：①训练，提取出训练样本中的有（建筑学）意义的统计学规律，建立"输入—输出"之间的非线性映射；②泛化，将提取的规律运用于新的样本。

下文介绍建筑空间组合模式实验，首先生成5类抽象的空间组织模式样本，继而通过特征映射对样本做信息编码，建立数据库以训练卷积神经网络（监督学习），再识别建筑空间组织模式。《建筑：形式，空间和秩序》提出5种建筑空间组合的基本原型[83]：集中式、线式、放射式、组团式与网格式。实验基于这5种模式，通过多智能体系统、L-system系统等算法，生成了多种形态的建筑模式样本。样本为像素化图像，以特征映射方法编码样本，对5类模式以0~4标记（图4-23）。

实验基于Mathematica编程平台训练卷积神经网络，网络的输入端为图像，输出端为0~4的标记。神经网络对每张图片输出5类标签的可能性，取可能性最大的为输出结果。为了测试卷积神经网络的泛化表现，实验选取40个建筑平面作为测试数据，图4-24中的结果表明，神经网络对空间形态类型的判断较为准确。

机器学习能够建立巨量数据与设计问题的映射机制，对数据进行深度解析。神经网络模型在空间形态样本的特征提取、分类、相似性聚类等任务上有较好表现，为生成设计提供技术支撑。神经网络有助于将风格定义、主观偏好、肌理延续等问题以数据形式输入生成设计过程。

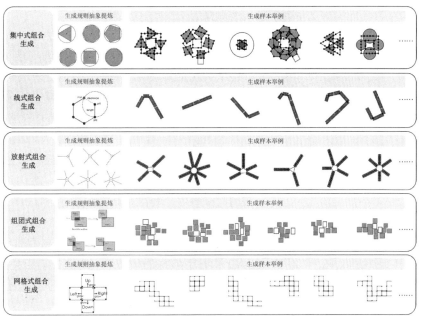

图 4-23　5 类空间组织模式样本及其形态编码

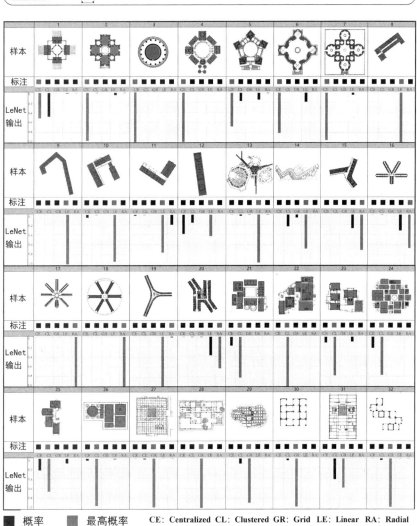

图 4-24　基于卷积神经网络的空间组织模式分析结果

■ 概率　　■ 最高概率　　CE: Centralized　CL: Clustered　GR: Grid　LE: Linear　RA: Radial

4.6 结语

生成设计通过程序来生成合理的建筑方案。程序是一系列定义明确的步骤，用来实现定义明确的目标，可以通过编写计算机程序来实现这些步骤并进行反复调试。对生成设计的一种常见的理解为：①输入目标和约束条件。②程序处理。③输出方案。但设计与程序之间的内在联系最为关键，集中体现为程序所实现的过程（process）以及操作对象的性质。因此，在生成设计中，设计者需要明确地描述设计中各类元素的性质，并制定一个系统化的过程来生成理想方案。

按照时间顺序，利用计算机程序进行建筑设计经历了以下几个范式：

（1）计算机辅助设计。计算机程序有效地辅助建筑师进行绘图和设计，从 1960 年代的 SketchPad 数字化制图系统[84]，到如今的标准工具 AutoCAD 和更完善的 BIM 技术。与之密切相关的是参数化设计方法，如：GenerativeComponents 和 Rhinoceros（及其插件）等软件使参数化设计变得方便而高效。

（2）优化是工程领域的一个主旋律。优化方法定义一类方案的所有可能性（解空间），定义目标函数与约束条件，采用优化算法来获得最优的方案。建筑设计进程包含了无限的可能性，很难用数学式来表达并进行优化[2]。但近年来计算机图形学、人工智能等领域又把建筑优化方法提升到一个全新的高度。

（3）设计与运算的互动。一些建筑师不再单方面强调数字技术能够解决设计问题，而是意识到运算方法对设计思维的启发与推动作用。建筑设计与生成系统建模是一对相辅相成的过程。

建筑生成设计方法通过算法和程序将建筑学学科的专业问题和语境转换为明确描述问题本质的计算模型，将逐渐改变传统设计方法过多地依赖既有感性经验的状态。各种建筑学经验和思维能力的系统模型与程序算法正朝着更广博、精深、复杂的方向扩展。

本章参考文献

[1] Mitchell W J. Computer-aided architectural design[M]. New York：Petrocelli/Charter，1977.

[2] Frazer J. An evolutionary architecture[M]. London：John Frazer and the Architectural Association publication，1995.

[3] Terzidis K. Algorithmic architecture[M]. Oxford：Routledge，2006.

[4] Chaillou S. Archigan：Artificial intelligence x architecture[C]//Architectural intelligence. Singapore：Springer，2020：117–127.

[5] Para W，Guerrero P，Kelly，et al. Generative layout modeling using constraint graphs[C]//Proceedings of the IEEE/CVF International Conference on Computer Vision （ICCV）. New Jersey：IEEE，2021：6690–6700.

[6]   Leach N, Yuan P F. Computational Design[M]. Shanghai: Tongji University Press, 2019.

[7]   李飚. 建筑生成设计 [M]. 南京: 东南大学出版社, 2012.

[8]   李建成主编. 数字化建筑设计概论 [M]. 北京: 中国建筑工业出版社, 2012.

[9]   Woodbury R. Elements of Parametric design[M]. London: Routledge, 2010.

[10] Rothenberg J, The Nature of Modeling[M]//Artificial Intelligence, Simulation, and Modeling. New Jersey: John Wiley & Sons, 1989: 75–92.

[11] Hovestadt L. Beyond the Grid: Architecture and Information Technology. Applications of a Digital Architectonic[M]. Basel: Birkhäuser Verlag Gmbh, 2010.

[12] Parish Y I, Müller P. Procedural modeling of cities[C]//SIGGRAPH '01. New York: Association for Computing Machinery, 2001: 301–308.

[13] Schwarz M, Müller P. Advanced procedural modeling of architecture [J].ACM Transactions on Graphics, 2015, 34 (4): 1–12.

[14] Nagy D, Lau D, Locke J, et al. Project discover: An application of generative design for architectural space planning[C]//Proceedings of the Symposium on Simulation for Architecture and Urban Design (SimAUD) . San Diego: The Society for Modeling and Simulation International, 2017: 1–8.

[15] Nocedal J, Wright S J. Numerical optimization[M]. New York: Springer, 1999.

[16] Boyd S, Vandenberghe L. Convex optimization[M]. Cambridge: Cambridge university press, 2004.

[17] Koopmans T C, Beckmann M. Assignment problems and the location of economic activities[J]. Econometrica: journal of the Econometric Society, 1957, 25 (1): 53–76.

[18] Armour G C, Buffa E S. Heuristic Algorithm and Simulation Approach to Relative Location of Facilities[J]. Management Science, 1963, 9 (2): 294–309.

[19] Mitchell W J. Techniques of automated design in architecture: a survey and evaluation[J]. Computers & Urban Society, 1975, 1 (1): 49–76.

[20] Yoshida K. Automatic synthesis of the optimum plan for a residential unit[J]. Ekistics. 1985: 188–194.

[21] Imam M H, Mir M. Nonlinear programming approach to automated topology optimization[J]. Computer–Aided Design, 1989, 21 (2): 107–115.

[22] Li S P, Frazer J H, Tang M X. A constraint based generative system for floor layouts[C]//CAADRIA 2000. Singapore: Centre for Advanced Studies in Architecture, 2000: 417–426.

[23] Keatruangkamala K, Sinapiromsaran K. Optimizing Architectural Layout Design via Mixed Integer Programming[C]//CAAD Futures. Dordrecht: Springer, 2005: 175–184.

[24] Hua H, Hovestadt L, Tang P, et al. Integer programming for urban design[J]. European Journal of Operational Research, 2019, 274 (3): 1125–1137.

[25] Peng C H, Yang Y L, Wonka P. Computing layouts with deformable templates[J]. ACM Transactions on Graphics, 2014, 33 (4): 1–11.

[26] Peng C H, Yang Y L, Bao F, et al. Computational network design from functional specifications[J]. ACM Transactions on Graphics, 2016, 35 (4): 131.

[27] Wu W, Fan L, Liu L, et al. MIQP-based Layout Design for Building Interiors[J]. Computer Graphics Forum. 2018, 37（2）: 511-521.

[28] Hua H, Dillenburger B. Packing problems on generalised regular grid: Levels of abstraction using integer linear programming [J]. Graphical Models. 2023, 130: 101205.

[29] 张佳石. 基于多智能体系统与整数规划算法的建筑形体与空间生成探索——以中小学建筑为例 [D]. 南京: 东南大学, 2018.

[30] Newell A, Simon H A. Human problem solving [M]. Englewood Cliffs, NJ: Prentice-hall, 1972.

[31] Yang X S. Engineering optimization: an introduction with metaheuristic applications[M]. New Jersey: John Wiley & Sons, 2010.

[32] Mitchell W J, Dillon R L. A polyomino assembly procedure for architectural floor planning[C]//Proceedings of the EDRA 3 conference. Los Angeles: University of California at Los Angeles, 1972: 23-5-1-12.

[33] Mitchell W J. The logic of architecture: Design, computation, and cognition[M]. Cambridge, MA: MIT press, 1990.

[34] Prusinkiewicz P, Lindenmayer A. The algorithmic beauty of plants [M]. Berlin: Springer, 1990.

[35] Müller P, Wonka P, Haegler S, et al. Procedural modeling of buildings[C]//ACM SIGGRAPH 2006. New York: ACM, 2006: 614-623.

[36] Hua, H. A Bi-Directional Procedural Model for Architectural Design[J]. Computer graphics forum, 2017, 36（8）: 219-231.

[37] Deb K. Multi-objective optimisation using evolutionary algorithms: an introduction[M]//Multi-objective evolutionary optimisation for product design and manufacturing. London: Springer, 2011: 3-34.

[38] Yu X, Gen M. Introduction to evolutionary algorithms[M]. London: Springer Science & Business Media, 2010.

[39] Simon D. Evolutionary optimization algorithms[M]. New Jersey: John Wiley & Sons, 2013.

[40] Sims K. Evolving virtual creatures[C]//SIGGRAPH '94. New York: ACM, 1994: 15-22.

[41] Bentley P J, Corne D W. An introduction to creative evolutionary systems[M]// Creative evolutionary systems. Massachusetts: Morgan Kaufmann, 2002: 1-75.

[42] Chouchoulas O. Shape evolution: an algorithmic method for conceptual architectural design combining shape grammars and genetic algorithms[D]. Bath: University of Bath, 2003.

[43] Menges A. Biomimetic design processes in architecture: morphogenetic and evolutionary computational design[J].Bioinspiration & biomimetics, 2012, 7（1）p.015003.

[44] Rodrigues E, Gaspar A R, Gomes Á. An approach to the multi-level space allocation problem in architecture using a hybrid evolutionary technique[J].Automation in Construction, 2013, 35: 482-498.

[45] Merrell P, Schkufza E, Koltun, V. Computer-generated residential building

layouts[C]//ACM SIGGRAPH Asia 2010. New York：ACM, 2010：1-12.

[46]　Doulgerakis A. Genetic programming+ unfolding embryology in automated layout planning[D]. London：University College London, 2007.

[47]　Wooldridge M. An introduction to multiagent systems[M]. New Jersey：John wiley & sons, 2009.

[48]　Kauffman S A. The origins of order：Self-organization and selection in evolution[M]. New York：Oxford University Press, 1993.

[49]　Wolf T D, Holvoet T. Emergence versus self-organisation：Different concepts but promising when combined [M]//Engineering self-organising applications. Berlin Heidelberg：Springer, 2004：1-15.

[50]　Comfort L K. Self-organization in complex systems[J].Journal of Public Administration Research and Theory：J-PART. 1994, 4（3）：393-410.

[51]　Thurner S, Hanel R, Klimek P. Introduction to the theory of complex systems[M]. Oxford, United Kingdom：Oxford University Press, 2018.

[52]　李飚，郭梓峰，季云竹 . 生成设计思维模型与实现——以"赋值际村"为例 [J]. 建筑学报，2015（05）：94-98.

[53]　Mark D B, Otfried C, Marc V K, et al. Computational geometry：algorithms and applications[M]. Berlin：Springer, 2008.

[54]　Aamodt A, Plaza E. Case-based reasoning：Foundational issues, methodological variations, and system approaches[J].AI communications, 1994, 7（1）：39-59.

[55]　Schank R C. Dynamic memory revisited[M]. Cambridge：Cambridge University Press, 1999.

[56]　Kolodner J L. An introduction to case-based reasoning[J].Artificial intelligence review, 1992, 6（1）：3-34.

[57]　Maher M L, de Silva Garza A G. Case-based reasoning in design[J]. IEEE Expert, 1997, 12（2）：34-4.

[58]　Domeshek E, Kolodner J. Using the points of large cases[J]. AI Edam, 1993：7（2）：87-96.

[59]　Flemming U, Chien S F. Schematic layout design in SEED environment[J].Journal of Architectural Engineering, 1995, 1（4）：162-169.

[60]　Smith I, Lottaz C, Faltings B. Spatial composition using cases：IDIOM[C]// ICCBR-95. Berlin Heidelberg：Springer, 1995：88-97.

[61]　Hua K, Fairings B, Smith I. CADRE：case-based geometric design[J].Artificial Intelligence in Engineering, 1996, 10（2）：171-183.

[62]　de Silva Garza A G, Maher M L. A process model for evolutionary design case adaptation[M]//Artificial intelligence in design'00. Dordrecht：Springer, 2000：393-412.

[63]　刘德明，邹积斌，冯子兴，等 . 通用多层住宅软件包的单元图及单元组合图的生成方法 [J]. 沈阳建筑工程学院学报，1987（04）：10-19.

[64]　唐永芳，张颖 . 一个计算机辅助住宅楼设计的总体方案 [J]. 同济大学学报（自然科学版），1991（2）：249-255.

[65] 孙家广，唐泽圣，竺士敏. KAD——一个基于知识的住宅方案计算机辅助设计系统 [J]. 计算机学报，1991（6）：460-471.

[66] 鲍家声. 支撑体住宅规划与设计 [J]. 建筑学报，1985（2）：41-47.

[67] 华好，卢德格尔·霍夫施塔特，李飚. 基于先例的设计——建筑先例重构过程中的推理与创新 [J]. 新建筑，2020（1）：72-77.

[68] Durand J N L. Pré cis of the Lectures on Architecture[M]. translated by David Britt. USA：Getty Research Institute，2000.

[69] Pérez-Gómez A. Architecture and the Crisis of Modern Science[M]. Cambridge, Massachusetts：MIT press，1983.

[70] Rowe C. The Mathematics of the Ideal Villa：Palladio and Le Corbusier Compared[J]. Architectural Review，1947：101-104.

[71] Alexander C. Notes on the synthesis of form[M]. Cambridge, Massachusetts：Harvard University Press，1964.

[72] Dillenburger B. Raumindex. Ein datenbasiertes Entwurfsinstrument[D]. Zurich：ETH Zurich，2016.

[73] Banham R. Theory and design in the first machine age[M]. Cambridge, Massachusetts：MIT press，1980.

[74] Hovestadt L, Bühlmann V. EigenArchitecture[M]. Basel：Birkhäuser，2014.

[75] Hua H. A case-based design with 3D mesh models of architecture[J]. Computer-Aided Design，2014（57）：54-60.

[76] Bengio Y, Goodfellow I, Courville A. Deep learning（Vol. 1）[M]. Cambridge, MA：MIT press，2017.

[77] Vaswani A, Shazeer N, Parmar N, et al. Attention is all you need[J]. Advances in neural information processing systems，2017，30.

[78] Huang J, Johanes M, Kim FC, et al. On GANs, NLP and architecture：combining human and machine intelligences for the generation and evaluation of meaningful designs[J]. Technologyl Architecture+ Design，2021，5（2）：207-224.

[79] 孙澄，韩昀松，任惠. 面向人工智能的建筑计算性设计研究 [J]. 建筑学报，2018（9）：98-104.

[80] 唐芃，李鸿渐，王笑. 基于机器学习的传统建筑聚落历史风貌保护生成设计方法——以罗马 Termini 火车站周边地块城市更新设计为例 [J]. 建筑师，2019（1）：100-105.

[81] 唐芃，王笑，华好. 解码历史——宜兴丁蜀古南街历史风貌保护与更新中的数字技术与实践 [J]. 建筑学报，2021（5）：24-30.

[82] Cai C, Guo Z, Zhang B, et al. Urban Morphological Feature Extraction and Multi-Dimensional Similarity Analysis Based on Deep Learning Approaches[J]. Sustainability，2021，13（12）：6859.

[83] 程大锦. 建筑：形式空间和秩序 [M]. 天津：天津大学出版社，2008.

[84] Sutherland I E. Sketchpad a man-machine graphical communication system[C]// Proceedings of the SHARE design automation workshop. New York：ACM，1964：329-346.

第5章 建筑信息模型

建筑信息模型（Building Information Modeling，BIM）是随着建筑数字技术的发展而发展起来的一项新技术。经过 20 多年的发展，已经成为建筑数字技术的主流技术，在整个建筑业中发挥着越来越重要的作用。

5.1 信息化建模的发展回顾

5.1.1 数字技术应用滞后影响到建筑业的发展

随着全球人口的增长和城市化进程的加速，世界建筑业发展很快。房子越建越高，桥梁越修越长，确实当今建筑工程技术已经攀上了一个新的高度。

但是，风光无限的建筑业的另一面却是问题多多。它与其他行业相比，生产效率低下、浪费惊人，工程中各种错误经常发生，返工、延误是建筑业中常见的现象。例如：图 5-1 所出现的问题反映了在设计时建筑师和结构工程师协调不足，等到施工时才发现有问题，由于那两根给人行过道造成障碍的斜柱在结构上是难以改动的，因此就只好将错就错。

在建筑业中，这种低效、浪费究竟有多么严重呢？

图 5-1 某大楼由于设计期间协调不足造成结构斜柱在过道上形成通行障碍[①]

英国《经济学人》杂志早在 2000 年刊登的研究报告就指出，由于管理过程缺乏数字技术给建设工程带来了庞大开支，"在美国，每年花在建筑工程上的 6500 亿美元中有 2000 亿被耗在低效、错误和延误上。……一个典型的 1 亿美元的项目就能产生 15 万个各自独立的文件：技术图纸、合同、订单、信息请求书以及施工进度表等。……建筑工程从一个项目到另一个项目一直都在重复着初级的工作。研究指出，事实上多达 80% 的输入都是重复的。"[1]

2007 年发布的美国建筑信息模型国家标准（NBIMS-V1）的序言指出："建造业研究学会估计，在我们目前的商业模式中有多达 57% 的无价值工作或浪费。这意味着该行业每年的浪费可能超过 6000 亿美元。"[2] 我国的建设工程类似的情况也是不容乐观的。

近年来，随着科技的进步，新建筑的科技含量也越来越高，还讲求绿色、环保，应用的新材料、新工艺越来越多。这样附加

① 图片来源：https://bbs.zhulong.com/106010_group_3002233/detail33075392/.

在建筑工程项目上的信息量也越来越大，信息处理不好，出错的机会也会增大。如何管理好这些信息的已经成了建筑工程项目实施过程中一个必须认真处理的重要问题。

根据英国和德国的统计资料，在 1995~2014 年间，这两个国家建筑业的劳动生产率赶不上总体经济劳动生产率的发展步伐（图 5-2）。这 20 年，正是数字技术蓬勃发展的时期，其他行业利用了数字技术的发展成果促进了本行业的进步，而建筑业却没有能够与时共进，因而显得力不从心，只能在原地踏步。

图 5-2　1995~2014 年间英国和德国建筑业的劳动生产率和总体经济劳动生产率发展的比较 [3]

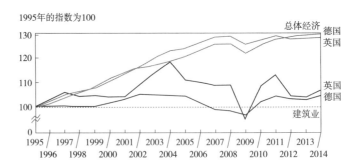

在数字技术应用上的落后，是建筑业发展跟不上时代脚步的重要原因，也成为建筑业亟待解决的重大问题。

5.1.2　建筑数字技术发展中所遇到的障碍

第 1 章已经介绍过，在 20 世纪 70 年代，在国外已经开始应用计算机辅助建筑设计（Computer-Aided Architectural Design，CAAD）的探索和尝试（图 5-3）。到了 20 世纪 80 年代，我国建筑行业的计算机辅助设计也开始起步了。1990 年代后，在政府的大力推动下，以 CAAD 为代表的数字技术陆续进入到建筑业的各个方面，如：建筑设计、结构设计、建筑设备设计、建筑施工、工程造价、建筑管理等的领域。计算机和网络技术都已经在建筑业的各个部门得到了应用。

图 5-3　美国 SOM 建筑师事务所在 1970 年代用计算机设计沙特阿拉伯吉达机场候机棚的线框图 [4]

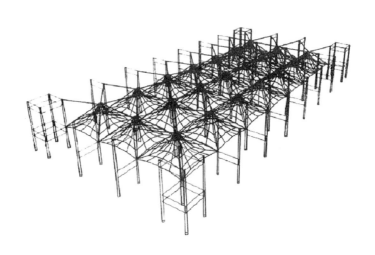

但是，在应用了数字技术后，人们发现建筑业的效率依然没有得到显著的提高。究其原因，是在建筑业内各个部门和部门之间的资源和信息缺乏综合的、系统的整合和利用，缺乏综合处理信息的平台，造成信息流动不畅顺，信息传递失真，信息共享与沟通困难，以上原因造成的"信息孤岛"无法为建筑企业在瞬息万变的市场竞争中迅速作出正确决策提供帮助，因而也就无法提高整个企业的信息处理能力和经营管理水平。

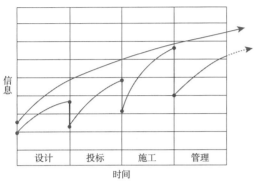

信息

时间

设计　　投标　　施工　　管理

图5-4　建筑工程中的信息回流

信息流不畅顺对信息丢失的影响是很大的。在整个建设工程项目的周期中，信息量应当如同图 5-4 上面的曲线那样，是随着时间不断增长的；而实际上，有不少建设工程信息量的增长如同图 5-4 下面的曲线那样，在不同阶段的衔接处出现了信息丢失。例如，应用计算机进行建筑设计最后提交的成果是打印好的图纸，作为设计信息流向的下游，如概预算、施工等阶段就无法从上游获取在设计阶段已经输入到电子媒体上的信息，实际上还需要人工读图和输入才能应用计算机软件进行概预算、组织施工，信息在这里明显出现了丢失。这就是为什么上文《经济学人》杂志会说"多达 80% 的输入都是重复的"。

此外，建筑工程涉及的信息也相当复杂，有：测量数据、调查报告、技术图纸、合同、订单、施工进度表等；这些信息的形式有文本、表格、照片、录像、实体模型等；有的是纸质文件、有的是电子文件。这些五花八门的信息的储存、处理、应用，都是不容易处理好的大问题。

综上所述，为了使建筑工程项目的各种信息流通顺畅，便于处理和应用，就必须寻求出一种方法，实现整个建筑工程全生命周期中的信息全面管理。

5.1.3　信息化建模的探索

其实在数字技术进入建筑领域后，就有专家敏感地发现了阻碍其健康发展的问题。早在 1974 年 9 月，美国的查尔斯·伊斯曼（Charles Eastman）教授（见本书第 1 章的介绍）和合作者在 1 篇有关 CAAD 的研究报告中提出了如下一些问题 [5]：

（1）1 栋建筑至少由平面图、立面图两张图纸来描绘，这就等于 1 个尺寸至少被描绘两次，修改设计时需要大量的工作才能使不同的图纸保持一致。

（2）通过努力，有时还是会有一些图纸的信息不是最新的或者是不一致的，如果根据这些信息做出决策，会使建设项目变得复杂化。

（3）大多数分析需要的信息必须由人工从施工图纸上摘录下来，这些数据准备工作在任何建筑分析中都是主要的成本。

基于以上的精辟分析，伊斯曼在研究中开创性地提出了应用当时还是很新的数据库技术建立建筑描述系统（Building Description System，BDS）以解决上述问题的思想。随后他在 1975 年 3 月发表的论文《在建筑设计中应用计算机而不是图纸》中介绍了 BDS，并高瞻远瞩地陈述了以下一些观点 [6]：

（1）应用计算机进行建筑设计就是在空间中安排三维元素的集合，这些元素包括：强化横梁、预制梁板，或一个房间等。

（2）设计中必须包含相互作用且具有明确定义的元素，可以从描述的元素中获得平面图、立面图、剖面图、透视图等。

（3）由于所有图形都取之于相同的元素，因此对任何设计安排上的改变，在所有图形上的更新也应当是一致的。

（4）计算机提供一个单一的集成数据库用作视觉分析及量化分析，测试空间冲突与制图等功能。

（5）项目承包商可能会发现信息化手段的优点，非常便于进度控制及材料采购。

1990 年代出现的 BIM 技术证实了伊斯曼教授上述观点的预见性，他提出的 BDS 采用了数据库技术，其实就是 BIM 的雏形，因此，伊斯曼教授被公认为 BIM 研究的先驱。

此后，学术界关于建筑信息建模的研究成果持续增加。其中，美国斯坦福大学的设施集成工程中心（Center for Integrated Facility Engineering，CIFE）在 1996 年提出了 4D 工程管理理论，把时间属性作为一个维度也包含进 3D 建筑模型中，将建筑物的构件、施工场地、设备等的 3D 模型与施工进度计划集成在一起，建立施工场地的 4D 模型，实现施工管理和控制的信息化、集成化、可视化和智能化。到了 2001 年，CIFE 又提出了建设领域的虚拟设计与施工（Virtual Design and Construction，VDC）的理论与方法，通过集成化信息技术模型，准确反映和控制项目建设的过程。今天，4D 工程管理与 VDC 都是 BIM 的重要组成部分。

随着对信息建模研究的不断深入，软件开发商也陆续开发出相关的软件。匈牙利的 Graphisoft 公司在 1987 年提出 Virtual Building（VB，虚拟建筑）的概念，并把这一概念应用在软件 ArchiCAD 3.0 的开发中。VB 的概念已非常接近当今 BIM 的概念了。随后，美国 Bentley 公司则提出了 Integrated Project Modeling（IPM，一体化项目建模）的概念，也是一个很接近 BIM 的概念，并把这个新概念被应用到 2001 年发布的软件 MicroStation V8 中。

美国 Autodesk 公司在 2002 年首次使用 Building Information Modeling（BIM，建筑信息模型）这个专业术语来推广它的建筑设计软件 Revit，声称 Revit 采用了 BIM 概念来开发，实现了数据的关联显示、智能互动等多种功能，代表着新一代建筑设计软件的发展方向。

术语 BIM 很快就得到学术界和其他软件开发商的普遍认同，得到广泛采用，从而推动了 BIM 的研究在更广泛的范围内、更深入的层次上开展，使 BIM 技术成为建筑工程领域相关软件采用的主流技术。到今天，BIM 已经在建筑业中处于举足轻重的地位了。

5.2 建筑信息模型的概念及技术

5.2.1 建筑信息模型概念

模型，从本义上讲，是原型（研究对象）的替代物，是用类比、抽象或简化的方法对客观事物及其规律的描述。由于表达方式的不同，就产生不同类型的模型。例如：数学模型，是采用数学语言，描述出原型中各变量间的数学关系；图形模型，是运用各种图形来表示事物的变化规律、逻辑关系以及网络结构等；实体模型，参照事物制作，从形状和尺寸上应当符合几何相似的要求。建立模型和应用模型是为了更便捷地解决实际问题。模型的概念被广泛应用于包括自然科学、工程技术、经济、艺术等不同的领域。模型所反映的客观规律越接近、表达原型附带的信息越详尽，则模型的应用水平就越高。

传统上，制作实体模型是建筑师在设计中经常使用的建筑表现手段。但一个制作得较好的模型在制作时非常费时、费力，成本也很高，也不方便随时对设计进行调整和改动，更无法用这种方法保存在设计过程中产生的大量信息。尽管如此，由于建筑实体模型的直观性，直到今天仍然被人们应用。

建筑信息模型（BIM）与上述实体模型不同，是在计算机上建立的模型。那么，BIM 究竟是什么呢？

1）BIM 的定义

在 BIM 术语出现后，关于 BIM 的定义有多种不同的阐述，考虑到国家标准的权威性，这里只介绍我国国家标准《建筑信息模型应用统一标准》GB/T 51212—2016 中关于 BIM 的定义。该标准对于术语"建筑信息模型 building information modeling，building information model（BIM）"是这样定义的：

在建设工程及设施全生命周期内，对其物理和功能特性进行数字化表达，并依此设计、施工、运营的过程和结果的总称。简称模型。[7]

上述定义中，"全生命周期"是指从工程的策划开始，直至拆除与处理（废弃、再循环和再利用等）的整个工程过程，包括：规划、设计、施工、运维这 4 个阶段。"对其物理和功能特性进行数字化表达"就等于在计算机上应用相关软件按照设计构思建立一个虚拟的建筑物，虚拟建筑物中所有的"物理和功能特性"和真实建筑物中的构件一一对应，所有信息是完全一致的，这包括：构件的几何尺寸、材料的物理参数（容重、导热系数等）、构件的构造信息（镶板门、双层窗、复合墙等）……等各种信息。随着工程的进展信息还可以不断完善和补充，例如到了施工阶段还可以添加诸如施工进度、材料的生产商、供货价格等信息。这个计算机上的虚拟建筑物其实就是附加了建筑物相关信息的 3D 建筑模型，是一个信息化的建筑模型（图 5-5）。

随着人们对 BIM 认识的深入，目前学术界普遍认为 BIM 的含义应当

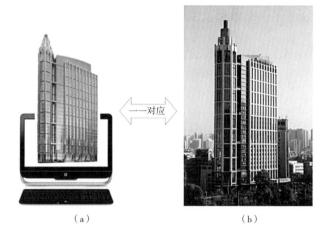

图 5-5 计算机上建立的虚拟建筑物模型和真实建筑物存在一一对应的关系
(a) 虚拟建筑物 (三维 BIM 模型); (b) 真实建筑物

（a）　　　　　　　　　　　（b）

包括相互独立又彼此关联的三个方面[1]：

（1）BIM 第一个方面的含义是 Building Information Model，是建筑工程及其设施的物理和功能特性的数字化表达，也就是把建筑信息整合在一起的信息化电子模型，这是建筑工程项目共享信息的资源，为项目全生命周期内所做的决策提供可靠的信息支持。

（2）BIM 第二个方面的含义是 Building Information Modeling，是在信息化电子模型上创建和利用建筑工程信息进行设计、施工、运营的过程，是不断完善和应用信息化电子模型的行为过程，工程中有关各方按照各自职责通过不同的技术平台对模型输入、提取和更新信息，允许各平台根据各种应用的需求实时互用相同的信息。

（3）BIM 第三个方面的含义是 Building Information Management，是一个信息化的协同工作环境，在这个环境中的各方可以交换、共享项目信息，并通过分析信息，做出决策或改善现状，支持业务流程的组织和控制，其效益可涵盖可视化沟通、更早进行的多方案比较、可持续性分析、高效率设计、多专业集成、施工现场控制、竣工资料记录等，使项目得到有效的管理。

在以上的三个方面的含义中，第一个方面是其后两个方面的基础，因为第一个方面提供了共享信息的资源，有了资源才有发展到第二个方面和第三个方面的保证；而第三个方面则是实现第二个方面的先决条件，如果没有这样一个环境，各参与方的信息交换、共享将得不到保证，各参与方在工程中应用模型上的信息开展工作，以及对模型的维护、更新也就无法进行。

这三个方面中，最为重要的就是第二个方面，它是一个不断完善、应用模型中信息的行为过程，最能体现 BIM 的核心价值。但不管是哪一方面，在 BIM 中最核心的东西就是"信息"，正是这些信息把三个方面有机地串联在一起，成为一个 BIM 的整体。如果没有了信息，也就不会有 BIM。

如果换个角度来看，信息其实就是数据，信息化模型就是大量存储

---

① 参看中华人民共和国国家标准《建筑信息模型应用统一标准》GB/T 51212—2016 的条文说明。

在计算机内部的、有组织的、可共享的、统一管理的数据的集合，因此，BIM 也可以看成是 1 个数据库。由数据库的定义可知，数据库不单是 1 个有组织、合理保存数据的"仓库"，同时还具有数据库管理系统，可以更方便、更有效地利用数据、管理数据、维护数据。

2）BIM 模型的结构

人们常常以为 BIM 模型是一个单一模型，就是设施总体的 BIM 模型。这只是从认知层面上的理解。到了实际操作层面，不管什么情况下都使用设施总体 BIM 模型其实不是很方便。一般都会根据设施所处的不同阶段、不同专业，会建立很多子模型供不同参与方使用，例如：场地子模型、建筑子模型、结构子模型、设备子模型、施工子模型、竣工子模型等。这些子模型都是在同一个基础模型上面生成的，从属于设施总体模型，而且规模比设施的总体模型要小。

而基础模型包括了设施的最基本的结构：场地的地理坐标与范围、柱、梁、楼板、墙体、楼层、建筑空间……等，而专业的子模型就在基础模型的上面添加各自的专业构件形成的，这里专业子模型与基础模型的关系就相当一个引用与被引用的关系，基础模型的所有信息被各个子模型共享。

也许有人会觉得，建筑子模型与基础模型是一回事，但实际上是有区别的。柱、梁、楼板、墙体、楼层、建筑空间好像也是属于建筑子模型，没错，这些元素是作为基础模型的元素被建筑子模型引用的，也成为建筑子模型的一部分。建筑子模型还有它专有的组成元素，如：门、窗、扶手、顶棚等。同样，基础模型的柱、梁、楼板、墙体、楼层、建筑空间等也被结构子模型引用了，它们成为结构子模型的一部分。但是结构子模型还有它专有的组成元素，如：基础、结构柱、地圈梁等。

BIM 模型的结构其实有 4 个层次，最顶层是子模型层，接着是专业构件层，再往下是基础模型层，最底层则是数据信息层（图 5-6）。

BIM 模型中各层应包括的元素如下：

①子模型层：包括按照设施全生命周期中的不同阶段创建的阶段子模型，也包括按照专业分工建立的专业子模型。

②专业构件层：包含每个专业特有的构件元素及其属性信息，如：结构专业的基础构件、给排水专业的管道构件等。

③基础模型层：包括基础模型的共享构件、空间的划分（如：场地、楼层）、相关属性、相关过程（如：施工任务过程）、关联关系（如：构件的拓扑关系、信息的关联关系）等元素，这里所表达的是项目的基本信息、各子模型的共性信息以及各子模型之间的关联关系。

④数据信息层：包括描述几何、材料、价格、物理指标、技术标准、时间、责任人等信息所需的基本数据。

这 4 个层次全部总体合成为设施的 BIM 模型。

以上从认知层面、操作层面分析了 BIM 模型的结构，其实还可以从逻辑的层面来分析 BIM 模型的结构。从逻辑的层面来看，BIM 的模型结构其

图 5-6 BIM 模型结构图 [8]11

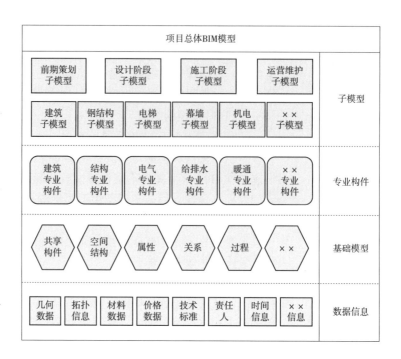

实还是一个包含有数据模型和行为模型的复合结构。其行为模型支持创建建筑信息模型的行为，支持设施的集成管理环境，支持各种模拟和仿真的行为。正因如此，BIM 能够支持日照模拟、自然通风模拟、紧急疏散模拟、施工过程模拟等各种模拟，使得 BIM 能够具有良好的模拟性能。

5.2.2　建筑信息模型技术

1）BIM 技术

BIM 技术，是一项应用于设施全生命周期的 3D 数字技术，它以一个贯穿其全生命周期都通用的数据格式，创建、收集该设施所有相关的信息并建立起信息协调的数字化模型作为项目决策的基础和共享信息的资源，支持相关方面在模型上的各种应用。

这里有一个关键词"一个贯穿其全生命周期都通用的数据格式"，所有信息的创建、收集都要采用这个格式。为什么这是关键？

因为应用 BIM 想解决的问题之一就是在设施全生命周期中，希望所有信息的流动、交换是顺畅的，与设施有关的信息只需要 1 次输入，然后通过信息的流动可以应用到全生命周期的各个阶段。信息多次重复输入不但耗时耗力耗成本，而且增加了出错机会。

但是，如果只需要 1 次输入，又会面临如下问题：设施的全生命周期要经历从前期策划，到设计、施工、运维等多个阶段，每个阶段又能分为不同专业的多项不同工作，每项工作中都会使用相关的专业软件从 BIM 模型中提取相关信息进行计算、分析。由于不同的软件系统有其专用的数据格式，例如，AutoCAD 的文件格式是 dwg，ArchiCAD 的文件格式是 pln，用 AutoCAD 就无法打开 ArchiCAD 的 pln 文件。这样，应用 BIM 模型进行信息的交换和共享就需要解决数据交换中的格式转换问题。

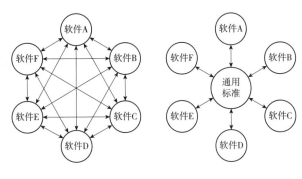

图 5-7　点对点交换（左）与
星式交换（右）

实现多种不同文件格式的数据交换方法基本上有两种：点对点交换和星式交换（图 5-7）。点对点的交换是指两个系统之间的数据可通过专门的格式转换程序直接进行交换，对于 n 种格式互相转换就必须有 $n（n-1）$ 种格式转换程序；而星式交换是指所有系统之间的数据借助于一个通用标准的数据格式进行交换就可以了，这样，只需要 $2n$ 种转换手段，因为当 $n > 3$ 时 $2n < n（n-1）$。因此，制定通用标准的数据格式解决数据交换问题是较好的办法。

这种通用标准的数据格式就是 IFC（Industry Foundation Classes，工业基础类）标准的格式，目前 IFC 标准的数据格式已经成为全球不同品牌、不同专业的建筑工程软件之间创建数据交换的标准数据格式，也得到国际标准化组织的认可，成为国际标准。

2）IFC 标准

IFC 的第 1 个版本由 buildingSMART International（bSI，国际智慧建造联盟）的前身 International Alliance for Interoperability（IAI，国际协作联盟）在 1997 年制定并发布。bSI 在 2007 年成立后，继续致力于完善 IFC 标准，目前最新版本 IFC4.3.2 已经在 2023 年发布，IFC4.3.2 将开放 BIM 扩展到建筑领域以外的铁路、桥梁、道路……等大土木工程领域。在 2005 年，IFC 已被国际标准化组织（International Organization for Standardization，ISO）接受为国际标准 ISO 16739：2005，目前该标准的最新版本是 ISO 16739-1-2018。

如果软件配置了 IFC 格式，既可以接收 IFC 格式的文件信息，同时也可以输出 IFC 格式的文件信息供后续工序采用（图 5-8）。因此，IFC 标准是 BIM 技术的主要支柱。[①]

图 5-8　IFC 格式多软件兼容逻辑

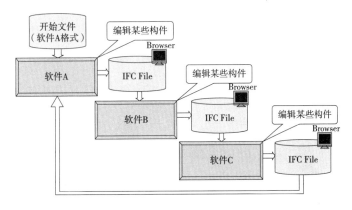

这样，虽然不同的设计师各自使用不同品牌的软件，只要他们用的软件都配置了 IFC 格式，这些设计师之间就可以方便地将自己的设计信息分

① 不管使用什么软件，只要输入输出都采用 IFC 格式就能形成顺畅的信息流。

享给其他设计师。在施工阶段也是这样。这样，在整个建筑工程全生命周期中，使用 IFC 格式就可以使整个项目的信息流畅通无阻。因此，IFC 标准是 BIM 技术的主要支柱。

在应用 IFC 标准建立起来的建筑模型里，不再是简单的线条、圆、圆弧、样条曲线等简单的几何元素所组成的模型，而应当是具有属性的在一个建成环境里发生的事物，包括有形的建筑构件单元，如：门、窗、天花板、墙体等，以及抽象的概念，如：设计处理、空间、机构、设备维护等（图 5-9）。对于如何表达这些事物，IFC 标准都有详细的规定。IFC 标准目

图 5-9 在应用 IFC 建立起来的建筑模型中包括有形的建筑构件单元以及抽象的概念

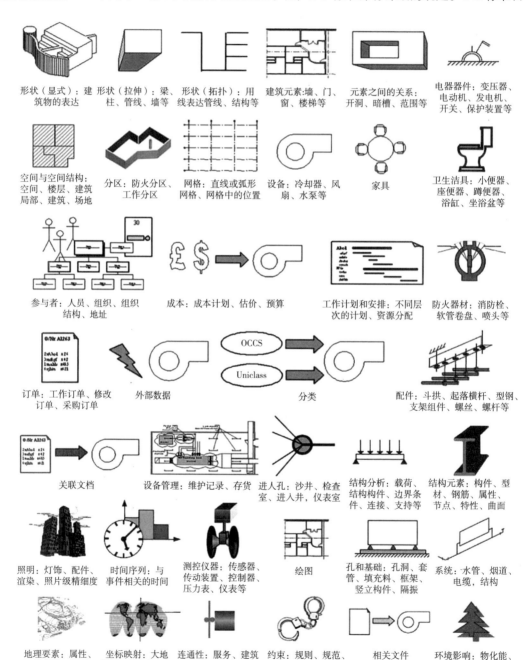

形状（显式）：建筑物的表达　形状（拉伸）：梁、柱、管线、墙等　形状（拓扑）：用线表达管线、结构等　建筑元素:墙、门、窗、楼梯等　元素之间的关系：开洞、暗槽、范围等　电器器件：变压器、电动机、发电机、开关、保护装置等

空间与空间结构：空间、楼层、建筑局部、建筑、场地　分区：防火分区、工作分区　网格：直线或弧形网格、网格中的位置　设备：冷却器、风扇、水泵等　家具　卫生洁具：小便器、座便器、蹲便器、浴缸、坐浴盆等

参与者：人员、组织、组织结构、地址　成本：成本计划、估价、预算　工作计划和安排：不同层次的计划、资源分配　防火器材：消防栓、软管卷盘、喷头等

订单：工作订单、修改订单、采购订单　外部数据　分类　配件：斗拱、起落横杆、型钢、支架组件、螺丝、螺杆等

关联文档　设备管理：维护记录、存货　进人孔：沙井、检查室、进入井、仪表室　结构分析：载荷、结构构件、边界条件、连接、支持等　结构元素：构件、型材、钢筋、属性、节点、特性、曲面

照明：灯饰、配件、渲染、照片级精确度　时间序列：与事件相关的时间　测控仪器：传感器、传动装置、控制器、压力表、仪表等　绘图　孔和基础：孔洞、套管、填充料、框架、竖立构件、隔振　系统：水管、烟道、电缆、结构

地理要素：属性、等高线、地区　坐标映射：大地测量、笛卡尔坐标　连通性：服务、建筑物、结构　约束：规则、规范、需求、触发条件　相关文件　环境影响：物化能、二氧化碳

前的版本涵盖了以下 9 个领域：①建筑；②结构分析；③结构构件；④电气；⑤施工管理；⑥物业管理；⑦暖通空调；⑧建筑控制；⑨管道和消防。IFC 下一代标准将扩充到铁路、公路、桥梁、隧道、水运（港口）、施工图审批系统、GIS 系统等等。

目前，世界上著名的建筑软件生产商，如 Autodesk、Bentley、Nemetschek、广联达等公司的软件产品都经过了 bSI 的 IFC 的认证[①]。到 2024 年 3 月为止，已有 97 个软件产品通过了 IFC 的认证，其中通过 IFC4 认证的软件有 25 个，通过 IFC2×3 认证的有 72 个（表 5-1）。一般认为，软件通过了 IFC 认证标志着该软件产品真正采用了 BIM 技术。

通过 bSI 关于 IFC 认证的部分软件产品表 [9]　　　　　表 5-1

软件名称	软件公司	国别	主要功能	备注
Allplan	Nemetschek	德国	建筑与结构设计、施工管理	
ArchiCAD	Graphisoft	匈牙利	建筑设计	被 Nemetschek 收购
AutoCADArchitecture	Autodesk	美国	建筑设计	
BricsCAD	Bricsys Services	比利时	建筑设计	
CADMATIC Building	CADMATIC	芬兰	工厂设计	
Cadwork3D	Cadwork	瑞士	木结构建筑的设计与施工	
DDS-CAD	Data Design System	挪威	暖通水电设计	
Edificius	ACCA Software S.p.A	意大利	建筑设计	
广联达（Glodon）	广联达	中国	建筑设计、结构设计	
MagiCAD	MagiCAD group	芬兰	暖通水电、消防设计	被广联达收购
NOVA AVA BIM	NOVA Building IT	德国	施工成本管理	
OpenBuildingsDesigner	Bentley Systems	美国	建筑、结构、暖通水电设计	
Revit	Autodesk	美国	建筑、结构、暖通水电设计	
SCIAEngineer	Nemetschek Scia	比利时	结构分析与土木工程	
SolibriModelChecker	Solibri	芬兰	设计查核、成本估算、避灾路线分析等	
TeklaStructures	Trimble	芬兰	结构设计、施工管理	
Vectorworks	Vectorworks	美国	建筑设计	被 Nemetschek 收购

IFC 标准问世后在实际工程中就得到广泛应用。在 2005 年美国加州科学院的项目中，建筑设计师使用的软件是 Autodesk Architectural Desktop，而施工公司使用的是 Graphisoft Constructor。他们就是通过 IFC 格式来实现建筑信息的交换，保证了工程的顺利进行。

在 20 世纪末，新加坡政府启动了 CORENET（COnstruction and Real Estate NETwork）项目，用电子政务方式推动建筑业采用数字技术，其电子建筑设计施工方案审批系统 ePlanCheck 是世界上首个把 IFC 标准

---

① 通过 bSI 认证的软件产品包装上有 buildingSMART 的认证徽标。

用于这方面的软件。ePlanCheck 的主要功能包括接受以 IFC 格式传递的 3D 设计方案、根据系统的知识库和数据库中存储的图形代码及规则自动评估方案并生成审批结果。其建筑设计模块审查设计方案是否符合有关材料、房间尺寸、防火和残疾人无障碍通行等规范要求；建筑设备模块审查设计方案是否符合暖通、给排水和防火系统等的规范要求，保证了对建筑规范解释的一致性、无歧义性和权威性。[10]

由于 ePlanCheck 只能识别 IFC2× 格式的数据，这就等于在新加坡应用的设计软件不论什么品牌，只要能输出符合 IFC2× 格式的数据，这就保证了 ePlanCheck 正常使用。

随着建筑信息模型技术的广泛应用，IFC 标准正得到越来越广泛的应用，已经成为支持建筑信息模型的主要技术，并将会随着 BIM 技术的发展而不断发展。

5.2.3 建筑信息模型技术的特点

从 BIM 的定义以及 BIM 技术的概念出发，可得出 BIM 技术的 4 个特点：

1）操作的可视化

可视化是 BIM 技术最显而易见的特点。基于 BIM 技术的软件的一切操作都是在可视化的环境下完成的，可以在可视化环境下进行建筑设计、避灾路线分析、管线综合优化、施工模拟等一系列的操作。

随着建筑工程规模越来越大，牵涉到的设计问题、施工问题也越来越复杂，工程实践迫切需要通过可视化手段来分析和解决这些问题。例如：建筑物内的管道布置与建筑构件有没有发生碰撞？室内采光、室内能耗能达标吗？不同专业的施工队伍一起作业时该怎样协调？而 2D 图纸、3D 效果图、实体建筑模型等传统的设计表达方式是无法帮助设计人员及施工人员解决以上问题的。

BIM 技术为可视化操作开辟了广阔的前景，BIM 模型附带的构件信息为可视化操作提供了有力的支持，不但能解决上述问题，还能使一些比较抽象的信息如应力、温度、热舒适性也可以用可视化方式表达出来。大大提高了生产效率和工程质量、降低生产成本。

2）信息的完备性

从 BIM 的定义可知，BIM 是设施的物理和功能特性的数字化表达，包含设施的所有信息，BIM 的这个定义就体现了信息的完备性。这种完备的信息包括了对设施 3D 几何信息和拓扑关系的描述，还包括设施完整的工程信息的描述，如：构件名称、结构类型、建筑材料、建筑构造等设计信息；施工工序、进度、成本、质量以及人力、机械、材料资源等施工信息；工程安全性能、材料耐久性能等维护信息；对象之间的工程逻辑关系等。

信息的完备性还体现在 Building Information Modeling 这一创建建筑信息模型行为的过程。在这个过程中，设施的前期策划、设计、施工、运营各个阶段是互相衔接的，每一阶段产生的信息都被存储进 BIM 模型中，使得 BIM 模型包含了全过程的所有信息。

信息的完备性使得 BIM 模型能够支持可视化操作、优化分析、模拟仿真等功能，为在可视化条件下进行各种优化分析、模拟仿真和运维管理提供了方便的条件。

特别地，到了建筑数字技术飞速发展的今天，BIM 由于其拥有完备的数据库，应用前景更加广阔。首先，BIM 技术和 GIS（Geographic Information System，地理信息系统）、IoT（Internet of Things，物联网）等技术一起，对实体城市进行多维度、多尺度、全方位的精准建模，可以建立起城市信息模型（City Information Modeling，CIM），有利于对城市的发展进行科学的规划和预测。其次，随着人工智能技术在建筑中的深入发展，机器学习所需要的大量语义信息，也可以从 BIM 数据库中提供的建筑信息经过处理后得到。

3）信息的协调性

协调性体现在两个方面：①在数据之间创建实时的、一致性的关联，对数据库中数据的任何更改，都马上可以在其他关联的地方反映出来。②在各构件实体之间实现关联显示、智能互动。

这个技术特点很重要。作为设计成果的各种平、立、剖 2D 图纸以及门窗表等图表都可以根据模型随时生成。在任何视图（平面图、立面图、剖面图）上对模型的修改，就视同为对数据库的修改，都会马上在其他视图或图表上关联的地方反映出来，而且这种关联变化是实时的。这样就保持了 BIM 模型的完整性和健壮性，保证项目的工程质量。

这种关联变化还表现在各构件实体之间可以实现关联显示、智能互动。例如：模型中的屋顶是和墙相连的，如果要把屋顶升高，墙的高度就会随即跟着变高。

这种协调性为建设工程带来了极大的方便。例如：在设计阶段不同专业的设计人员可以通过应用 BIM 技术发现彼此不协调甚至引起冲突的地方，及早修正设计，避免造成返工与浪费。在施工阶段，可以通过应用 BIM 技术合理地安排施工计划，保证了整个施工阶段过程衔接紧密、合理，使施工能够高效地进行。

4）信息的互用性（Interoperability）

这是指在设施的全生命周期各个阶段中，不同的专业、机构、软件的数据能够互用。IFC 标准保障了 BIM 信息互用性的实现，保证信息经过传输与交换后，前后的一致性。

具体来说，实现互用性就是 BIM 模型中所有数据只需要一次性采集或输入，就可以在整个设施的全生命周期中实现信息的共享、交换与流动，避免了在建设项目不同阶段对数据的重复输入，这可以降低成本、节省时间、减少错误、提高效率。

这一点也表明 BIM 技术提供了良好的信息共享环境，消除了不同专业或品牌的软件产生信息交流的障碍以及部分信息的丢失的问题，保证信息自始至终的一致性。

BIM 技术除了支持 IFC 标准之外，BIM 技术也支持 XML（Extensible

Markup Language，可扩展标记语言）^①，这样就大大方便了通过网络进行传输 BIM 模型。

正是 BIM 技术这 4 个特点大大改变了传统建筑业的生产模式，利用 BIM 模型，使建筑项目的信息在其全生命周期中实现无障碍共享，无损耗传递，为建筑项目全生命周期中的所有决策及生产活动提供可靠的信息基础。使整个工程的成本大大降低、质量和效率显著提高，为传统建筑业在信息时代的发展展现了光明的前景。

5.2.4 应用建筑信息模型技术进行建筑设计的特点

由于 BIM 技术的 4 个特点，使用 BIM 技术进行建筑设计会呈现如下特点：

1）以建筑构件为基本图形元素进行参数化设计

BIM 设计软件操作的对象不再是点、线、圆这些简单的几何对象，而是墙体、门、窗、楼梯等建筑构件，这些构件就是 BIM 设计软件中用以组成建筑模型的基本图形元素。整个设计过程就是不断确定和修改各种建筑构件的参数，全面采用参数化设计方式进行设计。

2）构件关联变化、智能联动、相互协调

BIM 技术的协调性保证了 BIM 模型中的构件之间存在关联关系。例如：把模型中的墙删除，墙上的门窗、灯具马上也被删除。

3）各种图纸由信息化建筑模型自动生成

用 BIM 软件建立起的信息化建筑模型就是设计的成果。至于各种平、立、剖 2D 图纸都可以根据模型随意生成，各种 3D 效果图、3D 动画亦然。

4）能有更多的时间搞设计构思，只需很少时间就能完成施工图

应用传统的 CAD 软件做设计，绘制施工图的工作量很大，影响到建筑师无法花多一些时间改进方案构思。而应用 BIM 技术搞设计后，使建筑师能够把主要的精力放在设计构思上，只要确定了最后的 BIM 模型，马上就可以根据模型生成各种施工图，耗时甚少。由于 BIM 模型良好的协调性，在后期需要调整的地方是很少的（图 5-10）。

5）可视化设计

应用 BIM 技术后，设计人员可以在设计的各个阶段通过可视化分析检视设计的成果，由于各种视图都由模型生成，极大地减少了各种视图不协调的可能性（图 5-11）。还会大大提高建筑设计方案与环境的协调性。

可视化方式也有利于业主直观地了解设计成果和设计进度，方便了与设计人员的沟通。

此外，应用 BIM 技术还有利于应用 BIM 模型中的各种数据进行建筑性能分析、经济评价等，还可以实现信息共享、开展协同设计。BIM 给设计人员提供了更为丰富的工具，使他们的设计比以往的更为完美，创造的价值也比以前更高。

---

① XML 是用于标记电子文件使其具有结构性的标记语言，可以用来标记数据、定义数据类型，是一种允许用户对自己的标记语言进行定义的源语言。许多专业都开发与自己的特定领域有关的标记语言，例如：用于数学的有 MathML，用于建筑业的 aecXML，用于处理 IFC 标准的 ifcXML，用于 BIM 和绿色建筑分析软件进行数据交换的 gbXML 等。

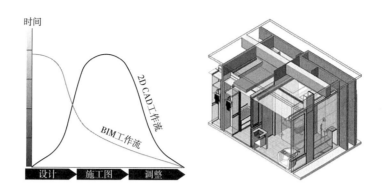

图 5-10 应用 BIM 后可以有更多的时间进行建筑设计构思,更少的时间花在施工图和后期调整上(左)

图 5-11 在 BIM 软件可视化条件下很方便地让设计人员通过各种剖切方式观察设计成果①(右)

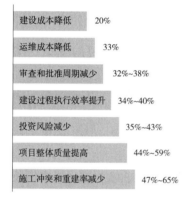

图 5-12 英国应用 BIM 的成效(上)

图 5-13 建筑企业应用 BIM 状况百分比的统计[13]7(下)

BIM 技术应用在全球发展很快。在英国建筑业的专业人士中,具有 BIM 意识并采用 BIM 技术的总体趋势已从 2011 年的 13% 增长到 2020 年的 73% 左右,不知道 BIM 的人也从 2011 年的 43% 大幅度下降到 2020 年的 1%[11]。英国推广应用 BIM 的成效显著[12](图 5-12)。

在我国,BIM 应用发展得很快。根据 2021 年对国内 1000 多家建筑企业进行调研的统计分析[13]4,这些企业包括:设计、施工、咨询、总承包等多个类型,占 95.18% 的绝大多数建筑企业都已经在应用 BIM,其中在 50% 以上的项目中应用 BIM 的企业占总数的 51.3%(图 5-13)。应当说,国内大多数企业对于 BIM 技术的了解与掌握程度已经达到了一定高度,BIM 的普及程度已经位居世界前列,BIM 的应用正在蓬勃发展中。

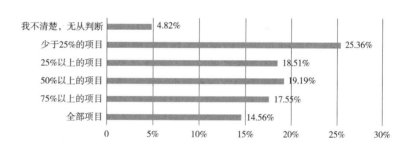

自 2024 年 2 月 1 日起,上海市开始在工程建设项目审批中,应用基于 BIM 模型技术的智能辅助审查子系统。系统可以对房屋建筑工程的 BIM 模型,实施建筑、结构、给排水、暖通、电气等专业的部分规范条文的智能辅助审查。

目前,国内应用 BIM 技术的工程类型主要集中在大中型工程,在项目的全生命周期中主要集中于设计与施工阶段,对于项目全生命周期中时间最长的运维阶段 BIM 的应用也在发展之中,国内的 BIM 应用还有很大的发展空间。

---

① 图片来源:http://wenda.banjiajia.com/qYKzO?page=2. 2016-09-12[2022-11-04].

5.3 与建筑信息模型有关的技术标准

技术标准是保证一项新技术健康发展所必需的措施。早在 20 世纪 80 年代，国际标准化组织（International Organization for Standardization, ISO）就发布了 EXPRESS 语言的技术标准，这些技术标准对后来 BIM 技术的发展起了很好的作用。在 BIM 发展起来后，ISO 也陆续颁布多项标准以指导 BIM 的发展。世界上各国也根据本国的条件，相继出台了相关的技术标准，推动了本国 BIM 技术的健康发展。

已发布的 BIM 标准主要分为两类：①面向工程软件开发行业的技术标准，主要是相关行业数据交换标准，包括后面讲到的 EXPRESS 语言、IFC 标准、IFD 标准、IDM 标准……等。②面向建筑企业的应用标准。这两类标准均见于各国针对本国建筑业发展情况制定的标准中，这些标准在指导建筑工程应用 BIM 起到了积极的作用。

5.3.1 国际标准化组织制定的标准简介

1）《工业自动化系统与集成—产品数据表示和交换—第 11 部分：描述方法：EXPRESS 语言参考手册》ISO 10303-11：2004

这个标准可以说是 BIM 技术的基础标准，它规定了用于产品数据交换的 EXPRESS 语言，IFC 标准应用的就是 EXPRESS 语言。

2）《用于建筑和设施管理行业数据共享的工业基础类（IFC）—第 1 部分：数据模式》ISO 16739-1：2018

这标准就是 IFC 标准，它规定了 BIM 的数据架构和交换文件格式均采用 EXPRESS 语言来定义，明确了 MVD（Model View Definition，模型视图定义）标准是 IFC 标准的有机组成部分。MVD 标准主要用于定义项目中的交换要求。在具体的 IFC 数据交换中，并不需要用到建筑对象的所有属性（IFC2×3 版本有 653 个标准类、12000 个属性），不同的工作流程要交换的信息是不同的，这就需要定义不同的 MVD，通过 MVD 可以大大减少参与交换的信息。

3）《建筑施工—建筑工程信息的组织—第 2 部分：分类框架》ISO 12006-2：2015

这个标准和下一个标准都是有关建筑工程信息如何组织的基础标准。

这个标准定义了建筑信息分类框架和一些分类表的定义，它有利于指导各国的技术标准制定部门编制建筑全生命周期各阶段的建筑工程信息分类编码标准，有利于建筑工程项目中连续的信息交换能够顺利进行。

4）《建筑施工—建筑工程信息的组织—第 3 部分：面向对象的信息框架》ISO 12006-3：2007

这个标准又称为 IFD（International Framework for Dictionaries，国际字典框架）标准。

不同的语言对同一个概念的称呼很不一样。IFD 给每一个概念建立一个全球唯一标识码（Global Unique Identifier, GUID）和相关属性，保证了在信息交换中每个用户得到的信息是一致的。

5)《建筑信息模型—信息交付手册—第1部分：方法和格式》ISO 29481-1：2016

这个标准和下一个标准都属于BIM应用过程中有关信息交付手册（Information Delivery Manual，IDM）的基础标准，即IDM标准。

工程实践中，基于特定目的（如：结构分析、HVAC、成本、材料等）开发的软件只需要用到该IFC架构的部分组件。因此，需要IDM标准对过程以及信息需求进行清晰的定义，需要界定BIM模型的IFC架构海量信息中的哪些内容参与交换。

6)《建筑信息模型—信息交付手册—第2部分：交互框架》ISO 29481-2：2012

IDM会涉及建筑工程参与者的交互行为，该标准规定了一种用于建筑工程全生命周期各阶段中所有参与者之间协调行为的方法和格式。该标准可促进软件应用程序之间的互用性，促进数字协作，并确保准确、可靠、可重复和高质量的信息交换。

上面这6个国际标准，包括：EXPRESS语言、IFC标准、MVD标准、IFD标准、IDM方法与格式标准、IDM交换框架标准，都属于支撑BIM技术的基础标准。ISO后续还颁布了一系列有关BIM的标准都是在这些基础标准上开发的。

5.3.2 我国有关的建筑信息模型技术标准

1）等效采用国际标准，制定数据交换及工业基础类平台标准

我国很重视产品数据交换标准的制定，在20世纪90年代就以等效采用《工业自动化系统与集成—产品数据表示和交换》ISO 10303的方式颁布了相应的国家标准《工业自动化系统与集成 产品数据表达与交换》GB/T 16656，为我国信息交换的发展提供了技术标准的保障。其中国家标准《工业自动化系统与集成 产品数据表达和交换 第11部分：描述方法：EXPRESS语言参考手册》GB/T 16656.11—2010就是等效采用ISO 10303-11：2004。

2010年，我国发布了国家标准《工业基础类平台规范》GB/T 25507—2010，该标准等同采用了ISO/PAS 16739：2005的内容，在技术内容上与IFC标准完全保持一致，仅仅根据我国国家标准的制定要求，在编写格式上作了一些改动。将国际标准等同采用为国家标准，也是国际上最常见的方法之一，为全面制定BIM系列标准提供了技术上的保障。

2）有关BIM的国家标准

我国的BIM标准分为两类：①面向软件开发行业的技术标准。②面向建设行业使用的实施标准。前者包括数据存储标准、信息语义标准、信息传递标准，分别对应上文介绍过的IFC、IFD、IDM等标准，确保我国BIM软件开发的规范性和互用性。后者将包括资源标准、行为标准、交付标准等。其中资源标准会涉及环境资源（各类软硬件、网络环境和人员配置）、构件库资源以及BIM文件的格式要求和模型参数设置；行为标准会涵盖建模和模型的分析检查；交付标准会包括交付深度、交付内容与格式及归档文件等。

到2021年末，我国已陆续颁布一系列有关BIM的国家标准，详见表5-2所示。

我国已颁布有关 BIM 的国家标准 表 5-2

序号	标准编号	标准名称	发布时间
1	GB/T 25507—2010	工业基础类平台规范	2010 年
2	GB/T 51212—2016	建筑信息模型应用统一标准	2016 年
3	GB/T 51235—2017	建筑信息模型施工应用标准	2017 年
4	GB/T 51269—2017	建筑信息模型分类和编码标准	2017 年
5	GB/T 51301—2018	建筑信息模型设计交付标准	2018 年
6	GB/T 51362—2019	制造工业工程设计信息模型应用标准	2019 年
7	GB/T 51447—2021	建筑信息模型存储标准	2021 年

表 5-2 的第 1 项已经在前面介绍过了，在此不重复介绍。以下介绍其他 6 项标准。

（1）《建筑信息模型应用统一标准》GB/T 51212—2016

该标准是这一系列标准的基础标准。它的编制确定了我国 BIM 标准编制的原则性框架，以后制定 BIM 的相关标准，都应当遵守它的规定。

该标准在 BIM 的模型结构、模型扩展、数据互用、模型应用等方面都进行了原则性的规定。对在整个项目生命周期中，该怎样建立和使用 BIM 模型，都做出了统一的规定。它只规定核心的原则，对具体的细节不做规定。所有使用 BIM 的人都要了解这本标准。

（2）《建筑信息模型分类和编码标准》GB/T 51269—2017

该标准属于技术标准，它对应于前面介绍过的现行国际标准《建筑施工—建筑工程信息的组织—第 2 部分：分类框架》ISO 12006-2：2015，主要用来解决 BIM 数据交换的问题。

该标准直接参考了美国 BIM 标准采用的 OmniClass 标准[①]，并针对国情做了一些本土化调整。它在数据结构和分类方法上与 OmniClass 标准基本一致，都是按数据类型分为 15 个表，但具体分类编码编号会有所不同（表 5-3）。由这 15 个表可以看出，这个标准不只是对模型、建筑产品、信息等有编码，而是对整个建筑全生命周期都有编码，项目中涉及的人和他们做的事（如：工程总承包、法律服务），都有对应的编码。

编码的比较表 表 5-3

标准名称	编码	
	挡土墙 retaining wall	会议室 conference room
OmniClass 标准	12–21.14.11	13–55.29.21.11
我国《建筑信息模型分类和编码标准》	11–02.45.30	12–09.55.35.01

---

① OmniClass 标准是美国有关机构遵循现行国际标准《建筑施工—建筑工程信息的组织—第 2 部分：分类框架》ISO 12006-2：2015，专门为建筑业制定的设计信息的系统分类方法，适用于建筑信息模型（BIM）领域的多方面应用，它涵盖从前期规划到最终拆除或再利用的整个设施全生命周期，并涵盖构成建筑环境的所有不同类型的建筑。

该标准依据 ISO 12006-2 对建筑工程信息中所涉及的对象分类编码进行了全面系统的梳理，是 BIM 应用的基础之一，保证了建筑工程信息在有关各方之间能准确有效地传递。

（3）《建筑信息模型存储标准》GB/T 51447—2021

该标准也是技术标准，它就是按照 IFC 标准的规定，对 BIM 模型的基本数据框架、核心层数据模式、共享层数据模式、专业领域层数据模式、资源层数据模式、数据存储与交换这些有关 BIM 信息的组织方式和存储格式进行了规范，保证 BIM 模型在不同软件之间的顺利转换。

（4）《建筑信息模型施工应用标准》GB/T 51235—2017

该标准为实施标准，它规范和引导各类工程项目施工中 BIM 的应用，支撑工程建设信息化的实施，提高信息应用效率和效益。

该标准面向施工和监理这两部分工作，规范了在施工过程中该如何使用 BIM 模型中的信息，以及如何向他人交付施工模型的信息，包括：深化设计、施工模拟、预加工、进度管理、成本管理等方面的信息，并首次在国家标准中提出了模型细度（Level Of Development，LOD）的概念，对施工过程不同阶段的模型细度进行了规定。

该标准适用于工程项目全生命期（含投资策划、勘察设计、施工、运营维护等阶段）的 BIM 应用，也适用于在工程项目全生命期中各参与方（含建设、勘察设计、施工、总承包、运营维护等单位）综合应用 BIM，提升了项目信息传递和信息共享效率和质量。

（5）《制造工业工程设计信息模型应用标准》GB/T 51362—2019

该标准是第 1 部专门面向制造业工厂和设施的 BIM 应用的实施标准，但不包括一般的工业建筑。

该标准规定了在设计、施工、运维等各个阶段 BIM 的具体应用，包括制造业工厂这一领域 BIM 应用的模型分类、工程设计特征信息的组成与编码、工程各个阶段各专业的模型设计深度、模型成品交付的相关规定、数据安全等，都做了详细的规定。

（6）《建筑信息模型设计交付标准》GB/T 51301—2018

该标准也是实施标准，是项目设计人员和咨询顾问的必备品。

该标准主要面向在设计阶段应用了 BIM 之后的交付标准，规范了设计阶段的 BIM 信息如何向需求方传递。它对在规划阶段和设计阶段中 BIM 应用在交付准备、交付物、交付协同等方面进行了详细的规定，规定的内容有：命名规则、版本管理、模型的架构和精细度、模型内容、建筑信息模型、属性信息表、工程图纸、项目需求书、建筑信息模型执行计划、建筑指标表、模型工程量清单等。

该标准对模型细度的规定更为具体细致，从 3 个方面进行了划分，提出了模型精细度（level of model definition）、几何表达精度（level of geometric detail）、信息深度的概念（level of information detail）这 3 个概念，并对不同阶段不同的模型单元①的交付深度进行了详细规定。特别针对设计的各个环节，以及对应的精细度等级及应包含的信息进行了细致的规定，包括了建筑基本信息、属性信息、地理信息、围护信息、水电暖设备信息等。在行业标准《建筑工程设计信息模型制图标准》JGJ/T448–2018 中，明确规定了所有交付物及代码，必须符合国家标准《建筑信息模型设计交付标准》GB/T 51301—2018 的规定。

在 BIM 的工程实际中，各个企业还会制定本企业的 BIM 标准。企业标准是建设工程最后落地的标准，这就意味着它需要考虑得更细致、更全面、更适用，建立在较高层次标准的基础上。

5.3.3 模型细度

模型细度，又称为"LOD"，上一条有所提及，这是在 BIM 标准中不可回避的问题。

1）计算机图形学中的 LOD

LOD 这一概念最初源于计算机图形学，是 Level of Detail（细节层次）的缩写。LOD 技术指根据对象模型的节点在显示环境中所处的位置、移动速度、视距和重要程度，通过渲染算法决定物体渲染的资源分配，降低非重要对象的细节度，从而获得高效率的渲染运算（图 5–14）。LOD 技术被广泛应用于实时图像通信、电脑游戏、虚拟现实、地形表示、飞行模拟、限时图形绘制等相关领域中，距离用户较近的物体显示较精细，距离用户较远的或不被注意的物体就使用简化的模型。

图 5–14　图像的细节程度是从右向左依次提高[14]

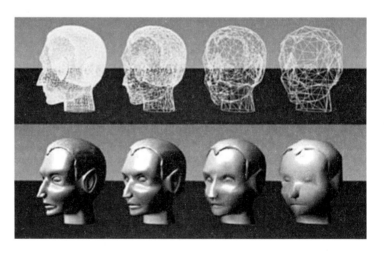

2）美国 BIM 应用中对 LOD 的规定

自从 BIM 技术出现后，在应用 BIM 模型的过程中，也发现了类似 LOD 的问题：由于 BIM 模型涉及的信息量极大，而且建筑工程不同阶段的工作任务、参与人员并不相同，由此导致需要输入、处理、输出的信息也是不同的。对在初步设计阶段，所建模型的信息深度应该怎样把握？到了

---

① 根据《建筑信息模型设计交付标准》GB/T 51301—2018 的定义，模型单元是建筑信息模型中承载建筑信息的实体及其相关属性的集合，是工程对象的数字化表述。建筑信息模型所包含的模型单元应分级建立，可嵌套设置。模型包含的最小模型单元由模型精细度等级来衡量。建筑构件、设备都会被视为模型单元。

施工图设计阶段，又应该建立起包含什么样信息深度的模型呢？

这些问题的提出，就导致了需要解决在建筑工程的什么阶段应该建立什么样的 BIM 模型。在 2008 年，美国建筑师学会（American Institute of Architects，AIA）提出了在 BIM 应用领域的 Level of Development（LOD，模型细度）概念，但这个 LOD 与计算机图形学那个 LOD 还是有区别的。

LOD 的提出可以定义并说明处于不同发展层次的不同建筑系统的模型元素的特性。这样的描述是为了表达不同建筑系统在不同阶段的模型元素特征，可使模型创建者清楚建模的目标，模型应用者也清楚模型的详尽程度和可用程度。这样就很好地解决了 BIM 模型中构件的信息整合至契约环境的责任问题，明确了建筑工程在什么阶段建立的 BIM 模型应该达到什么样的信息精细度。

AIA 最初把模型细度分为 5 个等级：LOD100、LOD200、LOD300、LOD400、LOD500，可以大体上理解为对应于方案设计、扩初设计、施工图设计、施工、运维这几个阶段。当模型细度从最低的 LOD100 往上发展时，BIM 模型所包含的几何信息与非几何信息的精细程度都有显著的增加（图 5-15）。

图 5-15 模型细度是从左向右依次提高[15]

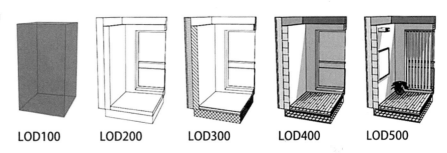

在 2013 年，美国 BIMForum 协会发布了 *Level of Development Specification 2013*（《模型细度规范（2013 版）》），在 LOD 的 5 个等级中增加了 LOD350 这一个等级，该措施得到业界和 AIA 的认可。现以《模型细度规范（2013 版）》中的灯具为例说明了模型信息量的变化[16]：

（1）LOD100，模型中不需要有具体的灯具，只需要将成本信息附加到楼板中。

（2）LOD200，模型中出现了灯具（不指定品牌型号），并显示大致的形状、尺寸和位置。

（3）LOD300，设计指定的 2×4 暗槽，并确定了灯具的形状、尺寸和位置。

（4）LOD350，设计指定灯具的实际牌子和型号，灯具的具体形状、尺寸和位置。

（5）LOD400，在 LOD300 的基础上增加特定的安装细节，如：安装在一个装饰性的底座上。

从以上的例子可以看出，模型的信息中有几何信息（形状、尺寸、位置），也有非几何信息（灯具的牌子和型号、成本），这种 LOD 的分级方法把这两种信息混在一起了。不同的用户可能对实际项目中如何落实 LOD 标准产生不同的理解。为解决这个问题，就需要去查阅 BIMForum 协会在本年度发布的《模型细度规范》最新版本的规定。

3）我国国家标准《建筑信息模型设计交付标准》GB/T 51301—2018 中关于 LOD 的规定

2018 年，我国颁布的《建筑信息模型设计交付标准》GB/T 51301—2018，不同于美国标准中将几何信息和非几何信息混在一起来确定模型的 LOD 的做法，而是对 LOD 的分级和管控采用了新的做法。

首先，该标准对模型细度方面定义了 3 个概念：

（1）模型精细度（level of model definition）：建筑信息模型中所容纳的模型单元丰富程度的衡量指标。

（2）几何表达精度（level of geometric detail）：模型单元在视觉呈现时，几何表达真实性和精确性的衡量指标。

（3）信息深度（level of information detail）：模型单元承载属性信息详细度的衡量指标。

该标准将模型精细度分为 4 级（表 5-4）。

国家标准《建筑信息模型设计交付标准》GB/T 51301—2018 中

模型精细度基本等级划分和模型单元分级的对应关系 表 5-4

等级	英文名	代号	包含的最小模型单元	模型单元用途
1.0 级模型精细度	Level of Model Definition 1.0	LOD1.0	项目级模型单元	承载项目、子项目或局部建筑信息
2.0 级模型精细度	Level of Model Definition 2.0	LOD2.0	功能级模型单元	承载完整功能的模块或空间信息
3.0 级模型精细度	Level of Model Definition 3.0	LOD3.0	构件级模型单元	承载单一的构配件或产品信息
4.0 级模型精细度	Level of Model Definition 4.0	LOD4.0	零件级模型单元	承载从属于构配件或产品的组成零件或安装零件信息

我国标准的定义非常清晰明确，更容易在工程实践中执行和落实。

至于几何表达精度和信息深度，该标准也是将它们分为 4 个等级，各等级均有明确的几何表达精度要求或信息深度等级要求（表 5-5、表 5-6）。

国家标准《建筑信息模型设计交付标准》GB/T 51301—2018 中

有关几何表达精度的等级划分 表 5-5

等级	英文名	代号	几何表达精度要求
1 级几何表达精度	level 1 of geometric detail	G1	满足二维化或者符号化识别需求的几何表达精度
2 级几何表达精度	level 2 of geometric detail	G2	满足空间占位、主要颜色等粗略识别需求的几何表达精度

等级	英文名	代号	几何表达精度要求
3 级几何表达精度	level 3 of geometric detail	G3	满足建造安装流程、采购等精细识别需求的几何表达精度
4 级几何表达精度	level 4 of geometric detail	G4	满足高精度渲染展示、产品管理、制造加工准备等高精度识别需求的几何表达精度

国家标准《建筑信息模型设计交付标准》GB/T 51301—2018 中

有关信息深度等级的划分　　　　　　　　　　表 5-6

等级	英文名	代号	等级要求
1 级信息深度	level 1 of information detail	N1	宜包含模型单元的身份描述、项目信息、组织角色等信息
2 级信息深度	level 2 of information detail	N2	宜包含和补充 N1 等级信息，增加实体系统关系、组成及材质、性能或属性等信息
3 级信息深度	level 3 of information detail	N3	宜包含和补充 N2 等级信息，增加生产信息、安装信息
4 级信息深度	level 4 of information detail	N4	宜包含和补充 N3 等级信息，增加资产信息和维护信息

这些几何表达精度和信息深度的等级该怎么应用呢，要结合该标准后面的"附录 C：常见工程对象的模型单元交付深度"，该附录 C 也是该标准的重要组成部分。表 5-7 中摘录了附录 C 中关于建筑外墙的模型单元交付深度的规定。

国家标准《建筑信息模型设计交付标准》GB/T 51301—2018 中

关于建筑外墙的模型单元交付深度的规定　　　　　　表 5-7

工程对象		方案设计	初步设计	施工图设计	深化设计	竣工移交
建筑外墙	基层／面层	G2 ／ N1	G2 ／ N2	G3 ／ N3	G3 ／ N3	G3 ／ N4
	保温层		G2 ／ N2	G2 ／ N3	G3 ／ N3	N4
	其他构造层			G1 ／ N3	G3 ／ N3	N4
	配筋			G1 ／ N3	G3 ／ N3	N4
	安装构件			G1 ／ N3	G3 ／ N3	N4
	密封材料			G1 ／ N3	G3 ／ N3	N4

从上表可以看出，我国标准把模型精细度的分级管控按照方案设计、初步设计、施工图设计、深化设计、竣工移交等 5 个项目阶段来实施。每个阶段都安排了不同等级的几何表达精度（G 等级）和信息深度（N 等级），非常清晰。显然，我国标准中的方法比起美国标准把几何信息和非几何信息混在一起同属于一个 LOD 等级的方法要好得多了。

在工程设计实践的具体操作中，还要参考行业标准《建筑工程设计信息模型制图标准》JGJ/T 448—2018，这部标准对建筑构件的模型单元各级的几何表达精度做出了很具体的规定。表5-8是关于外墙各级的几何表达精度的规定。

行业标准《建筑工程设计信息模型制图标准》JGJ/T 448—2018
关于外墙各级的几何表达精度的规定
表5-8

模型单元	几何表达精度	几何表达精度要求
外墙	G1	宜以二维图标表示
	G2	应体量化建模表示空间占位； 宜表示核心层和外饰面材质； 外墙定位基线宜与墙体核心层外表面重合，如有保温层，宜与保温层外表面重合
	G3	构造层厚度不小于20mm时，应按照实际厚度建模； 应表示安装构件； 应表示各构造层的材质； 外墙定位基线应与墙体核心层外表面重合，无核心层的外墙体，定位基线应与墙体的内表面重合，有保温层的外墙体定位基线应与保温层外表面重合
	G4	构造层厚度不小于10mm时，应按照实际厚度建模； 应按照实际尺寸建模安装构件； 应表示各构造层的材质； 外墙定位基线应与墙体核心层外表面重合，无核心层的外墙体，定位基线应与墙体的内表面重合，有保温层的外墙体定位基线应与保温层外表面重合； 当砌体垂直灰缝大于30mm，采用C20细石混凝土灌实时，应区分砌体与细石混凝土

由以上可以看出，我国通过现行国家标准《建筑信息模型设计交付标准》GB/T 51301—2018和《建筑工程设计信息模型制图标准》JGJ/T 448—2018，组成了一个完整的模型细度实施体系。

5.4 基于建筑信息模型的协同工作

新技术的出现，都会促使劳动生产组织的变革。BIM技术的出现为建筑业的变革带来了新希望，这变革就是基于BIM的协同设计。

5.4.1 协同工作与协同设计

1）协同工作概述

协同工作是计算机支持协同工作（Computer Supported Cooperative Work，CSCW）的简称。应用了协同工作的方式后，参与同一工作任务的群体，无论是同在本地的或分布在不同地方的，在计算机与网络系统构建的环境下进行交流磋商，都能快速高效地完成该群体的共同任务。在这里，CSCW最重要的三要素就是通信、合作、协调。

CSCW涉及的数字技术包括：计算机网络通信、并行和分布式处理、数据库、多媒体、人工智能理论等。CSCW技术已经在军事、医疗、教育、商业、金融、生产制造、建筑业等诸多领域得到了广泛的应用。

2）协同设计

建筑上的协同设计（Collaborative Design）就是CSCW技术在设计方面的应用。它是指在一个建筑设计项目中，由两个或两个以上设计主体通过设计管理机制、协同机制和信息交换机制，分别完成各自设计任务并最终完成整个项目的设计。这种协同，不限于建筑师在建筑设计方面的协同，还包括建筑师与结构、暖通、水电等不同专业设计师以及施工工程师、业主、用户之间的协同。协同设计，也是一种有助于促进不同利益相关者之间有效协作的设计策略，可以根据用户的反馈进行改进，提高用户满意度。

协同设计有两个层面的含义：第1个层面是基于数据层面上的协同设计，这表现在设计过程中所有设计数据、设计信息的创建、交换、存储，协同设计团队的成员方便随时了解其他人的设计进展及设计成果；第2个层面是基于沟通层面上的协同设计，这包括在设计过程中相关的各个方面为搞好设计所进行的讨论、协商、审核等。

协同设计有如下的特点：

（1）分布性：是指设计活动由两个或两个以上设计主体参与，他们可以分布在不同的地点。所以协同设计必须在计算机网络的支持下进行，这是协同设计的基本特点。

（2）交互性：协同设计中人员之间的交互是常态化的。交互方式可能是实时的，如协同造型、协同决策；也可能是异步的，如：文档的设计、变更流程。须根据需要采用不同的交互方式。

（3）协同性：协同设计的机制包括各参与方的通信协议、冲突检测和仲裁机制。

（4）动态性：随着协同设计过程的进展，协同设计的体系结构也是灵活、可变的，参与的设计主体可以动态地增加或减少。

协同设计可以充分发挥设计团队人员来自不同专业的优势和资源，有利于不同专业人员的沟通交流，实现资源共享和优势互补，更有效地应对市场的竞争。它克服了传统设计手段的封闭性、资源的局限性和设计能力的不完备性，缩短了设计周期，提高了设计质量，带来了很好的效益（图5-16）。

图5-16 利用互联网进行协同工作，多种方式的协同[17]

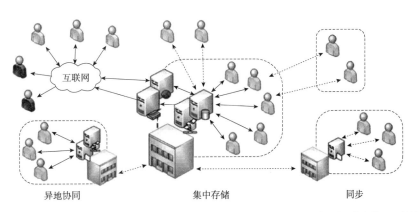

异地协同　　　　　　　　集中存储　　　　　　　　同步

国外的协同设计起步较早，最成功的案例当数波音 777 飞机的研制。美国波音公司当时邀请了美国、日本、巴西等多家公司应用网络技术对波音 777 飞机展开协同设计与制造。在最高峰时有 238 个工作小组共 4000 多人参与网络协同设计和研制。设计师们通过协同设计用计算机建立起波音 777 飞机的 3D 产品信息模型，尽管该飞机有 300 多万件零件分属 132500 多种不同型号，设计师们通过网络在计算机上虚拟装配成若干个部件，再进行整体装配，在计算机上经过空气动力学等各种模拟测试成功后才制造样机并一次试飞成功。它的研制从开始设计到试飞成功仅用 3 年 8 个月时间，彰显了协同设计技术的巨大威力。

波音 777 飞机协同设计的成功有一条经验很重要，就是建立起包含飞机完整信息的计算机模型，即：产品信息模型（Product Information Model，PIM），全程实现数字化分析、数字化设计和数字化预装配，大大减少设计更改和错误，从而降低了产品成本，缩短了研发周期，并消除了用传统方法设计的飞机交付使用后常有的大量返修工作。

3）基于 BIM 的建筑协同设计管理平台

从 1984 年协同工作概念的提出，就有人尝试在建筑设计上进行协同设计。当时的尝试是利用一些现成的网络技术进行协同设计的，这些技术包括：超媒体技术①、Web3D②、网上聊天室、网上视频会议、电子邮件等。由于这些技术没有解决好信息集成、信息流动的问题，无法对整个设计工作进行过程管理、文档管理，还不是真正意义上的协同设计。

1980 年代出现了 PDM（Product Data Management，产品数据管理）管理模式。当时欧美一些制造业企业发觉以纸质文件为基础的管理方式跟不上企业的发展需求，产生了很多问题，这些问题与本章开头所分析的建筑设计企业在应用信息技术后所出现的问题相类似，因此在 1980 年代中期催生出第一代 PDM 系统。PDM 其实是以软件技术为基础，以产品为核心，实现对产品相关的数据、过程、资源一体化集成管理的技术。

由于 PDM 全面实现对产品以及产品设计生产过程的数据管理，据国外对建筑业的资料统计，PDM 可以减少工程成本至少 10%；缩短产品生产周期至少 20%；减少工程变更控制时间至少 30%；减少工程变更数量至少 40%[18]。

由此可以看出，实施 PDM 与 BIM 有着许多相似的地方。这正是在 BIM 技术的支持下，建筑设计企业实施 PDM 是可行的原因所在。因此，将 PDM 的模式引入到建筑设计企业，构建以 BIM 为核心的 PDM 建筑信息管理平台来进行企业管理，改变信息交流中的无序现象，实现了信息交流的集中管理与信息共享是十分必要的（图 5-17）。

以 BIM 为核心的 PDM 建筑信息管理平台可看作是建筑设计企业信息

---

① 超媒体（Hypermedia）技术是一种采用非线性网状结构对块状多媒体信息（包括：文本、图像、视频等）进行组织和管理的技术。它由信息节点和表示信息节点相关性的链接构成一个具有一定逻辑结构和语义的网络。它通过指向对方地址字符串的方式来指引用户获取相应的信息，使得单一信息块之间相互"交叉"引用。

② Web3D 技术建基于 Web 的虚拟现实技术，主要支撑技术就是 VRML（Virtual Reality Modeling Language，虚拟现实建模语言）。

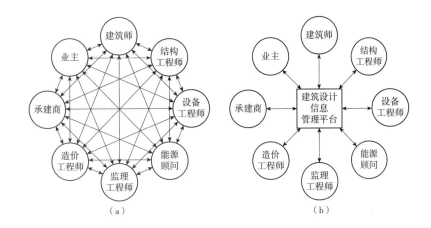

图 5-17　建筑设计信息的交
流从分散走向集中管理
（a）以前采用点对点方式进行
信息交流；（b）建筑设计信息管
理平台实现了信息集成与共享

的集成框架。各种应用程序诸如 CAD、CAM、CAE、OA[①]……等可以被集成进来，使得分布在企业各个部门中的所有信息在这个平台上得以高度集成、方便共享，所有建筑设计过程得以高度优化。这个平台还可以使设计人员和管理者能够全面管理那些围绕整个设计过程中所有相关的数据，使建筑设计企业处于有效管理之下，实现优质、高效，提高企业竞争力。

建筑协同设计就在这个建筑信息管理平台上进行。应用这个平台可以实现对设计全过程进行授权控制，设计人员按照协同设计系统授权分工进行工作。由于这个建筑信息管理平台的核心就是 BIM，便于实现包括设计数据和设计图纸在内所有信息的集中管理，并通过统一的图纸命名规则，统一的图纸的相互参照关系，实现图纸文件规范化，这些图纸把设计人员的工作连接起来，使整个团队紧密联系，协调一致。协同设计还实现了版本管理，使设计过程中出现的问题有据可查。

需要注意的是，BIM 不只是给设计人员提供一个 3D 实体模型，同时还提供了一个包含材料信息、物理性能信息、工艺设备信息、进度及成本信息等信息丰富的数据库，正是这些信息，为各个专业利用这些信息进行各种计算分析提供了方便，使设计做得更为深入，更为优化，从而提高了建筑协同设计的水平。为了给计算分析提供方便，在进行协同设计的平台上应当集成有各种用于计算分析的应用程序。

再推而广之，由于 BIM 覆盖建筑工程项目的全生命周期，这个建筑信息管理平台就为建筑设计企业、施工企业、业主、物业管理单位以及各相关单位之间的协同工作提供了良好的基础，也为协同设计迈上新的高度创造了条件。

将 BIM 技术应用在建筑协同设计上已有多年，但是限于当时的技术，在信息的共享和流通上还有不少问题没有解决，直到基于云计算技术的 BIM 协同设计平台的出现，为这些问题的解决提供了可能。

云计算（cloud computing）技术是近年出现的一项新技术，是分布式计算、并行计算的新发展。所谓"云"就是把很多专业配置的服务器集

---

① OA 是 Office Automation（办公自动化）的缩写。

合在一起，包括计算服务器、存储服务器等，应用虚拟化技术的软件资源、软件应用和软件服务平台，也就是共享服务器集群。云计算就是通过网络将云端很多的计算机资源协调在一起，通过软件实现自动化管理，使用户通过网络就可以获取到无限的资源而不受时间和空间的限制。

基于云计算技术的 BIM 协同设计平台是指将云计算和 BIM 应用相结合的协同设计平台，也称为"云平台"。云平台把建设工程项目有关资源（应用软件和海量数据）都存储在云端，同时在客户端（用户的计算机、手机、平板电脑等）安装相应的客户端软件，用户只需要在客户端通过网络发送请求就可从云端获取满足需求的资源到客户端，所有计算任务都是在云端的服务器上完成的。该平台能够为分布于不同时间和地点的用户提供云端服务，使得与项目相关各参与方能在同一平台上工作，实现了各个项目参与方之间的协同工作。由于在云端有几乎无限的存储空间，不再受限于个人计算机有限的硬件资源，使得在云平台下的协同设计的效率更高，同时也降低了计算机的软硬件成本。

云平台技术尚在发展中，它的发展将会促进建筑业协同设计乃至协同工作更大的发展。

5.4.2 正向设计与协同设计

基于 BIM 技术的协同设计应当是与正向设计密切相关的。

1）什么是正向设计

在当前许多建设项目都要求设计方交付 BIM 模型，由于许多建筑师并不精通 BIM 软件的应用，于是就出现了用传统方法，即用 AutoCAD 画好施工图之后再请精通 BIM 技术的专门团队根据施工图来创建 BIM 模型，俗称"翻模"，这种"先出图，后建模"的方法是在推广 BIM 技术过程中出现的不正常现象。翻模的工作量很大，翻模完成后还会发现各专业的设计存在许多不协调的地方，需要进行专业间的协调。由于设计阶段的时间非常紧张，留给各专业协调解决问题的时间非常有限，直接影响到设计效率和质量的提高。

应用 BIM 技术的本意是希望在设计的进程中为各个专业的设计推进提供实时有效的协调信息，及时发现不协调的问题并把问题消灭在萌芽之中。可现状是，为了实现设计交付 BIM 模型的目标不得不用翻模方式来建立 BIM 模型。但这种做法发挥不出 BIM 技术高效率、高质量、低成本的特点，不是正确应用 BIM 技术的方式。

为解决以上问题，"正向设计"被提出来了。正向设计，就是针对那种"先出图，后建模"的"逆向设计"方法，实行"先建模，后出图"这种合乎设计逻辑的设计方法。

应用 BIM 技术做设计，应该在设计伊始就建立起 BIM 模型，大家都在 BIM 模型上进行设计，实时提供信息给其他专业进行协同设计，让信息在整个设计进程中流动，直到最后生成设计成果。正向设计，符合人的思维逻辑，是让 BIM 技术的应用回归到其科学、有效的正常工作秩序的过程。因此，正向设计是关乎是否正确应用 BIM 技术的重要标志。

综上所述，正向设计就是直接用 BIM 技术来进行建筑设计，直接通过 3D 的 BIM 模型来构思设计方案，并据此生成设计文档的工作模式。

正向设计可以改变设计中的传统思维模式，实现设计思维模式从 2D 向 3D 的转化。正向设计使建筑师回归到真正的设计中，充分利用信息化平台推敲、表达自己的设计构思，实现快速、高效、优质的设计而无须在施工图的绘制中花费过多的时间。正向设计，能在设计过程中组织起各专业的协同设计，共享 BIM 模型的信息，做好专业之间的协调，极大地提高设计工作的效率和质量。正向设计是提高 BIM 模型质量的重要手段。

在正向设计中建立的 BIM 模型所包含的设计信息，可直接或间接用于多种 BIM 应用，从应用中获得反馈使 BIM 模型得到丰富和优化。正向设计生成的 BIM 模型作为设计成果的载体，可导出施工图纸、报表、数据等，可用于设计成果交付。其模型可用于工程的后续阶段，并不需要重新建模。

2）基于正向设计的协同设计

实现正向设计最好的方式就是协同设计。基于正向设计的协同设计与 2D 模式的协同设计相比，各专业之间的关系比较紧密。大家都在 BIM 模型上工作，几乎可以实时协同。

实施正向设计时，应注意以下几点：

（1）建立企业的 BIM 标准以及相关的管理体系

企业 BIM 标准是建设工程最后的落地标准。它的制定需要考虑得细致、全面、适用。一定要结合企业的软硬件条件、成本、质监、计划以及管理中的具体需求，建立起自身 BIM 应用的标准体系。建筑设计企业的 BIM 标准可包括建模标准、制图规则、交付标准以及模型资源（例如：Revit 软件的样板文件、族库等）等方面的规定，使参与协同设计的人员能在统一标准下工作，扫清信息共享时的障碍。

这些标准除了制图标准和相关技术标准之外，还应包括整个工作流程（包括：进度管理、文件管理、审批管理、分类归档等）的规范，这有利于通过协同设计平台整合优势资源。

制定了企业的管理标准，设计出图、成本管理、质量管理、权限管理、进度计划管理等都能够有序地进行，有利于整个协同设计工作的效率、质量、成本的有效管理。

（2）建立起协同工作的软硬件环境

协同工作环境包括：至少满足中等规模的建筑工程[①]设计需求的软硬件配置，以及协同工作平台。

软件除了必备的 Revit、OpenBuildings Designer 或 ArchiCAD 这些基本的 BIM 软件之外，还需要如 Navisworks 这样的可视化仿真软件，以及如 BIMspace、PKPM 这样的专业软件，还有建筑性能分析软件、实时渲染软件、出图软件、协同平台软件等，才能组成功能比较齐全的软件环境。

---

① 中等规模以上的建筑工程有多种划分方法，例如：12~25 层的房建工程、单体建筑面积在 1 万 ~3 万 m^2 的房建工程等。

协同工作环境主要是局域网的配置。一般来说，正向设计团队会分散在不同的办公地点工作，因此，需要配置同一个 IP 地址的局域网服务器为其服务。

（3）在工作中充分应用 BIM 模型

在正向设计过程中充分应用 BIM 模型是基本的要求，比如：交流讨论、工作汇报、设计评审、施工交底等都应当充分应用 BIM 模型。只有充分应用 BIM 模型才能感受到 BIM 的众多优点和正向设计的优势，增强整个设计团队的信心，更好地推进正向设计的发展。仍然应用 2D 设计的老方法，对正向设计的开展并无好处。

5.4.3 IPD 模式下的协同工作

以上谈到的协同设计确实已经改变了建筑设计阶段原有的工作方式与管理模式。但如果不限于建筑设计阶段而是放眼建筑工程全生命周期来看问题，就会发觉建筑业原有的工作方式和管理模式已经不能适应 BIM 应用的需要，成为有碍于 BIM 应用发展的阻力。

一个大型的建筑项目工程，参与的专业非常之多，从设计到施工、从施工总承包到分包、从材料供应到设备制造等，这些不同的专业又分属不同的企业，企业在参与项目时经常以合同规定的责、权、利作为本方的努力目标，不是本方的工作则与我无关。例如：施工方遇到设计图纸的问题后就认为，这是设计方的工作没做好，与施工方无关。但实际上很多设计图纸中的问题是由于设计方未掌握施工方已掌握的信息所引起的，结果这些问题到了施工阶段才发现，从而导致设计变更，受影响的不单是项目工期，还影响到造价甚至质量。因此，最后就可能会出现这样的情况，整个项目结算时亏损了，但有一两个参与企业却实现盈利。建筑业能够在利益纠纷的纠缠中解脱吗？

在研究制造业如何应用数字技术的过程中发现，制造业一直使用协同工作整合工作团队，用并行工程与数字化产品原型相耦合的方法来控制产品。例如：美国波音公司和日本丰田公司，都是以产品为中心组成各专业协同工作的团队，各团队的产品开发过程立足于信息丰富的数字化模型，这些模型可以用于产品设计与制造以及现场支持。他们在飞机制造、汽车制造方面成功地实现了无纸化设计、数字化管理。

由此而想到，建筑业在推广应用 BIM 技术的同时，也应当像上述的制造业那样对劳动生产组织形式进行变革。经过探索，集成项目交付（Integrated Project Delivery，IPD[19]）模式被认为是最适合 BIM 应用的工作模式。

1）IPD 模式的概念和特征

IPD 是一种将人力资源、工程体系、业务结构和实践整合到一起的项目建设交付模式。这种模式贯穿到工程项目的全生命周期中，可以充分利用工程项目所有参与者的智慧才能和洞察力，优化项目、减少浪费并最大限度地提高效率，完成既定目标。简言之，IPD 就是协同设计、协同工作最合适的模式。

IPD 模式应当有如下特征：

（1）各个项目参与方根据协议书规定从项目开始就组成一体化的项目实施团队，直到项目交付为止。

（2）工作流程覆盖从建筑设计、施工直到项目交付，流程的协作程度非常高。

（3）项目团队实行基于相互信任的协同工作与开放式交流，信息要开放和共享。

（4）需要依靠各个项目参与人员充分贡献自己的专业技术知识和聪明才智。

（5）整个团队协作的成功与项目成功紧密相关，团队共担风险、共享成果与效益。

在 IPD 模式中，从形成设计概念开始，整个项目参与方就组成一个 IPD 团队在一起工作了，所有参与者充分发挥自己的聪明才智和洞察力，将项目进行优化。各方的信息在 BIM 平台上得到充分交流。这样有利于 IPD 团队在项目的各个阶段共同确定实施方案，在技术上、经济上等方面同时满足业主要求及实施的可行性，尽早预见各种问题，积极互相协调，使各工序衔接紧密，减少风险与失误。使建设项目就有可能按照预定时间和预算完工。

BIM 与 IPD 有着近乎完全一致的项目目标——实现项目利益的最大化。由于 BIM 可以将设计、制造、安装以及项目管理信息整合在模型数据库中，它为项目的设计、施工提供了一个协同工作平台，甚至在项目交付之后，业主都可以利用 BIM 进行设施管理、维护等。由于 IPD 团队各参与方相互协作使得 BIM 技术得到充分利用，基于 BIM 的 IPD 模式在实际中的应用必将得到很好的发展，BIM 成为 IPD 最强健的支撑工具。

2）IPD 工作模式的实施

基于 BIM 的 IPD 模式在实施过程中包括以下几个阶段：

（1）方案设计阶段

建筑师的设计方案是根据 IPD 团队充分交换意见的基础上确定的，方案在技术上、经济上等多方面同时满足业主要求以及实施的可行性。在此基础上建立起的 BIM 模型，使整个工程变得更可预测，避免了后期可能要花重金重新进行设计。

（2）扩初设计阶段

IPD 团队中的建筑师、各专业工程师与业主、施工方一起展开协同设计，根据结构、建筑能耗、设备选型、施工方案等各专业的分析结果，修改和完善 BIM 模型，施工方对关键环节进行施工模拟后确认该设计的施工可行性。IPD 团队在综合多专业信息的基础上，确定了包括施工工期、造价、安全环保措施等的设计成果。

（3）施工图设计阶段

IPD 团队中各专业工程师将进一步细化各自的专业子模型，并将各专业子模型集成化为综合模型，进行碰撞检查和空间协调设计，利用精确的模型生成施工图和各种施工文件。施工方将进行采购协调，并对项目的实施进行模拟，针对模拟中的问题调整、优化施工流程。IPD 团队完成基于模型和图纸的施工交底。

（4）施工阶段

业主或工程监理单位监督施工过程，并审核工程变更请求，设计方负责项目变更的设计，施工方负责将相关变更反映到施工模型上，最终产生建设项目的 BIM 竣工模型，其他相关方将协助竣工模型的修改和完善，补充施工过程中产生的新信息。

（5）运营阶段

管理单位将使用建设项目的竣工模型进行设施的管理，必要时将根据设施管理工作需要对竣工模型进行完善和优化。

在 IPD 模式下，虽然不同项目的规模、复杂程度不同，会使各阶段 BIM 实施的内容有所不同。但是，项目相关方按照一致的项目目标进行密切协同工作的特点是保持不变的，该模式将是 BIM 技术发挥最佳效果的建设模式，作为区别于其他模式的典型特征，将成为与 BIM 应用相互促进、共同发展的基础。

IPD 的实践经验证明，BIM 是最有效地实施 IPD 的理想平台，它可以为 IPD 的团队提供进行各种操作的数字化模型。IPD 让业主、建筑师、各专业工程师、承包商等各参与方从项目开始到交付都共同参与到项目中，通过应用 BIM 进行协同设计、虚拟建造，共同发现问题、改进设计，合理安排施工，有效利用建筑材料，彼此通过合同条款来规范并约束这种合作，并共同分享收益和分担风险。因此，BIM 为 IPD 的实现提供了技术保证。

反之，IPD 的实施为 BIM 的应用推广提供了广阔的天地。如果仅仅是设计方应用了 BIM 技术，建立起的 BIM 模型所容纳的信息量就很有限，仅限于设计方掌握的信息。但在 IPD 团队中，各参与方都必须应用 BIM 技术，他们共同建立的 BIM 模型所包含的信息量就十分丰富。这些信息除了可用于方案论证、建筑设计、结构设计、水暖电设计之外，还可用于建筑性能分析、成本估算、施工过程模拟、物料跟踪、灾害疏散与救援模拟等，还可扩展到运维，大大拓展了 BIM 的应用范围和应用深度，提高了 BIM 应用的科学性。

IPD 模式可大幅度提高建筑业的生产效率和节约成本，根据对外国 IPD 项目的考察结果，70.3% 的项目节约了成本，59.4% 的项目缩短了工期[20]。

在 2020 年初抗击新冠肺炎爆发的关键时刻，面对突然而来的疫情，武汉市在兴建雷神山医院（图 5-18）的过程中，为了用最短的时间完成建设任务，采用了 BIM 技术，并采用了类似于 IPD 模式的工作模式，出色地完成了建设任务。

雷神山医院用地面积约 22 万 m^2，建筑面积 7.9 万 m^2。整体规划按最高标准的传染病医院设计，共有病床 1500 张。采用装配式钢结构建筑的方案。

中国建筑中南设计院和中建三局接到抢建雷神山医院的任务后，双

图 5-18　雷神山医院的鸟瞰图 [21]

方迅速组建 BIM 团队，并统一建立了项目的 BIM 应用标准。

从设计阶段开始就充分应用 BIM 技术，让施工方提前介入，这样既可以站在设计的角度考虑其结构满足相应的设计规范要求，也可以站在施工的角度考虑其快速建造及工作面的展开，能充分考虑多方因素，平衡各方意见，达到 BIM 设计指导施工建造的目的。同时，与装配式箱式房供应商建立了联系，这样减少了很多后期的设计变更。

采用 BIM 技术优化下水道设计，合并多余管道，减少了现场开挖、预埋管道的工作量，为吊装场地提供充足的保障。他们还应用 BIM 技术模拟安装过程，得出最优的施工方案。

应用 BIM 技术后取得了良好效益，机械投入减少了三分之一，其中优化结构基础后减少了混凝土 3387m³，减少投入劳动力约 200 人。该项目在 2020 年 1 月 25 日开建，到 2 月 5 日完工，2 月 6 日就接收病人。从设计到施工结束只用了 12 天，高效优质地完成了抢建抗疫医院的任务。

5.5　建筑信息模型在建筑工程中的应用

5.5.1　上海中心大厦

上海中心大厦总高度为 632m，由地上 121 层主楼、5 层裙楼和 5 层地下室组成，总建筑面积 57.6 万 m²（图 5-19），是我国第一高楼。大厦于 2008 年 11 月 29 日开工建设，到 2016 年 3 月竣工。在建设过程中全面采用 BIM 技术。

上海中心大厦是全球首座在软土地基上建造重达 850000t 的单体建筑，全球首座建造 140000m² 柔性幕墙的超高层大厦，也是全球最高的绿色建筑。另外，该大厦身处陆家嘴中心成熟商务地区，周围高楼林立，限制很多，施工难度很大，稍有处理不当就会造成施工成本增加。因此，建设团队面临多方面高难度的挑战：

该大厦包括 8 大建筑功能综合体和 7 种结构体系，众多的机电子系统和智能化子系统，这些系统都有一定的独立性，既相辅相成，又常常出现各种矛盾（图 5-20）。对项目团队的统筹协调，有效管理提出了很高的要求。项目参建单位众多，不同专业的设计咨询团队就有 30 多个；在施工总承包单位管理下，参与施工的有十几支不同专业的施工分包队伍；还有数量众多的建筑材料和设备供货商。项目有关的数据、信息浩如烟海，这些数据的保存、分类、更新和管理工作难度巨大。

面对如此复杂的条件，成本控制难度也很大，因此该项目从一开始就决定在项目的全过程均采用 BIM 技术，并确定应用 Revit 软件，建成了应用 BIM 的数据平台，制定了 BIM 的实施标准，按照 BIM 项目的工作流程

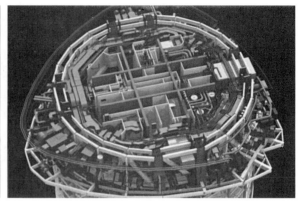

图 5-19 上海中心大厦建成后陆家嘴地区的天际线 [8]274（左）

图 5-20 从上海中心大厦设备层管线综合模型可以看出其管线纵横交错十分复杂 [22]（右）

进行管理。

设计方负责建立设计阶段 BIM 模型，BIM 技术带来的高精度的运算能力和高灵活度的参数化设计，帮助设计方实现了上海中心大厦旋转上升外形的创新性设计。应用 BIM 技术还可以快速计算钢筋量。到了施工图设计阶段就建立起钢结构、幕墙、电梯……等各专业 BIM 子模型，从而提高施工图的设计质量与工作效率。

施工总包方应用 BIM 技术制定了紧凑、合理的施工计划，并一直监督、控制着工程按计划进行，只用 73 个月就完成了 576000m² 的楼面的建设，相比以往类似项目工期快了 30%。

机电专业利用 BIM 技术在可视化条件下进行了深化设计和预拼装，提高了深化设计和加工、安装的效率与质量。采用构件精细化预制的施工方案后：减少了 60% 现场制作工作量；减少了 90% 的焊接、胶粘等危险与有害有毒作业；实现 70% 管道制作的预制率。

同样，由于幕墙的形状复杂，幕墙单元板的形状和尺寸五花八门（图 5-21）。利用 BIM 技术，较好地完成了幕墙的深化设计，并在计算机上对幕墙单元板进行了预拼装，大幅度地提高了幕墙深化设计水平和加工效率，保证了幕墙的质量。

大厦内的结构梁柱和多个专业的管线纵横交错，存在很多的碰撞问题（图 5-22）。通过合并各专业子模型发现了许多碰撞问题，碰撞就是子模

图 5-21 五花八门的上海中心幕墙单元板 ①

① 图片来源：https://wenku.baidu.com/view/c49d1752e53a580217fcfe51.html.2016-01-24[2017-08-18].

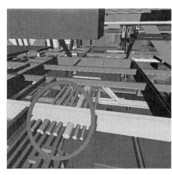

图 5-22 管道和结构梁的碰撞（红圈处）[8]289

型与子模型之间有冲突，造成无法施工。对于碰撞问题的改正就是更正模型，消除隐患，避免了返工。

项目团队应用 BIM 技术提前发现并解决了复杂空间中存在的"错、漏、碰、缺"等问题点超过 10 万个，改正这些"问题点"的返工费用如果按照每个点平均花费 1000 元左右来计算，光是这一项，保守估计可节约的费用就超过 1 亿元。再加上 BIM 技术在其他方面的贡献，应用 BIM 技术带来的经济效益是十分可观的，总共节省了 3 亿元的投资[22]。

上海中心大厦项目的 BIM 应用是我国首个在特大型建筑工程中全面应用 BIM 技术的项目，其 BIM 技术的应用非常成功，节省了很多人力和时间，在提升工程质量、保证工期、控制成本等方面发挥了巨大的作用。

上海中心大厦项目荣获世界高层建筑学会最佳高层建筑奖、国际桥梁与结构工程协会杰出结构奖、国家科学技术进步奖二等奖、中国土木工程学会詹天佑奖、中国建筑业协会鲁班奖、中国施工企业管理协会国家优质工程金奖和科学技术特等奖等众多国内外奖项。

5.5.2 500m 直径的球面射电天文望远镜

图 5-23 位于贵州省平塘县的 500m 口径球面射电天文望远镜[23]

位于贵州省平塘县，被誉为"天眼"的 500m 口径球面射电望远镜（Five-hundred-meter Aperture Spherical radio Telescope，FAST），已在 2016 年 9 月建成并投入使用（图 5-23）。它是当前世界上同类望远镜中最大、灵敏度最高的。该项目选址建在贵州南部的一个喀斯特洼地，地形条件独特，要建造这么大的射电天文望远镜，实在是很不容易。

首先，该工程庞大而复杂。光是球面天线的面积约有 200000m²；其结构为由 6670 根主索和 2225 根下拉索构成的拉索结构；球面天线的反射面由 4600 个安装在索网上的反射面单元构成，而这些反射单元的几何形状相似而大小不一，因此，每个单元的角点坐标计算都需要单独计算。设计工作量很大，设计难度极高。

其次，项目对加工精度和安装精度的要求极高。445 种节点所对应的每种节点板的加工精度全部都需达到 1mm。对于定长索必须保证误差在 ±10mm 之内。采用高精度全站仪反复测量拉索边界构件，必须将误差控制在 1mm 之内。

第三，该项目监测点极多，项目协同工作数据量大，因而造成数据交换量大，而且要求数据实现快速、准确地交换和传输。

面对如此高难度的项目，从一开始就采用了 BIM 技术，从勘察选址、设计到施工全过程都采用 BIM 技术。BIM 技术使专业之间以及前后工序之间的数据交换顺畅，不同专业之间的协同工作得以顺利进行。

该项目的设计比较特别，需要在研究中探索如何设计这一前所未有的项目。原定科研设计时间为 5 年，在使用了 Bentley 公司的 ABD 软件和 ProjectWise 管理平台相结合的 BIM 技术后，科研设计时间缩短为 3 年，设计错误率减少了 90%，设计深度增加了 50%。特别是基于 BIM 的精确建模技术实现了索网节点设计的优化和深化，确保了设计实现的高完成度。其中应用 BIM 技术对其几千个节点进行优化分析这一项，就节省了分析费用数百万元。

按照开挖方量最少、最大限度节约建设成本、能有效避免地质灾害对 FAST 损害的原则，项目团队应用 BIM 技术来确定 FAST 中心点的工作。通过模拟不同的中心点来评价工程的整体稳定性及安全度，终于用最短的时间确定了 FAST 中心点。光是这一项，就节约了近一半的开挖系统投资，节约经费 8800 万元[24]。

建设团队还应用 BIM 技术进行了施工过程模拟，提前了解到在施工过程中应注意哪些问题，有助于施工过程控制以及安全控制。项目还全程采用 BIM 技术，基于 ProjectWise 管理平台解决了项目信息交换量很大的问题，保证了项目信息顺畅传递。项目团队还用 BIM 模型建立起运维阶段的管理系统，可以方便地管理庞大复杂的 FAST 系统。

FAST 这一项目，先后荣获了我国土木工程领域科技创新的最高荣誉奖—2021 年中国土木工程詹天佑奖、2020~2021 年度国家优质工程奖金奖等诸多的荣誉。

5.5.3　数字孪生

近年来，随着建筑业和数字技术的不断发展，BIM 的应用也在发展之中。最为突出的发展当属数字孪生（Digital Twins）和城市信息模型（City Information Modeling，CIM）。

数字孪生的概念最早出现在美国航空航天技术的发展过程中，为了保证航空航天飞行器的可靠性，研发人员按照真实飞行器的构造和尺寸在数字空间建立虚拟飞行器的模型，并通过传感器实现了虚拟模型与飞行器真实状态完全一致和同步，以确保飞行的零故障。

后来，这一做法的概念被应用到工业生产中，在工厂及其生产流水线没有建成之前，就在计算机上建立起它的虚拟模型，从而在虚拟模型上对工厂进行仿真和模拟，验证设计的正确性。而工厂建成之后，在日常生产的运行中两者继续进行这种仿真和模拟，并通过传感器将数据在虚拟模型和真实工厂生产线之间进行交互。

美国密歇根大学迈克尔·格里夫斯（Michael Grieves）教授对以上概念应用进行总结，命名其为"信息镜像模型"（Information Mirroring

Model），到 2011 年他正式提出了"数字孪生"的术语。

数字孪生被认为是采用数字技术对物理实体进行建模的过程，包括对其构成、特征和性能进行数字化定义，在计算机虚拟空间建立起与物理实体完全等价的虚拟实体，即：物理实体的信息模型。物理实体与虚拟实体被称为数字孪生体，它们之间能够通过传感器进行信息交互，可以基于数字孪生体的关系对物理实体进行仿真和优化。

从上述叙述看出，数字孪生是不是和 BIM 很相像？是的。BIM 的应用涵盖建筑工程全生命周期的规划、设计、施工和运维这 4 个阶段，在前 3 个阶段，BIM 处在不断完善模型的阶段，建筑物这一物理实体尚未建好，此时还谈不上数字孪生。建筑物交付使用后进入了运维阶段，BIM 的竣工模型也交付给了运维方，运维方就可以应用竣工模型对建筑物进行管理。如果此时利用传感器交互信息进行运维，这时就实现了数字孪生。

例如，运维方想对建筑物进行建筑防火安全评估，一般都会基于 BIM 模型，先应用建筑防火的专业软件进行火灾模拟和人员疏散模拟，在得出相关的参数后再进行评估，然后根据评估结果来改善。模拟前需要输入诸如风速、人员分布等重要参数，可以人为设定不同的风速和人员情况来模拟。这就是应用 BIM 模型来评估防火安全的做法。

如果应用数字孪生模型评估，就需要增加传感器来交互信息，可应用物联网技术在建筑物上安装超声波风速风向传感器和红外客流计数器等传感器，这样就可以用采集到的实时数据来进行评估，所得到的结果就更符合实际。如果利用实时信息在计算机控制平台上增加火灾报警、为人员疏散等提供指引等功能，就比单纯的防火评估提高了应用水平。

从以上的比较可以看出，BIM 模型信息的应用是静态的，而数字孪生模型信息的应用是动态的，需要有双向的信息交流。BIM 目前广泛应用在建筑设计和施工阶段，而数字孪生则适合于在建筑的运维阶段应用。数字孪生实现了从现实的物理实体向虚拟空间 3D 数字化模型的信息反馈，加强了建筑全生命周期管理的意义。

数字孪生的适应面很广，可以广泛应用在产品设计、智能制造、医学分析、工程建设等领域。数字孪生作为数字化技术发展的高级阶段，可以成为推动城市治理数字化转型的重要组成部分。目前，我国对发展数字孪生技术十分重视，在城市规划中正在把数字孪生城市建设提到议事日程上，雄安新区已经在其建设中实施，多个省市也在跟进。有关数字孪生城市以及基于 BIM 技术发展起来的城市信息模型（CIM）将在本书的第 8 章进行介绍，这里不作赘述。

本章参考文献

[1] New wiring：Construction and the Internet：Builders go online[N]. The Economist, 2000-01-15.

[2]   United States National Building Information Modeling Standard，Version 1-Part 1：Overview. Principles，Methodologies[S]. 2007：1.

[3]   建筑信息化产业发展白皮书 [EB/OL].（2017-08-15）[2022-11-04]. http：//www. docin.com/p-2015523772.html.

[4]   赵红红，李建成 . 信息化建筑设计 [M]. 北京：中国建筑工业出版社，2005：14.

[5]   Eastman C，Fisher D，Lafue G，et al. An Outline of the Building Description System[R]. [2013-06- 03]. http：//www.eric.ed.gov/PDFS/ED113833.pdf.

[6]   郑泰升 . 电脑辅助设计的开路先锋——伊斯曼 [A]. // 邱茂林编 . CAAD TALKS 2·设计运算向度 [G]. 台北：田园城市文化事业有限公司，2003：56-67.

[7]   中华人民共和国住房和城乡建设部 . 建筑信息模型应用统一标准：GB/T 51212—2016[S]. 北京：中国建筑工业出版社，2016.

[8]   李建成，王广斌 . BIM 应用·导论 [M]. 上海：同济大学出版社，2015.

[9]   IFC Certification Participants[EB/OL].（2024-03-27）[2024-09-10]. https：//technical.buildingsmart.org/services/certification/ifc-certification-participants/.

[10]   王守清，刘申亮 . IT 在建设工程项目中的应用和研究趋势 [J]. 项目管理技术，2004（2）：19-22.

[11]   2020 年 BIM 在英国的市场现状 [EB/OL].（2021-01-13）[2022-07-17]. https：//www.bimsq.com/article-463.

[12]   一定不可错过的 BIM 核心价值的 10 大要点 [EP/OL]. [2022-09-28]. http：//www. precast.com.cn/index.php/subject_detail-id-14030.html.

[13]   《中国建筑业 BIM 应用分析报告（2021）》编委会 . 中国建筑业 BIM 应用分析报告（2021）[M]. 北京：中国建筑工业出版社，2021.

[14]   Современная терминология 3D графики[EB/OL].（2021-03-08）[2022-05-14]. https：//www.ixbt.com/video2/terms2k5. shtml.

[15]   Artigo 01 - Desmistificando o BIM com foco em Infraestrutura[EB/OL].（2017-09-26）[2022-05-20]. https：//blogs.autodesk.com/mundoaec/desmistificando-o-bim-com-foco-em-infraestrutura/.

[16]   Level of Development Specification 2013[EB/OL].（2013-08-16）[2022-05-07]. https：//bimforum.org/wp-content/uploads/2022/02/BIMForum_LOD_2013_reprint. pdf.

[17]   Projectwise 协同管理平台 [EB/OL]. [2022-05-24]. https：//zhuanlan.zhihu.com/p/420 054890.

[18]   黎江，刘正自 . PDM 系统在铁路设计院信息化中的应用 [J]. 铁道运输与经济，2005，27（5）：83-85.

[19]   AIA National，AIA California Council. Integrated Project Delivery：A Guide[EB/OL]. [2011-03-13]. https：//info.aia.org/siteobjects/files/ipd_guide_2007.pdf.

[20]   马智亮，李松阳. IPD模式在我国PPP项目管理中应用的机遇和挑战[J]. 工程管理学报，2017，31（5）：96-100.

[21]   李文建，彭飞 . 武汉雷神山医院项目施工阶段 BIM 应用 [J]. 中国建设信息化，2022（14）：24-29.

[22] 揭秘中国首座在建筑全生命周期中应用 BIM 技术的项目，节省投资 3 亿元！[EB/OL]. (2018-08-17) [2022-06-21]. https：//www.163.com/dy/article/DPEA3CK90516M7S1.html.

[23] 中国天眼 [EB/OL]. (2019-01-02) [2022-09-12]. http：//www.amazingcap.com/html/product_view_437. html

[24] 何星辉. "大锅"下暗河涌动 FAST 克服世界级地质难题 [N]. 科技日报，2017-12-15 (3).

[25] 王英旺，李利，吴莹莹，等. 数字孪生技术在建筑火灾安全评估与改造中的应用研究 [J]. 土木建筑工程信息技术，2023，15 (3)：39-45.

[26] 黄强，程志军，叶凌. 国标《建筑信息模型应用统一标准》解读 [J]. 建筑，2017 (9)：18-20.

[27] 高崧，李卫东. 建筑信息模型标准在我国的发展现状及思考 [J]. 工业建筑，2018，48 (2)：1-7.

[28] 吴润榕，张翼. 精细度管控——美标 LOD 系统与国内建筑信息模型精细度标准的对比研究 [J]. 建筑技艺，2020 (6)：114-120.

[29] 包胜，赵政烨，翁文涛，等. 基于云技术的 BIM 协同设计平台 [J]. 工程质量，2018，36 (2)：77-81.

[30] 杨坚. 建筑工程设计 BIM 深度应用——BIM 正向设计 [M]. 北京：中国建筑工业出版社，2021：1-13.

第6章 绿色建筑的数字化设计

6.1 概述

绿色建筑是我国新时期"适用、经济、绿色、美观"的建筑方针的体现。绿色建筑需在考虑地域气候条件基础上,通过采用科学的布局、形体、空间、界面、材料等设计手法,营造舒适、健康、低碳、可持续的人居环境。我们通过研究建筑环境的声、光、热、风等基本问题,引申出健康安全、低碳节能、可持续发展等目标。因此,绿色建筑设计也是一个更综合地实现建筑性能多目标优化的问题。

在数字技术还没有进入建筑设计的年代,为了准确预判建筑各项物理环境性能,需要采用实验研究与公式推算的方法,对建筑环境基本物理性能进行分析。当时由于实验检测条件艰苦,为保证仪器正常运行和数据收集,科研人员在典型气象日往往需要全天24小时轮班工作。20世纪60年代,科研人员开始进行基于数学运算的建筑物理研究。今天,我们已经可以将大量的数据处理和运算工作交给计算机执行。在这个数字化技术普及的新时代,我们不仅需要掌握建筑物理的基本原理,还要掌握诸如人工智能、优化技术等建筑数字技术的相关知识与技能。总而言之,绿色建筑数字化设计为我们提供了一个新的途径,帮助设计师更高效地进行绿色建筑设计流程中的各种性能评估以及设计优化。

绿色建筑的数字化设计需要基于建筑的3D数字化模型,进行相关绿色性能的计算、评估和设计修正。但是,绿色建筑数字化设计与建筑信息模型(BIM)并不是一个概念。建筑信息模型着重于建筑的设计、施工、运行直至建筑全寿命周期完结的全过程,将各种信息整合于一个3D模型信息数据库中,绿色建筑数字化设计用的3D数字化模型是该建筑物建筑信息模型(BIM)的一个子模型。而绿色建筑数字化设计是针对一个或多个设计目标的针对性分析、优化与调整;所以,绿色建筑数字化设计并不一定需要全面而完整的建筑信息模型。当然,如果能借助建筑信息模型(包含:体量、构造、材料、物理性能等参数),在其基础上进行绿色性能的数字化优化设计,准确性会更高,当然也意味着更大的算量。绿色建筑数字化设计通常在方案设计和初步设计阶段进行,这时会采用简化模型以获得更高效的分析效果,随着设计的深化,绿色建筑数字化设计的模拟与分析成果会融入整体的BIM模型中。

绿色建筑数字化设计中所使用的主要工具是有关绿色建筑性能分析的模拟软件,以及目前流行的在线分析工具等。作为建筑师,我们不一定需要深入了解这些软件与工具的具体计算模型与算法；但是作为软件工具使用者，需要了解各种模拟，如：能耗模拟、光环境模拟、风环境模拟等的基本逻辑与核心内容。特别是数字化模拟相关的输入条件与参数，操作的基本步骤，以及如何进行多目标优化等，这些构成了本章的重点讲述内容。

本章将对建筑物理性能、建筑健康环境和建筑节能这3大部分进行概述，包括其性能模拟分析的基本理念、流程及其相关软件的介绍和对比。对绿色建筑数字化的多目标协同设计的概念与方法进行讲解。最后，通过两个具体实际设计案例，对绿色建筑的数字化设计方法应用作简要展示。

6.2 建筑物理性能模拟与分析

绿色建筑设计开始于对项目所在地区气候条件的正确获取与分析，再利用数字工具模拟不同气候条件下建筑环境的光、热、风等物理性能，为优化设计提供指导。

6.2.1 气象数据的获取与分析

通过获取和分析气象数据，可辅助建筑师采取适当的绿色建筑设计策略。气象数据是对气候条件的量化，一般源于各地政府或私人气象站的历史数据，是开展建筑物理性能模拟的基础参数[1]；气象数据属于气象站所在地的"真实"历史气象数据，受数据记录时间和气象站所在位置环境等差异影响，存在一定的随机性与不确定性，故无法简单地代表其他地点的未来气候条件。一般来说，理想的气象数据应具备以下特点[2]：

（1）原始气象数据来源真实、可靠且完整；

（2）具有建筑性能模拟所需的各项气象参数；

（3）足够的时间长度与精度（逐分、逐时或更长时间间隔的步长）；

（4）能够反映当地自然环境或城市微气候环境特征；

（5）包含典型的、极端的或未来气候条件样本。

根据建筑师的工作需要与习惯，下面从气象数据类型、文件格式、获取与分析工具方法4个方面进行具体阐述。

1）气象数据的类型

不同类型的气象文件所包含的气象参数集合与权重处理不同，一般可根据建筑性能模拟分析具体目的，确定选择代表不同气候条件的气象数据类型，主要有以下3类：

（1）典型气象年

建筑领域的气象数据分析与模拟大多采用典型气象年（Typical Meteorological Year, TMY），由12个典型气象月（Typical Meteorological Month, TMM）组成，包含了一年8760h的干球温度、露点温度、风速、全局辐射和直接正常辐射等气象参数数据。这些气象参数由长期的、真实的历史气象数据计算生成，时间跨度通常为10~30年，故能在一定程度上代表当地的典型气候条件。

（2）典型的气象年2

在 TMY 的基础上，典型的气象年2（Typical Meteorological Year 2, TMY2）采用了更复杂的太阳模型，同时更加强调干球和露点温度，而较少强调风速。此外，根据国际上广义的典型气象年定义，建筑能耗模拟用逐时气象数据还有参考年 TRY（Test Reference Year）、能量年 WYEC（Weather Year for Energy Calculation）和标准气象年等[3]，这几种气象年的制作方法不同，应用领域也不同。

（3）中国典型气象年

自 20 世纪 90 年代起，我国的相关机构和大学研究者开始开发中国典型气象年。目前，我国建筑模拟常用气象数据集主要有 4 个，分别是 CSWD（Chinese Standard Weather Data）、CTYW（Chinese Typical Year Weather）、IWEC（International Weather for Energy Calculiation）以及 SWERA（Solar and Wind Energy Resource Assessment）（表 6–1）。

中国建筑模拟用气象数据集信息表 　　　　　　　　　　表 6-1

气象数据集	气象站点数	数据来源	记录时间	制作者
CSWD	270	中国气象局	1971~2003	清华大学、中国气象局
CTYW	57	NCDC[①]	1982~1997	张晴原（筑波大学）、Joe Huan（LNBL[②]）
IWEC	11	NCDC	1982~1999	ASHRAE[③]（Thevenard、Brunger）
SWERA	45	NREL[④]	1973~2002	NREL[④]（Marion、George）

2）气象数据文件格式

气象数据文件包含的气象变量参数、精度和文件格式存在差异，需要根据不同的性能模拟及使用场景选择正确格式的气象数据文件，以确保模拟工作顺利开展。随着 Energy Plus 的普及，EPW 格式的气象数据已经逐步成为通用的气象数据交换格式。大部分的动态光环境模拟软件和综合能耗模拟软件都可以直接支持 EPW 格式的气象数据。利用格式转化工具实现多种常用数据格式的转化（表 6–2）。

3）气象数据的获取

气象数据一般来源于各地的气象站或现场小型气象站。现场小型气象站所记录的气象数据相较于城市公共气象站更能反映项目所在地的微气候环境，适用于建筑性能评估模型的准确性校验。但由于气象站的建设成本高、数据收集周期长等原因，绿色建筑设计中常常以距离项目所在地较近的气象站所记录数据为基础气象数据。利用气象数据工具可方便获取建筑性能模拟计算所需的气象数据文件。Meteonorm（https：//meteonorm.com/en/）是一款包括全球 8000 多个气象站的气象数据库和气象数据可视

① 美国国家气象数据中心（U.S. National Climatic Data Center）。
② 劳伦斯伯克利国家实验室（Lawrence Berkeley National Laboratory）。
③ 美国采暖、制冷与空调工程师学会（American Society of Heating, Refrigerating and Air-Conditioning Engineers）。
④ 美国国家可再生能源实验室（U.S. National Renewable Energy Laboratory）。

气象数据格式	说明及所包含气象变量参数	适用软件或场景
EPW（Energy Plus Weather）	包含全年每小时的天气数据，包括：干球温度、露点温度、相对湿度、风向、风速、全局水平辐射、直射法向辐射、漫射水平辐射、总天空覆盖率、降水量、雪深	Energy Plus、TRNSYS、IES VE、Design Builder
TMY（Typical Meteorological Year，典型气象年）	提供特定地点典型气象数据。它代表当地气候条件的长期平均值，包括：干球温度、露点温度、相对湿度、风向、风速、全局水平辐射、直射法向辐射、漫射水平辐射、总天空覆盖率、降水量、雪深	TRNSYS
BIN（binary weather data format，二进制气象数据格式）	一种二进制格式，用于存储特定地点每小时天气数据，因效率和速度被普遍用于建筑模拟软件，包括：干球温度、露点温度、相对湿度、风向、风速、全局水平辐射、直射法向辐射、漫射水平辐射、总天空覆盖率、降水量	eQUEST、IES VE
CSV（Comma Separated Value，逗号分隔值）	简单的文件格式，以表格形式存储数据，包括：干球温度、露点温度、相对湿度、风向、风速、全局水平辐射、直射法向辐射、漫射水平辐射、总天空覆盖率、降水量	广泛用于存储和交换气象数据
XML（Extensible Markup Language，可扩展标记语言）	一种灵活的数据格式，包括：干球温度、露点温度、相对湿度、风向、风速、全局水平辐射、直射法向辐射、漫射水平辐射、总天空覆盖率、降水量	常用于存储和交换气象数据

化功能的软件，可为全球范围内的城市提供高精度的不同类型的气象数据，包括：阳光辐照、温度、湿度、降水和风的历史时间序列数据、典型年月平均数据、2010 年以来的逐时气象数据以及不同 RCP 情景的未来气象年数据。软件内可方便地进行气象数据的可视化查看。此外，用户还可根据拟采用的数字工具，选择输出相应格式的气象数据文件。

6.2.2　光环境模拟

建筑光环境参数化模拟在设计、建造、维护和管理等各阶段都有广泛的意义与作用，它可以帮助建筑设计师解决多方面的问题，包括：

（1）预测建筑内部或外部环境在不同日照条件下，某一时间点或持续时间段内的光照量及其空间分布；

（2）通过将参数模拟结果进一步转化为有意义的采光性能分析指标，比如室内眩光分析；

（3）作为其他模拟的前提条件和输入参数。例如，综合能耗模拟中，依据现有自然采光结果，计算缺失照明量，作为设计改进的辅助参数和补充人工照明的计算依据，及其所需能耗的计算基础。

1）光环境模拟的操作与构成内容

不同类型的光环境模拟软件，模拟计算的基本构成类似，需要输入模型及相对应的设置参数。主要由用户界面、3D 模型、界面材质、分析面（数据采集面）、光源、光照计算算法引擎（数学模型）和数据后处理模块构成。对于动态光环境模拟软件和综合能耗模拟软件来说，在上述基础增加了人员行为、照明控制模块等动态运行情况的设置（图 6-1）。

（1）软件用户界面

用户界面是软件与使用者的沟通渠道。一个清晰且具有逻辑性的用户界面可以提供良好的使用体验，通常采用流行的窗口按钮式图形用户界面（图 6-2）。需要注意的是，用户界面与光环境计算的算法引擎往往是两个

图 6-1 光环境的模拟 ①
（a）直观视觉；（b）模拟数值
分析

（a）　　　　　　　　　　　　（b）

图 6-2　Design Builder 光环境模拟界面 ②

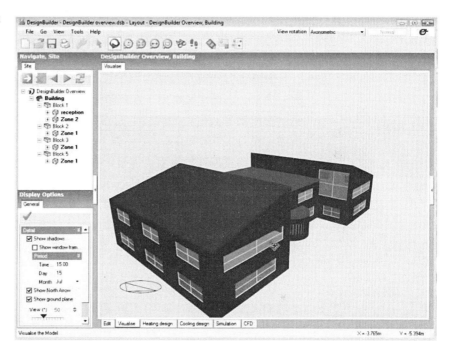

不同的部分。例如，DAYSIM、Ladybug 和 Honeybee 等光环境模拟工具拥有各自独特的用户界面，但它们的光环境计算都是基于 RADIANCE 内核引擎开发的。

（2）3D 模型

建筑空间 3D 模型是光环境模拟软件模拟的主体，而这些软件通常会采用多边形网格的方式来定义模型。然而，大多数光环境模拟软件的建模功能都相对弱，因此，用户通常会关注软件是否支持更广泛的模型格式。一般而言，许多光环境模拟软件都支持 DXF 格式的模型，而一些其他的软件则在此基础上还提供了对 OBJ、LWO 和 SKP（SketchUp 软件模型格式）等格式的支持。要选择适合实际需求的软件，就需要考虑软件是否支持对应格式的三维模型（图 6-3）。

① 图片来源：VELUX Daylight Visualizer. https：//www.velux.com/.

② 图片来源：DesignBuilder. https：//designbuilder.co.uk/.

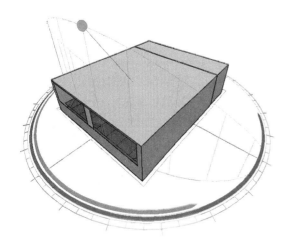

图 6-3　光环境模拟中的某一教室单体模型示意[16]

（3）界面材质

界面材质是决定物体表面光学特性的重要因素之一。其中，最重要的参数之一是材料表面的反射率，这也是最基本的界面材质参数。若需要进行更加精准的模拟，光环境模拟软件还可以提供更多的光学特性参数设置，如：材料表面粗糙度、直射反射率、漫反射率、长波和短波反射率等。这些精确的反射计算可以帮助设计师更好地了解光照分布，帮助他们判断不同材料对光的反应，使他们能够更好地设计建筑物的外观和能源效率。

（4）分析面／点

分析面是光环境模拟中用于获取和记录数据的人为拟定的空间 3D 平面。通常，它是模拟中用于表示和记录光照和照明效果的空间载体。最常见的分析面形式是空间网格平面，其中每个网格记录 1 个光照数据结果，比如：我们常常选择离地 0.8m 到 1m 高度的平面用作分析面，因为这通常都是桌面高度所在的平面。但是，有些时候，1 个或多个空间点也可以作为分析载体，通常用于分析特定光源的光照效果。例如，在一个办公室中，一个站立的职员所在位置可能被视为分析点，以评估在此位置的光照强度和照度是否满足健康和舒适的要求。选择分析面的分辨率和分析点的数量对于准确评估光照效果至关重要，需要根据具体情况进行选择（图 6-4）。

图 6-4　建筑光环境的分析面示意①
（a）整体示意图；（b）分析面／点示意图

（5）光源

光源在光环境模拟中定义了场景中的发光物体，可以分为自然光和人工照明光源。自然光一般由太阳直射光和天穹光组成，而人工照明光源则可包括灯具、灯管、灯泡等（图 6-5）。光环境模拟软件通常可以通过导入

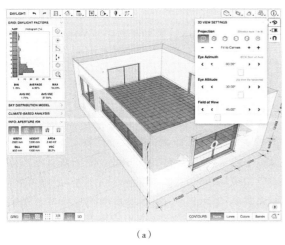

（a）

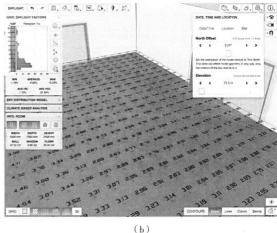

（b）

---

① 图片来源：Marsh, A. Dynamic Day lighting. http://andrewmarsh.com/software/daylight-box-web/.

图 6-5 光的两个来源：自然采光及人工照明 [17]

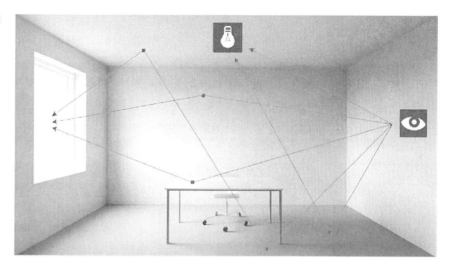

标准格式的配光曲线文件来模拟光源的发光情况，这些文件可以包含光源的光谱、颜色、亮度、方向等信息。对于自然采光，光环境模拟软件通常提供了几种 CIE 天空模型 ①，如：CIE 标准天空、CIE 云天空、CIE 阴天等（图 6-6），这些模型可以模拟不同时间、地点和天气条件下的自然光照条件。此外，还可以通过设置时间、地理位置、太阳高度角等参数来模拟不同时间下的自然光照条件。

图 6-6 常用的几种天空模型示意 [18]
（a）均匀（均质）天穹光模型；
（b）CIE 标准晴天；
（c）CIE 标准阴天；
（d）Perez 天穹光模型

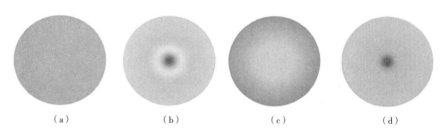

（a）　　　　　　（b）　　　　　　（c）　　　　　　（d）

（6）光照计算算法引擎

光照计算算法是光环境模拟软件的核心，是通过复杂的数学模型模拟光线与表面的交互过程，本质上是一种数学模型。根据使用的光照模型的不同，其可以分为光线追踪（Ray Tracing）和辐射度算法（Radiosity）两种算法类型，其中光线追踪的使用更为广泛一些。作为软件和工具的使用者，我们一般不需要对这部分内容做出设置和调整，但如果模拟参数计算量较大，部分软件可以调整计算精度，比如：天空细分程度，光追踪反射次数等，调低相关参数可以提高运算的速度，但也会牺牲一部分计算精度。

（7）人员行为和控制计划

由于动态光环境模拟软件和综合能耗模拟软件需要考虑全年不同时期

---

① CIE 天空模型是一种标准化的天穹亮度模型，由 Commission Internationale de l'eclairage（国际照明委员会 CIE）编定，被广泛用于各行业的光照计算与模拟。

的采光和照明状态综合模拟，而这些状态可以通过人员行为以及照明控制进行定义和控制，因此，需要采用各种形式的时间表来模拟和控制这些状态的变化。在光环境模拟软件中，时间表可以用来定义人员的活动区域和时间、照明设备开启和关闭时间、照明设备的亮度和颜色等参数的变化规律。通过定义这些变化规律，可以对实际场景进行更准确的模拟和预测，以提高设计的质量和效率。

（8）数据后处理

数据后处理是在基本输出数据的基础上，进行各种数据和图像处理以帮助使用者理解和分析。常用的数据处理方法包括：求平均值、标准差、最大值、最小值、等高线图、色谱图、流线图等，这些方法能够帮助用户直观了解模拟结果。另外，绘制3D模型、视图和制作动画也是常用的光模拟后处理方式。使用3D模型可以更直观地展示建筑光影分布情况，视图可以帮助用户了解建筑内部的采光情况，动画可以呈现时间和光线变化的过程（图6-7）。

2）光环境模拟软件

按照模拟对象及其状态的不同，光环境模拟软件大致可以分成静态、动态两类：

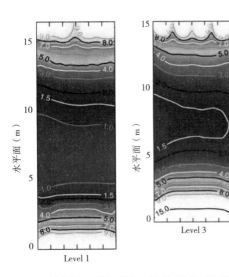
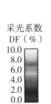

图6-7 某建筑平面的采光系数（DF）分布等值线分析图[19]

静态光环境模拟软件可以模拟某一时间点上的自然采光和人工照明环境的静态亮度图像及光学指标数据，如：照度和采光系数等。比较常用的静态光环境模拟工具有：Desktop Radiance、Ecotect Analysis、AGi32 和 Dialux 等。

动态光环境模拟软件可以根据全年气象数据动态计算工作平面的逐时自然采光照度，并在上述照度数据的基础上根据照明控制计划进一步计算全年的人工照明能耗。动态软件与静态软件的区别在于，动态软件综合考虑全年 8760h 的动态变化，但无法生成静态亮度图像；静态软件只针对全年中某一时刻，可以生成静态亮度图像。相对于集成在综合能耗模拟软件中的全年照明能耗模拟模块来说，独立的动态光环境模拟软件的灵活性更好，计算更精确。此外，动态光环境模拟软件还可以将计算结果输出到综合能耗模拟软件中进行协同模拟。动态光环境模拟软件的典型有 DAYSIM，或者利用 Ladybug 与 Honeybee 在 Grasshopper 中进行参数化模拟。

静态光环境模拟软件常用于特定时间和条件下的光环境模拟，关注的是特征值状况，如全阴天条件下建筑室内的光环境是否依然满足规范要求。动态光环境模拟则更加关注长时段的总体光环境参数状态，如计算全年时段中满足良好自然光照条件下所占时段与频率等问题。当前，随着光环境模拟技术的发展，动态光环境模拟逐渐成为主流。表6-3介绍总结了目前较为常用的一些光环境模拟软件。

工具软件	简介
RADIANCE	RADIANCE 常用于设计照明的分析和可视化。模拟结果可以显示为彩色图像、数值和光照轮廓图。RADIANCE 的主要优势在于其模拟的高精准度和对材质特性广泛支持。RADIANCE 当今更多是被用作其他光模拟软件的计算引擎。由于 RADIANCE 需要正确地用交互方式输入大量的参数，使用模式和界面较为生涩难懂，对于没有计算机编程基础的使用者，具有一定使用难度。 官网：https://www.radiance-online.org/
DAYSIM	DAYSIM 是一款基于 RADIANCE 的免费动态光环境分析软件。可对建筑物内及周围的年日光量进行计算模拟。DAYSIM 允许用户对动态外墙系统进行建模，从标准的百叶窗到最先进的光定向元件、再到可切换玻璃窗等的复杂遮阳系统都可以实现建模分析。其模拟输出范围包括基于气候的采光指标、眩光和电气照明指标等。 官网：http://daysim.ning.com/
VELUX	VELUX 是一个操作相对简单且免费日光模拟和可视化工具，可用于建筑物的采光设计和分析。该软件旨在促进建筑中对自然采光的利用，在建筑设计方案前期，通过预测和记录日光水平及空间分布优化设计方案。 官网：https://www.velux.com/
Ecotect Analysis	Ecotect Analysis 提供了较为全面的采光分析功能，其最大的特色在于其用户界面友好，建模较为简单直接，参数设置简单，但相对于其他软件，计算精准度略显不足。
IES VE	IES VE 可以在建筑内部的任何位置获取光照强度和光照分布图，并能够显示光照区域的等照度线和照度变化曲线等。同时，IES VE 还可以分析室内视觉舒适度、冷暖色调等。采光模拟功能的优势在于其功能全面，操作简单，此外，IES VE 还可以同其他设计软件进行联动，比如 Revit 和 SketchUp 等建筑设计软件。 官网：https://www.iesve.com/

注：Ecotect Analysis 被 Autodesk 收购之后不再单独提供 Ecotect Analysis 软件单体，而是作为旗下软件的内生组件进行联动使用。

表 6-4 对上述模拟软件，从模拟引擎、建筑空间兼容性、输出结果、用户友好度等方面，总结了表 6-3 中各软件的优劣及适用范围。

模拟软件表　　　　表 6-4

适用范围		Radiance	Desktop Radiance	Daysim	VELUX	Ecotect Analysis	IES VE
计算方式		反向光线追踪	反向光线追踪	反向光线追踪	双向光线追踪	BRE 分流	反向光线追踪
不同空间类型的兼容性	大进深房间	√	√	√	√	√	√
	有障碍物的房间	√	√	√	√	×	√
	有辅助人工照明的房间	√	√	√	√	√	√
	有借光的房间	√	√	√	√	×	√
输出结果	日光系数和照度	√	√	√	√	√	√
	平均日光系数	√	√	√	×	√	√
用户友好性	通用界面易用性	难	难	较难	较易	简单	较易
	建模工具易用性	较差	较差	一般	较易	较好	较好
	软件中几何模型的导入支持	√	√	√	√	√	√
	文件格式支持	obj、skp、disxml、dxf、mgf	obj	eco、skp、3ds、rad	obj、skp、dwg、dxf	obj、dwg、dxf	skp、3ds、rvt
	图形可视化处理能力	一般	较差	较差	优秀	优秀	较差

3）应用案例

在此，以软件 VELUX 为例，通过一个简单的案例对光模拟的基本步骤进行介绍和模拟结果进行分析。图 6-8 中展示了一个简单的教室空间，现状空间布局见平面图所示，由于窗墙比仅为 0.07（墙面面积包括四周墙体），导致室内采光不足，即便在阳光充足的日间，室内依然较为昏暗，影响其作为阅读教学空间的使用效果。接下来，我们试图通过模拟计算，探索提高窗墙比所带来的采光改善效果。

图 6-8 现状空间布局及采光实景图[20]
（a）案例平面；（b）现状采光实景

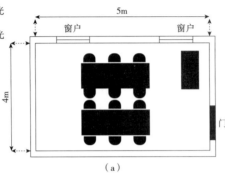

（a） （b）

在这个案例中，采光模拟及设计优化工作的过程分为以下 4 步：

（1）对室内空间的大小及尺寸进行测量，利用照度计对现有采光状况进行测量，确认其采光不足的事实。

（2）利用 AutoCAD 进行建模，并确定不同窗墙比下的窗户设计，导入 VELUX（其支持 AutoCAD 的 dwg 文件格式）。

（3）在 VELUX 中设置墙面材质（如：反射率），天空模型（如：选择 CIE 标注全晴天及全阴天作为典型气象输入条件），以及设置模拟的典型日（如：冬至日、夏至日等），并进行采光照度模拟。

（4）对模拟结果进行可视化及数据分析，对比不同窗墙比设计下的采光效果，比较不同窗墙比设计间的差别。

通过对 3 种窗墙比（0.07，0.25，0.35）下设计的模拟与分析，我们可以直观地感受不同设计下的采光效果，同时通过对室内模拟照度的量化可视化分析，对 3 种方案进行考量和判断。通过模拟对比，0.25 窗墙比下的室内空间采光仍略有不足，只有在 0.35 窗墙比下才可以较好地达到 300 lx 的室内采光要求。模拟的可视化及分析结果，如图 6-9 所示。通过此模拟分析，我们可以对方案进行调整，根据室内采光的供能和环境需求，设计不同的采光设计方案。需要注意的是，这个案例采用的是窗墙比作为控制参数，而另外一个常用的参数则是窗地比。

6.2.3 建筑热环境模拟

建筑热环境对室内外空间舒适性和空调能耗水平具有重要影响。在空气温度、辐射温度、空气流动速度、湿度、表面水分和所接触物体的温度差异的驱动下，建筑室内与室外环境存在热传导、热对流和热辐射三大传

图 6-9　采光模拟可视化及结果分析[19]

窗墙比	实景渲染图	模拟分析图	采光分析
0.07（现状）		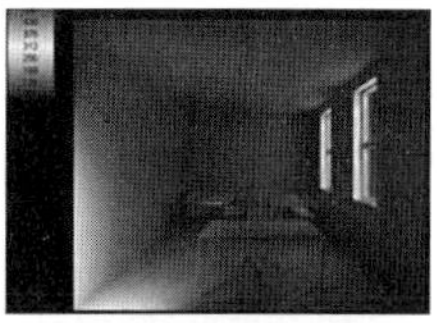	室内大部分位置采光不足100lx，采光严重不足
0.25			室内桌面一部分勉强达到200lx，室内其余部分采光依旧不良
0.35			室内桌面超过300lx，室内其余部分基本达到200lx以上，自然采光优秀

热过程。总的来说，影响建筑热环境的主要因素包括：

（1）建筑环境：气候气象、地形、植被、朝向，以及周边建筑或构筑物等。

（2）围护结构：非透明围护结构（墙体、屋面、地板和遮阳构件等）、透明围护结构（门窗等）。

（3）通风条件：建筑开口、空间布局、围护结构的气密性。

（4）空调设备：采暖或冷却设备，如：地暖、空调等。

（5）其他热源：炊具、电脑、家用电器、人员等的发热源。

建筑热环境的模拟分析包括传热计算、流体力学计算和能量计算等，而建筑环境的差异决定了其内在的热传递机制不同，下面将从室外热环境和室内热环境两个方面介绍建筑热环境的模拟分析方法。

1）室外热环境分析

建筑物外部的室外热环境是城市气候的一部分，而城市气候的研究存在不同的尺度层级（图 6-10）。与建筑尺度关联最为紧密的，则是在微尺度下地面到建筑屋顶的城市冠层部分（Urban Canopy Level），也被称为街谷或街道层峡（Street Canyon），该部分的气候状态通常也被称为城市微气候。由于城市微气候与城市形态特征的紧密关系，建筑群的布局方式、建筑物高度、密度、建筑材料、街道宽度、绿化、人为的热量排放情况等，都会对室外热环境造成影响。

用以描述室外热环境的空气温湿度、风速、太阳辐射情况等物理指标，不仅在一定程度上决定了城市居民的热感觉，同时作为建筑外部的气候边界条件，也会影响建筑的制冷与供暖的需求。室外热环境的模拟可通过多种模拟工具实现，表 6-5 是目前常用的室外热环境模拟软件列表，以及对应的功能特性：

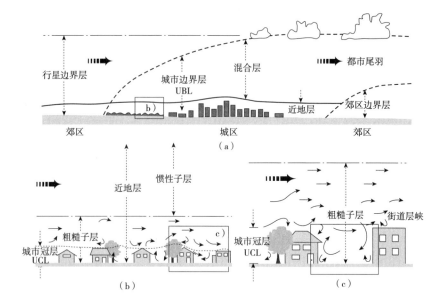

图 6-10 城市气候学研究的
不同尺度层级图解[21]
(a) 中尺度;(b) 局地尺度;
(c) 微尺度

常见的室外热环境分析工具 表 6-5

分析工具	开发者	功能特性
UWG	美国的 Les Norford 和 Christoph Reinhart	该工具嵌入在 Rhino 的 Grasshopper 建模工具中,可以仅基于来自于城郊气象站数据,快速预测城市区域的逐时气温与湿度数据
住区热环境 TERA2020	北京绿建软件股份有限公司	基于 AutoCAD 平台,集成了建模、计算和结果浏览输出等功能于一体。软件操作简单,极易上手,与《绿色建筑评价标准》GB/T 50378—2019 的相关指标对接
Ladybug Tools	美国的 Mostapha Sadeghipour Roudsari 和 Chris Mackey 等	该工具嵌入在 Rhino 的 Grasshopper 建模工具中,通过整合其他计算模型来模拟复杂建筑形体对建筑室外光、热和风的影响
SOLWEIG	瑞典哥德堡大学的 Deepak、Jeswani Dewan 等	擅长模拟复杂三维城市环境中的太阳辐射通量,并与地理信息系统(GIS)平台数据相结合,对较大城区范围开展室外热环境计算
Fluent	美国 Ansys, Inc.	成熟的商业软件,整合了较为完整的工作链条,可以通过自定义来应对多样化的室外热环境模拟需求
ENVI-met	德国 Bochum 大学的 Bruse 和 Fleer 等	具有模拟多种要素影响城市微气候的能力,实现对不同气象变量的评估,包括:风、热与污染等,特别适合探讨绿化对室外热环境的影响

在室外热环境的模拟方法方面,各个工具的使用流程基本都是按照建成环境建模、边界条件设定、模拟结果分析三个步骤来进行。这里以 ENVI-met(版本号 V5.0.2)软件为例,展示模拟城市街区中带有植被环境的建筑室外热环境的全过程。

首先是模型准备,这里需要根据模拟对象来挑选合适的网格尺寸,建筑材料以及模拟范围等信息。以本案例为例,采用的是 20m 高的建筑物,周边种有两株乔木。ENVI-met 采用的是均匀立方体网格系统,演示模型网格尺寸均为 2m,整个模拟范围的长宽高为 40m×50m×20m。建筑物材料均采用的是混凝土材质。ENVI-met 中可以自定义植被高度、形态以及叶片密度的分布情况,这里采用的是密集叶片的乔木类型,树冠高度为 15m(图 6-11)。

图 6-11 ENVI-met 的建筑与
植被建模的二维与三维界面 [①]

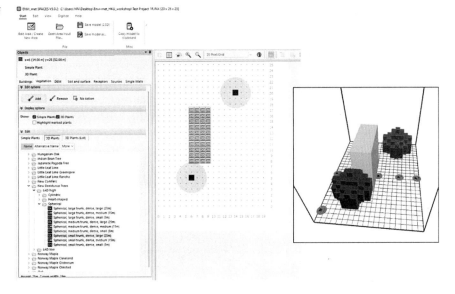

　　完成建模后，这需要设置配置文件，即对模拟边界调节的设定。除了
需要拟定好模拟开始与结束的时间之外，最为重要的是设定参数模拟边界
的气象情况。其中主要的包括关于模拟范围外部的空气温度、湿度、风速、
风向以及太阳辐射强度等情况。这里一般采用距离模拟场地较近的气象台
数据，或者需要自行进行采集。除此之外，ENVI-met 中还可以设置土壤
温度、污染物排放参数、植被特征参数等其他边界条件，来提升模拟的准
确度。

　　最后，完成模拟计算后，可以利用 ENVI-met 自带的可视化工具
Leonardo，对模拟结果开展读取与分析工作。图 6-12 展示的是 2018 年 6
月 23 日的下午 3 点时刻 1.8m 高度上的模拟范围中空气温度以及风速矢量
分布情况。从图中，我们可以看到建筑外部的空气温度具有显著变化，建
筑东侧受建筑遮阴的影响，空气温度最低约 31.18℃，而西侧的来风方向
的空气温度最高超过 32.00℃。风经过建筑的遮挡作用后，在阴影区中有
明显的湍流现象，该区域的风环境也较弱。

　　2）室内热环境分析

　　室内环境是建筑抵御自然环境的恶劣气候，满足人类生存、安全、舒
适、健康需求而营造的人工环境。室内热环境分析可通过建筑室外气候环
境、建筑形体、围护结构与开口、室内人员活动与热源，以及空调系统等
进行建模，模拟计算热传导、热辐射与热对流的动态过程，动态求解围护
结构和室内空气的热平衡，计算得到室内温度、湿度、风速等室内环境指
标，进而评估室内热环境的热舒适性和能耗水平。常见的建筑热环境模拟
软件有 Energy Plus、Design Builder、ESP-r、IES VE、TRNSYS 和 DeST

---

① 图片来源：软件截图。

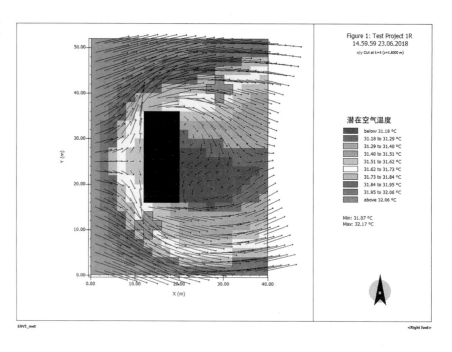

图 6-12 ENVI-met 对地面高度 1.8m 的空气温度与即时风速矢量模拟结果的可视化

等（表 6-6），这些软件在传热学计算方法、建模方式、细节考虑程度和结果输出有所区别，故应根据模拟分析的目标选取合适的软件进行使用。

常见的室内热环境分析工具　　　　　　　　　　　　　　　　表 6-6

分析工具	开发者	功能特性
Energy Plus	美国能源部劳伦斯伯克利国家实验室	Energy Plus 具有遮阳、自然采光、自然通风（风热环境耦合）、围护结构传热、HVAC 空调系统、可再生能源系统、成本估算等计算模块，可模拟分析建筑冷热负荷和全年动态能耗，且精度高、灵活性强、可扩展性好。 官网：https://energyplus.net/
Design Builder	英国 Design Builder 软件有限公司	基于 Energy Plus 的图形界面商业化软件，能够进行建筑物能耗和热环境的模拟分析，易于使用。 官网：https://designbuilder.co.uk/
ESP-r	英国斯特拉斯克莱德大学（University of Strathclyde）	ESP-r（Environmental Systems Performance – Research）可模拟指定空间和时间精度的热量、空气、湿度、照明和用电量。 官网：https://www.strath.ac.uk/research/energysystemsresearchunit/applications/esp-r/
IDA-ICE	瑞典 EQUA Simulation AB 公司	IDA-ICE 可精确地对建筑、空调设备系统进行全年逐时的动态的仿真模拟，研究整个建筑的室内热环境。 官网：https://www.equa.se/en/ida-ice
IES VE	英国 Integrated Environmental Solutions 有限公司	Virtual Environment（VE）可进行细化的 3D 建模，模拟计算能耗、空调系统、自然通风等。 官网：https://www.iesve.com
TRNSYS	美国 Thermal Energy System Specialists 有限公司	TRNSYS 是一款基于图形的多功能软件，可模拟分析建筑物全年的逐时能耗，以及太阳能光热和光伏、地板辐射供暖和供冷等系统的运行状况。 官网：http://www.trnsys.com/
DeST	清华大学	DeST 是一款基于 AutoCAD 的软件，可模拟分析建筑环境、空调系统及能耗水平。最常用的两个版本分别是应用于住宅建筑的住宅版本（DeST-h）及应用于商业建筑的商建版本（DeST-c）。 官网：https://www.dest.net.cn/

以德国埃尔福特（Erfurt）一座建于 20 世纪 60 年代的某住宅外保温与窗户改造项目为例，改造后外墙传热系数由原 1.840W/（m²·K）降低为 0.176W/（m²·K），窗户整体传热系数由原 3.0W/（m²·K）降低为 1.0W/（m²·K）。为评估改造效果，项目利用 Design Builder 分别建立改造前后的建筑热环境分析模型：首先，根据图纸资料，建立建筑空间体量，划分平面分区、房间和门窗洞口等；其次，定义建筑功能、人员活动、环境舒适性目标和机械设备等参数；此外，还需对建筑围护结构（如：屋面、外墙、隔墙）的构造、表面传热系数和气密性，以及门窗洞口设计与控制参数等进行设置；最后，还需设定照明和空调系统的类型、具体参数及运行时间表等。通过模拟和对比改造前后内部两个房间显热平衡组成发现，非透光围护结构（外墙等）、窗户和渗漏失热在改造后大幅减少，为营造舒适的热环境，从而降低了冬季采暖需求量（图 6-13）。

图 6-13 围护改造前后冬季室内环境显热平衡组成对比[①]

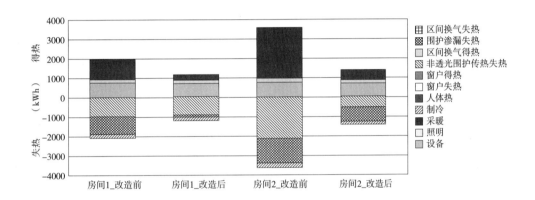

6.2.4 建筑风环境模拟

风环境模拟对象主要为城市风环境、建筑自然通风、机械通风、结构风安全等。风环境模拟采用计算流体动力学（Computational Fluid Dynamics，CFD）方法，该方法原广泛应用于汽车、航空、机械等其他工程领域。现通过风环境模拟，可获取风速、风压、换气次数等相关指标，用于评价人体的风舒适度、热舒适度、空气污染物扩散速率等问题。例如，根据《绿色建筑评价标准》GB/T 50378—2019，室外风环境评价指标主要为地面人行高度（H=1.5m）的风安全指标（≤ 5m/s）、风速放大系数（≤ 2）、建筑物正背面风压差（≤ 5Pa）等。

1）风环境模拟尺度特点

根据风环境模拟应用场景，CFD 模拟范围包括气象中尺度（Mesoscale，≤ 200km）、气象微尺度（或城市街区尺度，Microscale，≤ 2km）、建筑尺度（≤ 100m）和室内尺度（≤ 10m）。规划、建筑、景观领域的 CFD 模拟主要集中于城市街区尺度、建筑尺度和室内尺度（图 6-14）。

---

① 图片改绘自：Vesna Pungercar, Qiaosheng Zhan, Yiqiang Xiao, Florian Musso, Arnulf Dinkel, Thibault Pflug, A new retrofitting strategy for the improvement of indoor environment quality and energy efficiency in residential buildings in temperate climate using prefabricated elements, Energy and Buildings, 2021, 241: 110951. https://doi.org/10.1016/j.enbuild.2021.110951.

尺度 距离	中尺度 <200km	小尺度 <2km	建筑 <100m	户外 <10m
	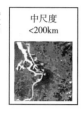			

图 6-14 不同尺度的风环境
模拟应用 [22]

（1）城市街区尺度

城市街区尺度下，CFD 模拟关注点主要为建筑物周边风环境、地面行人层风舒适（pedestrian wind comfort）、污染物扩散等问题。模拟工作可对城市环境中地形地貌、建筑群、道路、构筑物、树木等要素进行简化建模与 CFD 模拟，以考察各要素对室外风场的影响作用（图 6-15）。

图 6-15 尺度为 1km² 的某城市开放空间风环境模拟案例

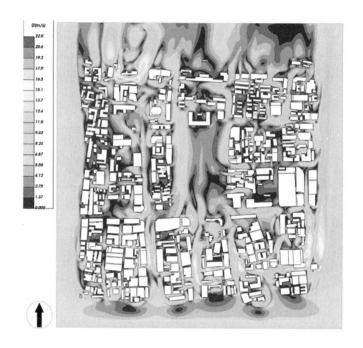

（2）建筑尺度

建筑尺度下，CFD 模拟的关注点主要为街谷（street canyon）、建筑形态、建筑构件、门窗洞口、树木等对建筑内外空间的风环境影响（图 6-16）。建筑尺度的 CFD 模拟既可进行自然通风和对流传热的模拟，也可与建筑能源模拟（Building Energy Simulation，BES）相结合，用于建筑能耗计算。因模拟需考察建筑各要素对风环境的影响作用，模型的外部环境可适当简化，但建筑相关形态与构件要素模型的建模精细度需提高。

模拟解析：模拟软件为 Ansys Fluent 16.0。图 6-16 中对比了不同开口位置对建筑中庭空间通风的影响。其中（a）图，南向迎风面设置一开口，可见中庭空间左部风速较高；（b）图，北向背风面设置两开口，可见中庭空间风速降低较明显。

（3）室内尺度

室内尺度下，CFD 模拟主要用于自然通风与暖通空调设计等，主要关注建筑部件（如：室内隔断、家具、室外遮阳构件等）、空调系统布局、开窗洞口位置等对室内风环境的影响（图 6-17）。对于自然通风的模拟，也

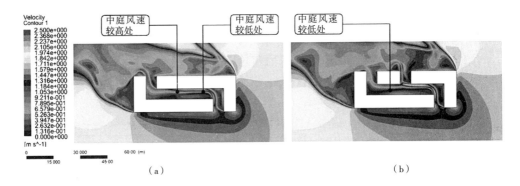

图 6-16 某建筑开口位置对中庭通风影响的对比模拟案例[23]（上）

图 6-17 立面百叶位置对室内风环境影响的对比模拟案例（下）

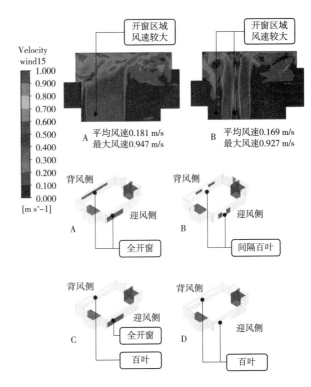

可结合室外与室内条件进行细致的耦合模拟，但消耗计算资源较大。模拟需对室内各要素的形态、尺寸、位置进行较为精细的建模，以获得更准确的风场模拟结果。

模拟解析：采用 Ansys Fluent 16.0 计算，对比了特定房间两侧开口及百叶配置位置带来的室内风环境影响。图中 A：两侧均无百叶的全开口，模拟结果显示室内风速明显过大；B：两侧均间隔布置百叶，模拟结果显示无百叶处的风速仍会过大；C：迎风侧为开口，背风侧为百叶，室内风速有显著降低；D：两侧均为百叶，室内风速过低，整体风速接近 0.1m/s。

2）风环境模拟主要软件

CFD 工程应用软件近年发展较快，科研领域以 Ansys Fluent、PHOENICS、OpenFOAM 等软件为主。工程实践应用，以绿建斯维尔、PKPM-CFD 等软件为主，可提供与规范相对应的绿建报告模板，且工作界面与 Auto CAD、天正等软件对接较方便（表 6-7）。此外，由于 CFD 模拟一般需消耗较大的计算资源，利用云平台进行模拟也是一种趋势。相关指引也随着 CFD 模拟技术的发展不断更新，工程人员可根据实验的需求进行查找和比对。

常见的室内风环境分析工具表

表 6-7

模拟工具	开发者	功能特性
Ansys Fluent（图 6-21）	Ansys，Inc.	Ansys Fluent 是较为成熟的商业软件，整合了较为完整的工作链条。软件内置了模型修复与网格生成功能（前处理流程），支持多种湍流计算模型、自定义的材料属性、多核并行计算，并提供了丰富的数据后处理工具。可结合编程软件编辑自定义文件（User-Defined File, UDF），对各种类型参数进行编辑，解决复杂的工程问题。 官网：https：//www.ansys.com/products/fluids/ansys-fluent
PHOENICS（图 6-22）	Concentration, Heat And Momentum Limited（CHAM）	PHOENICS 包括了 PHOENICS、FLAIR、Rhino CFD 等平台下的模拟工具。工作流程上，可进行前处理网格生成、模拟计算与后处理输出。相对而言，其后处理功能稍少，可在计算数据输出后，结合后处理软件进行色阶图、特定对象结果输出。 官网：http：//www.cham.co.uk/phoenics.php
Open FOAM	The Open FOAM Foundation Ltd	Open FOAM 是 CFD 领域领先的免费开源软件，原基于 Linux 系统开发，后逐步开发了与 Windows10、Mac OS2.0 平台兼容的版本。软件基于通用公共许可证（GPL）框架发布，GPL 给予用户修改和重新发布软件的自由，并保证在许可证条款范围内继续免费使用。Open CFD 是基于 Open FOAM 平台开发的 CFD 软件，保持开源功能，可参数自定义，对特定问题进行模拟研究。 官网：https：//openfoam.org/
Butterfly	Ladybug Tools LLC	Butterfly 是一个 Grasshopper/Dynamo 插件和面向对象的 Python 库，与常用的模型软件 Rhino 对接较为便捷。Ladybug 提供了 Butterfly 的算法，可快速导出几何图形并调用 Open FOAM 进行计算，为 CFD 模拟提供便利。 Butterfly 提供了前处理网格生成功能，内置了建筑风环境模拟常用的计算方程模型。后处理可结合 Ladybug 工具进行数据处理与可视化。 官网：https：//www.ladybug.tools/butterfly.html
绿建斯维尔	北京绿建软件股份有限公司	绿建斯维尔基于建筑通风软件 VENT 开发。针对建筑室内外风环境的特点，对 CFD 复杂参数进行了固化。流程上包括：简化前处理计算网格设置、模拟计算、典型界面数据图像输出的后处理功能等。软件提供绿色建筑报审功能，可直接输出风速、风速放大系数、风压差、室内换气次数等绿建设计指标，并生成报告。 官网：http：//www.gbsware.cn/
PKPM-CFD	中国建筑科学研究院建筑工程软件研究所	PKPM-CFD 致力于对建筑场地通风和室内自然通风的数值模拟研究，能够完成绿色建筑室外风和室内风的模拟计算，自动生成效果图和报告书，将建筑风环境量化可视化，自动生成效果图：风速云图、矢量图、项目效果动图等，并提供优化方案。 官网：https：//www.pkpm.cn/

3）风环境模拟基本流程

（1）研究对象模型与计算域（Computing Zone）模型建立

CFD 模拟需建立实验对象的 2D 或 3D 模型，并且确定模拟的计算域，即流体（空气或其他气体）流入与流出的区域。计算域的尺寸需根据研究对象模型确定，并可划分为细分区域、扩展区域，具体尺寸要求可结合相关文献与指引进行确定（图 6-18）。

（2）计算网格划分（Meshing）

CFD 模拟是对计算域中每个计算网格的流体方程求解，因此，在模拟

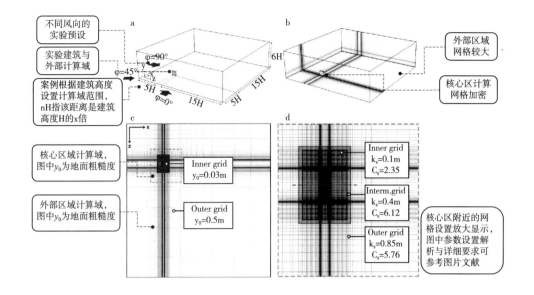

不同风向的
实验预设

实验建筑与
外部计算域

案例根据建筑高度
设置计算域范围,
nH指该距离是建筑
高度H的x倍

核心区域计算域,
图中y_0为地面粗糙度

外部区域计算域,
图中y_0为地面粗糙度

外部区域
网格较大

核心区计算
网格加密

$\varphi=90°$

$\varphi=45°$

$\varphi=0°$

6H

5H   15H

15H   5H

Inner grid
$y_0=0.03m$

Outer grid
$y_0=0.5m$

Inner grid
$k_s=0.1m$
$C_s=2.35$

Interm.grid
$k_s=0.4m$
$C_s=6.12$

Outer grid
$k_s=0.85m$
$C_s=5.76$

核心区附近的网
格设置放大显示,
图中参数设置解
析与详细要求可
参考图片文献

图 6-18　计算域与模拟对象
示意图[24]（上）

图 6-19　同一物体，不同精
细度的计算网格示意图（下）

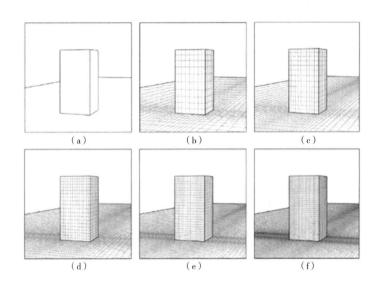

（a）　　　　　　　　（b）　　　　　　　　（c）

（d）　　　　　　　　（e）　　　　　　　　（f）

前需通过网格生成软件把计算域分为小体积的网格或单元（图 6-19）。目
前不少 CFD 模拟软件已内嵌网格划分功能。为了更好地生成研究对象的计
算网格，在网格软件中还会对模型进行一定修复或简化，如合并部分共面
的面域、减少部分小尺寸凸出的构件等。在严格的 CFD 模拟研究工作中，
对网格最小尺寸有一定要求，以满足对于最小尺寸的模拟对象的精确分析，
最小尺寸要求也可结合相关文献与指引进行确定。此步骤在 CFD 模拟工作
中称为前处理工作，通过细分网格的对比模拟实验，可确定既满足模拟精
度要求，又节省计算资源的最小网格尺寸。

（3）选择流体计算模型

对于城市或建筑的 CFD 模拟，需选择合适的流体计算模型，包括：
能量（Energy）模型、粘性（Viscous）模型、辐射（Radiation）模型等。

$k-\varepsilon$ 模型是最常见的粘性模型[①]，稳态计算中常选用 RNG $k-\varepsilon$ 模型[②]。对于辐射模型，可结合风热环境模拟的需求，在模拟中加入太阳热辐射计算，在设置上，需输入项目经纬度、模拟时间以计算太阳辐射，也可结合实测数据输入特定时间点的太阳辐射数值。在 CFD 计算方法上，针对不同模拟问题，有直接数字模拟法（Direct Numerical Simulation，DNS）、雷诺均时法（Reynolds-averaged Navier-Stokes，RANS）、大涡模拟法（Large Eddy Simulation，LES）等方法，不同计算方法的特点可结合流体计算资料进行拓展学习。

（4）边界条件设定（Boundary）

CFD 模拟需对流体通过的对象表面进行边界条件的设定，包括计算域的边界条件与目标对象的边界条件。计算域边界条件一般包括：进风口（Inlet）、出风口（Outflow）、无关面（Symmetry）、地面等条件。其中，进出风口可根据模拟对象，设置为自由流或压力流。对于城市环境风模拟设置，通常为进风口采用梯度风[③]、出风口采用自由流；对于室内机械通风的进出风口设置，通常采用压力流。地面可根据模拟环境，设置不同的表面粗糙度。目标对象的边界条件则包括：建筑墙面、屋顶、地面、门窗等构件的材料物理属性，可查阅相关产品、材料资料予以确定。

（5）计算结果数据后处理（Post processing）

CFD 模拟计算结果的后处理工作，一般需提取目标截面（如 1.5m 高度截面，代表人行高度）的风速、风压、温度等指标，导出图片与数据进行分析。常用处理软件有 Ansys CFD-post、Tecplot 等。Ansys CFD-post 是 Ansys 系列软件中的 CFD 后处理软件，对接 Ansys Fluent，后处理功能较丰富。可对多个模拟工况进行横向对比，通过色阶图、数据曲线图直观不同工况带来的风场差异。

（6）CFD 室内模拟算例

这里介绍一个小型实验房的自然通风模拟算例[25]（图 6-20）。算例基于一组真实的对比实验房开展，实验目的是研究建筑地面增加相变材料层（Phase Change Material，PCM）后对室内热环境产生的影响。实验首先进行了房间内外的热环境、风环境实测，然后进行了 CFD 模拟与验证。CFD 主要模拟步骤如下：

①建立实验房的 CFD 模型，研究人员选择了一款 scSTREAM v2020 的 CFD 模拟软件。

---

① k-epsilon 是湍流模式理论中的一种，简称 $k-\varepsilon$ 模型。$k-\varepsilon$ 模型属于二方程模型，适合完全发展的湍流，对雷诺数较低的过渡情况和近壁区域则计算结果不理想。

② RNG $k-\varepsilon$ 湍流模型使用重整化群理论（renormalization group theory）的统计方法推导出来，简称 "RNG 模型"。RNG 模型和标准 $k-\varepsilon$ 模型相似。标准的 $k-\varepsilon$ 模型（standard $k-\varepsilon$ model）自从被 Launder and Spalding 提出之后就变成工程流场计算的主要工具，适用范围广、经济。它是个半经验的公式，是从实验现象中总结出来的。RNG 模型则在 ε 方程中增加了一项，提高了高速流动的准确性，标准 $k-\varepsilon$ 模型是高雷诺数模型，RNG 微分公式理论则考虑了低雷诺数的影响。

③ 梯度风可用幂律表达或对数律表达，幂律：$U_{(z)}=U_s(\frac{z}{z_s})$。详解可见文献：Tominaga Y, Mochida A, Yoshie R, et al. AIJ guidelines for practical applications of CFD to pedestrian wind environment around buildings[J]. Journal of Wind Engineering and Industrial erodynamics, 2008, 96（10-11）：1749-1761.https：//doi.org/10.1016/j.jweia.2008.02.058.

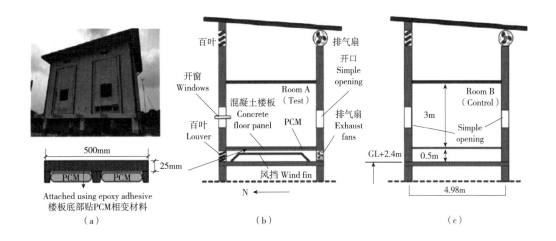

②设置基本模拟参数，如计算方法选用了 RANS 方法，粘性模型为 RNG $k-\varepsilon$ 模型，并且根据案例的所在地和实测时间设置了热辐射模型。

③根据实验房特征，设置模型的边界条件，包括实验房各壁面（墙体、屋顶、楼板等）的材料、厚度、传热系数、初始表面温度、表面粗糙度等参数。对于排气扇、百叶等特殊设备或构造，也设置了转速、压力差值等参数。在实际应用中，相关参数可查阅具体的材料、产品资料获取。

④设置模型的计算网格，对不同大小的计算网格进行对比及有效性验证，并确定计算网格最小值（图 6-21）。

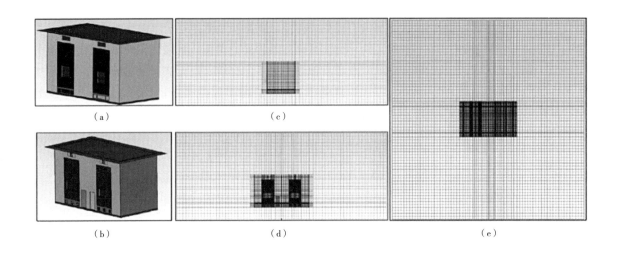

⑤结合对比实验房，进行了两组 CFD 模拟。在模拟结果输出上，截取了房间的中心截面，显示了截面处的风速与温度分布情况，并且选取了特征点（如：座椅区域）的风速与温度数据进行详细的对比分析（图 6-22），具体数值分析工作可进一步查阅该研究论文予以拓展了解。

图 6-22 实验房算例的房间
截面风速与温度分布示意图[25]

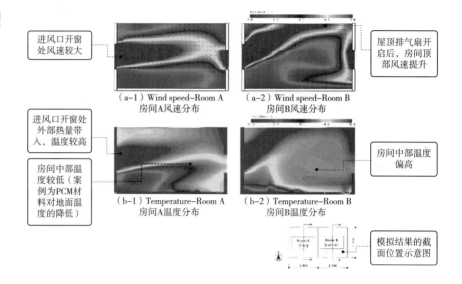

进风口开窗处风速较大

屋顶排气扇开启后，房间顶部风速提升

（a-1）Wind speed-Room A
房间A风速分布

（a-2）Wind speed-Room B
房间B风速分布

进风口开窗处外部热量带入，温度较高

房间中部温度较低（案例为PCM材料对地面温度的降低）

房间中部温度偏高

（b-1）Temperature-Room A
房间A温度分布

（b-2）Temperature-Room B
房间B温度分布

模拟结果的截面位置示意图

6.3　建筑健康环境评价方法

在众多健康环境的评价指标中，与客观物理环境关联最为紧密有人体热舒适度、室内空气质量以及噪声3个方面，分别对应建筑中的热、风，以及声环境性能。本章节将介绍以上3个指标的概念以及模拟计算方法。

6.3.1　人体热舒适度指标

图 6-23　影响人体热舒适度
的六个要素①

Humidity 空气湿度
Air Speed 风速
Clothing Insulation 服装
HUMAN COMFORT
Air Temperature 空气温度
Metabolic Rate 新陈代谢
Radiant Temperature 辐射温度

人体的冷、热感觉受热环境因素影响，其对热环境感到满意的状态即为热舒适。为了保持自身热舒适，人体会依靠皮肤表层血流量、排汗量和产热量的改变调节自身体温，以适应环境。当无法通过自我调节来实现热舒适状态时，则会产生冷或热的感觉。人对热环境的体验是物理环境相关的要素（空气温湿度、风速和所处环境的辐射温度）以及个体特征（着装以及新陈代谢情况）的相互作用的结果（图 6-23）。

例如，在相同空气温度的情况下，提高室内空气流速，可以给人体带来更为凉爽的体验，缓解不舒适的热感觉。因此，为了描述人在某一特定环境中的热舒适感觉，需要采用人体热舒适度指标来实现。另外，人体在室外环境下可承受的温度范围往往远高于室内，因此，在室内与室外环境下会采用不同评估指标。

1）评价指标

针对室内方面，由丹麦学者Fanger[4]提出的预测热感觉平均指数（Predicted Mean Vote，PMV）和预计热感觉不满意百分比（Predicted

①　图片改绘自：Gao N, Shao W, Rahaman M S, et al. Transfer learning for thermal comfort prediction in multiple cities[J]. Building and Environment, 2021, 195：107725.https：//doi.org/10.1016/j.buildenv.2021.107725.

Percentage Dissatisfied，PPD）的 PMV-PPD 环境热舒适预测模型 ① 是当前最为常用的人体热舒适评价指标。该模型被国际标准 ISO7730 所采用，利用 -3~3 的标尺描述人体对于所处环境冷到热的舒适度评价（表 6-8），通常认为 0.5 ≤ PMV ≤ +0.5，PPD ≤ 10% 是推荐热舒适性状态。PMV-PDD 适用于封闭的热环境，但对动态不均匀热环境评估存有一定的局限性。为了弥补这一问题，美国采暖、制冷与空调工程师学会（American Society of Heating, Refrigerating and Air-Conditioning Engineers, ASHRAE）将人体热生理模型整合到热舒适度指标的计算中，提出了标准有效温度指标（Standard Effective Temperature, SET），采用摄氏度（℃）为单位，以标准环境的空气温度作为实际环境的热舒适度评价 ②，通常认为 SET 在 20℃~25℃ 是舒适的热环境 [5]。

PMV-PPD 预测模型的热感觉标尺 表 6-8

热感觉	冷	凉	微凉	舒适	微暖	暖	热
PMV 值	-3	-2	-1	0	1	2	3

针对适用于室外环境下人体热舒适度的常用评价指标包括：美国学者在 SET 的基础上进一步开发可适用于室外的新标准有效温度指标（OUT_SET*）[6]；由德国学者提出生理等效温度 ③（Physiological Equivalent Temperature, PET）[7]；以及世界气象组织气象委员会的倡导下建立的一个通用热气候指数 ④（Universal Thermal Climate Index, UTCI）[8]。以上指标均嵌入了人体热生理模型，但需要注意的是，由于不同地区人群对于气候特征的适应度有差异，在使用人体热舒适指标时，需要根据不同气候区选择对应的热感觉评价阈值。以 PET 为例，研究者利用热感觉投票实验发现：西欧地区感觉舒适的 PET 中性温度在 18℃~23℃ 之间 [9]，而在亚洲湿热地区的其 PET 热中性温度的范围大约在 26℃~30℃ [10]。

2）计算工具

在人体热舒适度指标的模拟计算方面。由美国加州大学伯克利分校建

---

① PMV-PPD 模型首次将气象参数与人体的产热、散热联系在了一起，通过整合温湿度、风速、平均辐射温度（Tmrt）、着装量以及人体的新陈代谢率 6 个参数变量，提出了其中 Tmrt 对于热舒适影响极大，决定了人体与环境辐射散热的强度。该方法基于受试者的投票表达冷热感觉，从而得出人的热感觉与人体热负荷之间关系的实验回归公式。

② 标准有效温度 SET 采用了二节点的人体体温模型，即将人体简化为核心层与皮肤层两个关联层级，实现对皮肤温湿度的预测。SET 身着标准服装（热阻 0.6 clo，1 clo = 0.155m² · K/W）的人处于相对湿度 50%、空气近似静止（0.1m/s）、空气温度与平均辐射温度相同的环境中，若此时的平均皮肤温度和皮肤湿度与某一实际环境和实际服装热阻条件下相同，则人体在标准环境和实际环境中会有相同的散热量，此时标准环境的空气温度就是实际所处环境的 SET。

③ PET 使用慕尼黑能量平衡模型（MEMI），该模型可能是当今最详细的常用三节点人体能量平衡模型。它可以考虑人体受试者的各种生理特征，包括：年龄、性别、身高和体重，使其成为仅适用于预测特定个体的热体验的模型之一。这也使它成为更好的模型之一，用于估计核心体温以及特定个体在给定条件下是否容易诱发低体温或高体温。PET 本身是一种"体感温度"，它定义为参考环境的实际温度，该环境会引起与研究环境相同的人体生理反应，即相同的皮肤温度和核心体温。

④ UTCI 是一种严格针对户外环境的热舒适模型。它是一种通用标准的室外热舒适指标。尽管 UTCI 被设计为适用于所有气候和季节，但它假定人体受试者正在行走（代谢率约为 2.4MET），并且他们会随着户外温度自然地调整服装。对于不符合这些标准的户外情况，建议使用生理等效温度（PET）模型。

筑环境中心开发网页版的 CBE（Center for the Built Environment）热舒适计算工具，可用于计算 PMV-PDD，SET 等指标，该工具可以手动输入或者上传相应的气象与人体特征数值，即可直接获得计算结果以及焓湿图的图示化展示（图 6-24）。

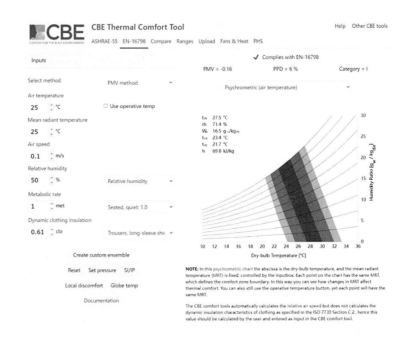

由德国弗莱堡阿尔伯特—路德维希大学环境气象学教研室开发的 Rayman（或 Rayman Pro）软件，可以用于复杂环境中的 PMV、SET*、PET 以及 UTCI 等多个室内外人体热舒适指标的计算。该软件不仅可以通过直接输入某一时刻的环境参数来计算热舒适指标，也可以通过载入不同时间点的环境变量参数文件来批量计算。计算中可以设定人体模型数据，例如：图 6-25 中所采用的标准人体模型数据，即身高为 175cm、体重 75kg、年龄 35 岁的男性作为标准进行计算，活动类型为步行，对应新陈代谢率为 80W/m^2；服装热阻为 0.9clo。

3）应用案例热环境，可以利用人体热舒适度指标用以评价并优化方案。这里以广州气象监测预警中心的开放中庭空间设计为例，该中庭由三层通高的核心庭院，以及若干侧庭组成。核心庭院总长约 43m，宽 6m（图 6-26）。由于侧庭的位置变化会影响核心庭院中空气流动，进而改变内部的热环境特征，因此，可以利用人体热舒适指标来评价不同侧庭位置设计对于核心中庭带来的热环境影响。

图 6-27 展示了 4 种侧庭位置（AA01 到 AA04）带来的室外热环境变化。这里采用了 Ladybug Tools 软件，来计算庭院空间中的空气温度、湿

---

① 图片来源：软件截图。

图 6-25 RayMan Pro 的操作
界面[①]

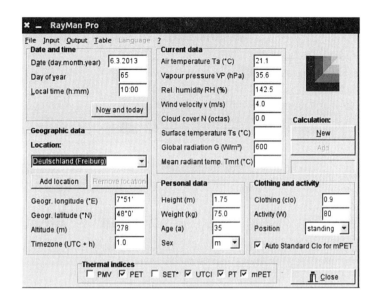

图 6-26 广州气象监测预警
中心中庭及其模拟模型[26]
(a) 广州气象监测预警中心；
(b) 中庭；(c) 平面图；(d) 开
放式中庭的模型提取

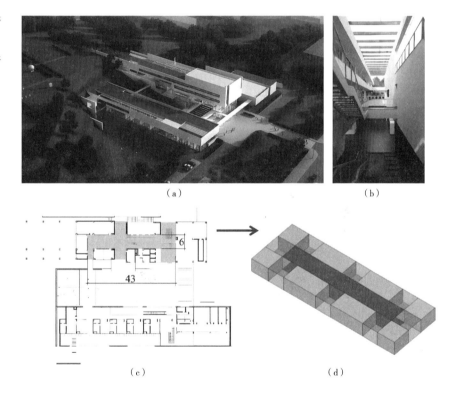

（a）　　　　　　　　　　　　　（b）

（c）　　　　　　　　　　　　　（d）

度以及平均辐射温度。然而与 CFD 工具计算所得的风速进行耦合，并采
用 PET 人体热舒适指标进行热环境的评价。图 6-27 展示了模拟不同侧庭
布局下在广州夏季期间下午 2 点的热环境情况，结果可以发现 AA02 尽端
贯通的侧庭院布局更有利于核心庭院的热环境，其 PET 的值最低，总体约
27.5℃，核心区约为 27℃。其他 3 个方案的总体与核心区域的平均 PET 均

① 图片来源：软件截图。

图 6-27 四种侧庭布局对于建筑公共空间热舒适指标的影响[26]
（a）AA01 长边对角；（b）AA02 尽端贯通；（c）AA03 邻边对角（东－北向）；（d）AA04 邻边对角（南－西向）；（e）平均 PET 对比图

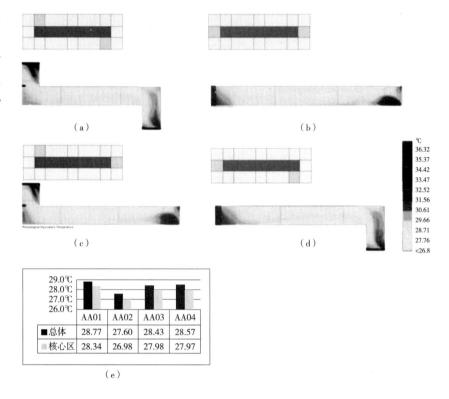

（a）

（b）

（c）

（d）

℃
36.32
35.37
34.42
33.47
32.52
31.56
30.61
29.66
28.71
27.76
<26.8

	AA01	AA02	AA03	AA04
■总体	28.77	27.60	28.43	28.57
核心区	28.34	26.98	27.98	27.97

（e）

超过 28℃。因此，在该地区里，更推荐采用东西向贯通的侧庭布局模式，来提升建筑内部开放空间的热舒适度。

6.3.2　健康关联的室内空气指标

当前许多建筑相关性疾病以及过敏症状都是由室内空气质量问题所导致。影响空气质量的要素很多，包括：二氧化碳、氨、PM2.5、PM10 以及其他建筑材料含有多种有害的挥发性化学有机物等。在建筑方案设计阶段无法通过预估空气污染物来直接评估室内空气质量，但可以通过排除空气污染物或降低有害物质浓度的速率，来实现对其空气质量的间接评价。在绿色建筑设计过程中，除了使用绿色建材外，提升室内的通风换气性能是降低室内污染源并改善室内空气品质最有效的方法。室内外空气的互换速率越高，相关污染物浓度的降低速度越快，从而作为评估室内空气质量的指标，目前主要采用换气次数或效率、空气龄等量化指标进行评价。

1）评价指标

换气次数又称"换气率"，指单位时间内空气更换的次数用以描述室内空气换气频率，是当前评估室内空气质量最为简单有效的方法。该指标可通过单位时间进入房间的风量除以房间体积计算而得。换气次数的计算简单，并与建筑功能的需求相关联，例如：办公室为 3~6 次 /h，会议室则需 5~10 次 /h。而对于病毒水平较高的地方（如医院，或极有可能存在病毒的环境中），建议换气次数需高达 20~30 次 /h。

尽管换气次数的指标可以对某空间的通风效率进行评估，但无法描述涉及建筑室内空间的空气分布问题。利用空气龄（Age of air）指标可以描述空气进入房间后滞留的时间，从而反映室内空气的新鲜程度，实现从空间分布的角度衡量房间的通风换气效果。某点的空气龄越小，说明该点的空气越新鲜，空气品质就越好。空气龄的计算需要依赖数值软件对空气流体的流动与热传导等相关物理现象的模拟。一般认为空气龄 ≥ 400s 时，室内自然通风较差，空气不新鲜[11]（表 6-9）。

室内空气龄评价标准表　　　　　　　　　　　　　　　　　　　　表 6-9

空气龄 T（s）	$T < 225$	$225 \leq T < 400$	$T \geq 400$
空气新鲜度评价	空气新鲜	空气较为新鲜	空气不新鲜

2）应用案例

案例位于山东潍坊某小区中心 20 层的板式住宅楼，选取该楼栋 17 层西端的二室一厅户型作为研究案例。拟利用 PHONENICS 的 CFD 模拟软件，来模拟居住空间在过渡季时期（春季与秋季）的室内空气龄情况并计算其换气次数（图 6-28）。通过模拟结果可以发现，该户型的空气由南向 W4、W5、W6 窗洞口流入室内，由 W1、W2、W3 洞口流出室内。在室外风速为 4.1m/s 的情况下，室内最大风速不超过 0.75m/s，室内风速适宜。室内空气龄在主卧西南角出现最大值，约 500s，此处空气流通性差，空气较为浑浊。

针对过渡季室内风环境的问题，可以通过窗洞优化设计来实现室内风环境的优化。具体包括，入户门选用底部可以通风的入户门，引导卫生

图 6-28 居住空间空气龄优化设计案例，右下图中黑框为增加的窗洞位置[27]

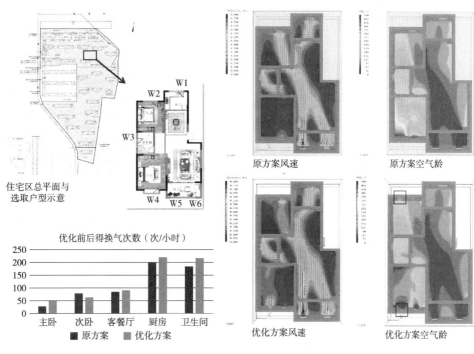

住宅区总平面与选取户型示意

优化前后得换气次数（次/小时）

原方案风速　　　　原方案空气龄

优化方案风速　　　　优化方案空气龄

间进入的气流直接从室内流出；针对主卧和次卧通风不足的问题，在主卧和次卧对角处各增加 1 扇可开启窗扇。通过调整窗洞设计，使得室内最大风速稍有提升，达到 0.8m/s。同时，主卧最大空气龄从 450s 左右降低到 350s 左右，在保证次卧通风的条件下，主卧的换气次数由 28 次提高至 50 次，室内通风量提高了接近 1 倍。卫生间进入的气流对其他房间的影响明显减小，未出现由北向南通风的问题。客厅、卫生间、厨房的自然通风均得到优化，这些改变都有赖于室外通风状况。

6.3.3 噪声环境指标

声环境的设计是营造良好建筑性能的重要手段，对于室内环境整体质量有重要影响。然而，常由紊乱、断续或统计上随机声波组成的噪声，是一类可以危害人体健康的声音。城市环境中有多种噪声来源，长期暴露于噪声环境中容易引发烦躁的情绪，甚至导致头痛、失眠、心血管等疾病。相应地，良好的低噪声环境反而可以使人放松身心，改善生活品质，甚至提高工作效率[12]。有研究推测打字员 30% 的错误和会计员 53% 的错误是由于打字机和计算机的噪声引起的。通常人们在音响为 50dB 以下的环境中能够保证较高的工作效率，超过这一程度则会影响人们的情绪，造成疲劳[13]。

1）评价指标

室内的噪声评价跟许多因素有关，包括：外部环境、使用行为、建筑设备以及听觉特性等等，国内外的相关研究总结了多种量化评价指标，如：等效连续 A 声级、语言干扰级、NC 曲线、NCB 曲线等。我国通常采用等效连续 A 声级的指标来控制建筑环境中的噪声水平①。在不同状态与环境中，人对于噪声的容忍程度有很大差异。在国家标准《民用建筑隔声设计规范》GB 50118—2010 中，明确规定了住宅、学校、医院、旅馆、办公等各类民用建筑中的各个室内功能的允许噪声级。

2）模拟工具

噪声环境的模拟基于几何声学，即将声波模拟成放射线形式，当入射到构件表面，部分声能被吸收，另一部分声能被反射，与光学的吸收折射原理类似。通过记录从声源发出的声锥经过界面反射、穿透造成的声能量损失，并在测量点接收声锥的信息，从而得到测点的稳态声压级。可用于模拟建筑噪声环境的软件工具很多，如：PKPM-Sound、Cadna 系列软件、RAMSETE 等。表 6-10 介绍了各款软件的特征。

3）应用案例

这里选择一个办公楼立面设计对于室外降噪影响的研究作为案例。本实验选取典型办公楼的 2 层为主要的实验对象，层高为 3m。噪声源处在距建筑立面 15m 处，代表城市街道的噪声源情况。建筑室内为一个进深 7m，开间 7m 的办公空间（图 6-29）。建筑立面开口不进行建模，以保证噪声在室内的衰弱程度仅受建筑复合立面的影响。然后，可以在

---

① 等效连续 A 声级（equivalent continuous A-weighted sound pressure level，Leq），定义为：声场中某一定位置上，用某一段时间能量平均的方法，将间歇出现的变化 A 声级以一个 A 声级来表示该段时间内的噪声大小，并称这个 A 声级为此时间段的等效连续 A 声级。

分析工具	开发者	功能特性
PKPM-Sound	中国建筑科学研究院建研科技股份有限公司	基于 AutoCAD 平台的建筑室外声环境模拟分析软件。该软件嵌套在 PKPM 绿建节能软件中，操作性强，可快速建立建筑、道路、高架桥、林带、声屏障、设备、路堤等精细体量模型，并自动划分网格
Cadna 系列软件	德国 DataKustik 公司	包括 3 个产品，分别针对城市、建筑以及室内 3 个噪声模拟尺度，且各个产品软件可以相互嵌入使用：CadnaA 针对城市或局部大区域环境噪声的预测、评价和控制设计方案。CadnaB 可预测整个建筑物隔声性能的软件，计算建筑物房间之间空气声和撞击声传播、室外对房间空气声传播。CadnaR 面向室内和工作环境噪声级计算和预测，可以帮助用户进行工作环境中声学设计和降噪处理
RAMSETE	意大利帕尔马大学 Angelo Farina 教授	能够运用于音乐厅、工厂、剧院以及室外噪声等多种条件。软件可以设定声源属性，材料以及模拟环境参数。RAMSETE 可以进行声源、墙体、屋面、窗户、门等构件的高精度建模

图 6-29　室内噪声模拟模型建模[28]
（a）模拟模型示意及其噪声源位置；（b）模拟建筑空间实景

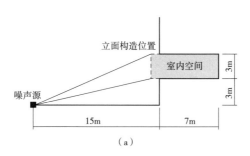

（a）　　　　　　　　　　　　　　　（b）

RAMSETE 模拟软件中对于简化的室内空间形体进行建模，根据实际情况设置地面、墙面、天花吊顶以及建筑立面的材料。声波反射次数设定为 3 次。

图 6-30　不同建筑表皮类型降噪的模拟结果[28]

组别	平面噪声级(dB)	剖面噪声级(dB)	图例
无立面			
横向百叶			
竖向百叶			88 84 80 76 72 68 64 60 56 52 48
开放阳台			

接着，通过在 RAMSETE 的软件模拟过程中，改变立面的形态特征，包括：增设水平百叶、竖向挡板以及开放阳台等要素，来评估各组的房间剖面噪声级等值面图、平面噪声级等值面图，以及相关数据（图 6-30）。并通过比较无立面的开放洞口带来减噪的效果，利用噪声级的指标进行对比。结果可以发现，除了横向百叶以外，竖向挡板与开放阳台的立面类型都有一定的降噪效果。竖向挡板降噪作用最为明显，室内环境平均值噪声级相比空白无立面的室内有 10~20dB 的降噪作用，是在此种条件下的理想通风降噪立面类型。

6.4 能耗与产能模拟分析

建筑的节能可以从建筑能耗和产能两个方面理解：对于降低建筑能耗，比如调整遮阳设计参数、墙体保温性能参数等，节约制冷采暖能耗；而产能，则可以通过比如太阳能光热技术，尤其是当前最为普遍、推广潜力最大的太阳能光伏建筑一体化，来实现额外的发电产能，补充建筑能耗的需求，从而间接达到节能的目的。我们可以把降低建筑能耗看作是一种减法，把建筑的产能看作一种加法，一"加"一"减"朝着"零能"或者"零碳"建筑设计理念发展。

对此，本节将对建筑的能耗模拟和产能模拟进行分别概述。

6.4.1 建筑能耗模拟分析

建筑能耗模拟软件的主要应用包括：

建筑整体耗能的评估和预测：使用建筑能耗模拟来评估建筑的能耗水平，辅助节能建筑的设计与方案调整。在权衡前期建设成本和运营能源成本时，建筑能耗模拟可提供量化的预测，从而降低设计方案的最终能源维护成本及前期建设成本。

建筑耗能设备的设计和运行管理：建筑通风、制冷、采暖等系统庞大而复杂，建筑能耗模拟可帮助工程师，设计满足建筑物理环境需求的系统，还可为这些系统设计和测试提供控制策略。

性能等级评估：建筑能耗模拟可广泛地评估建筑的各种能耗指标，这是规范认证、绿色认证和获得政府能耗绩效奖励等流程的重要依据。

1）建筑能耗模拟的输入条件及相关参数

典型的建筑能耗模拟需输入相关气候数据，一般采用典型气象年（TMY）文件。其他必要地输入参数还包括：建筑几何信息、建筑围护结构特性，照明、居住者和设备负载的能量参数，供暖、通风和制冷（Heating，Ventilation and Air Conditioning，HVAC）系统规格，运行计划和控制计划等，如下：

（1）气候参数：包括环境空气温度、相对湿度、直射和散射的太阳辐射、风速和风向等，一般由气象文件导入，气象数据内容请详见本章6.2.1条。

（2）场地参数：包括建筑物的位置和方向，地形和周围建筑物现状，地面特征等。

（3）建筑体量几何参数：包括建筑形状、房间布局、开洞尺寸等的几何信息。

（4）围护结构参数：包括材料和构造等的热工参数、窗户和遮阳、热桥、窗墙比和开窗形式等的设置。

（5）运营运行参数：包括灯光、设备和居住者的运行时间表以及相关的负载能量参数。

（6）建筑能耗模拟的输出参数：一般都以某单位时间段的耗能量为主，常用单位为 kWh/ 时间段，比如全年 / 某季度 / 某月 / 某特征日制冷采暖负荷，人工照明负荷等，在设计中，通过对建筑能耗负荷的结果反馈，调整相关设计参数，如增加墙体隔热保温性能，来降低制冷采暖负荷，又或者改善自然采光系数，降低人工照明负荷，实现更低的建筑能耗水平。

2）常用软件

表6-6介绍了当前较为先进的几款能耗模拟软件。

表6-11对比了上述几款工具的具体特性。

5个建筑能耗模拟软件功能评估一览表 表6-11

	软件功能	Energy Plus	ESP-r	IDA ICE	IES VE	TRNSYS
建模功能	墙壁、屋顶和地板	√	√	√	√	√
	窗户、天窗、门和外部涂料	√	√	√	√	√
	多面体、多边形	√	√	√	√	
	从CAD软件中导入建筑	√	√	√		√
	为CAD导出建筑几何图形	√	√			
	热平衡计算	√	√	√	√	√
	从建筑材料中吸收/释放水分	√		√		√
	人体热舒适性	√	√	√		√
	太阳能分析	√				√
	漫射考虑	√	√	√		√
	区域表面温度	√	√		√	√
	窗户换气率	√	√		√	√
	地热传导	√	√	√		√
	自然光和照明控制	√	√	√	√	
	风压系数的自动计算				√	
	自然通风和机械通风				√	√
	控制窗开闭的自然通风	√	√	√	√	√
可再生能源系统	太阳能	√	√		√	√
	太阳蓄热墙	√	√	√		√
	光伏板	√	√		√	√
	氢系统		√			√
	风能		√			√
电气系统和设备	能源生产计算	√	√		√	√
	电力负荷的分配与管理	√	√			√
暖通空调系统	暖通空调系统的最优解	√	√	√	√	√
	重复循环空气	√	√	√	√	√
	二氧化碳浓度模拟			√	√	

3）应用案例

在此，通过一个案例对建筑能耗模拟的基本步骤和结果分析进行介绍，以 IES VE 为例。图 6-31 中展示了一栋位于英国格拉斯哥的小型办公建筑，其模型由 SketchUP 建立并导入，含基本的墙体、窗户、门洞及屋面，以及室内的房间分隔等信息。

在这个案例中，以计算建筑全年采暖及制冷负荷为目的，进行建模及模拟分析工作，分为以下几个主要步骤：

（1）通过 SketchUP 对建筑实体进行 3D 建模，并导入到 IES VE 中（图 6-31）。

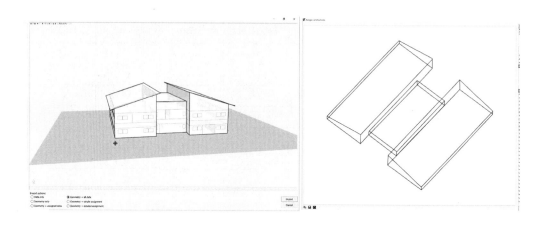

图 6-31　案例 3D 模型[①] 与建筑外围护结构屋面的材质定义[②]

（2）输入模拟所需的地理信息及气象文件，气象文件一般含有地理信息，可以通过软件直接导入标准气象年文件进行识别。

（3）在软件中对建筑的外围护结构及室内墙体进行分组（也可提前在 SketchUP 中完成分组并一并导入），并对每一组结构进行材质定义，IES VE 提供多种默认的构造及材质供选择，也可以根据建筑的具体情况自行定义，以实现更加精准的模型构造及材质匹配。

（4）本模拟案例的目的在于计算制冷与采暖负荷，因此需要对通风、空调及采暖系统进行设置，IES VE 提供可视化的设备设置界面，可以设置每个房间安装的设备及对应的参数，如：功率大小、开启时间等。

（5）按照需求及实际情况对所有设置进行完善，如：人员密度、气象典型日及使用时段设置等（如：该案例周末设置为停用无人状态），然后进行模拟计算，并得到对应的制冷采暖负荷计算结果。

通过图 6-32 的模拟结果可见，在英国气候的条件下，该建筑采暖能耗远大于制冷能耗，除了夏季少数几天的高温，制冷负荷在 5kW 左右，在冬季，采暖负荷则高达 20~30kW。因此，该建筑应该着重改善其保温性能，比如，通过外墙的材质与构造设计，降低墙体材料的导热系数，从而减少其采暖能耗值。此外，也要特别注意夏季少数高温状况下的制冷负荷需求，如果按照极端高温天气下完全依赖空调制冷，可能会出现全年大部

① 图片来源：Introduction to VE. https://www.iesve.com/software/virtual-environment.

② 图片来源：Introduction to VE. https://www.iesve.com/software/virtual-environment.

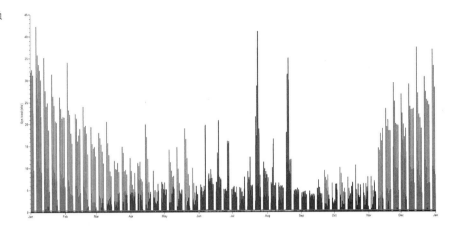

图 6-32 全年制冷与采暖负荷模拟结果[1]

分时段制冷设备闲置浪费的情况，这些问题都是设计师需要进行思考和对应的设计来权衡解决。

6.4.2 建筑产能：太阳能产能模拟

太阳能资源利用的模拟着眼点在于供能的最大化。虽然其与光环境模拟有许多类似之处，但其本质区别在于其模拟的参数为能量单位。在光环境模拟中，常以光通量"流明"（luminance）及照度"勒克斯"（lux）为模拟的计量参数，它们都是针对可见光的物理指标。然而，太阳光波中的可见光波段只占总太阳辐射波段中的一部分，光波中人眼不可见的紫外线及红外线波段蕴含着非常大的能量，这部分能量也是可以被利用的（图 6-33）。因此，建筑主动利用太阳能供能的模拟采用另外两个参数：辐射照度和辐射量。

图 6-33 全波段辐射能量与可见光部分的对比示意[2]

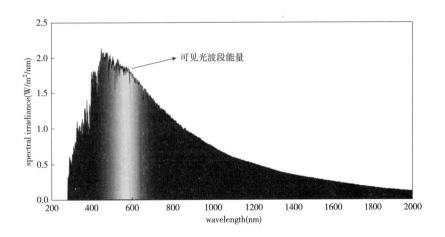

辐射照度，又称"辐照度"，是受照面单位面积上的辐射通量（W/m^2），本质上是一个功率单位，辐射强度、持续时间与收照面积三者相乘便得到了辐射量（Wh），即能量。不管是针对太阳能供热（热水）还是太阳能发

---

① 图片来源：Introduction to VE. https：//www.iesve.com/software/virtual-environment.

② 图片来源：Baird，C.S. What is the color of the sun? https：//www.wtamu.edu/~cbaird/sq/2013/07/03/what-is-the-color-of-the-sun/.

电，模拟的重点都在于太阳能集热板上的接收辐射能量强度，及最终的可利用辐射总能量。该辐射总能量也是模拟计算光热和光伏系统能量转换量的前提。

1）太阳辐射模拟计算的主要内容

太阳能辐射模拟有以下几个重要的部分需要考虑：

（1）太阳能接收板的 3D 建模：3D 建模在太阳能接收板的布置中扮演着关键角色，它包括太阳能光伏板在建筑中的空间位置、尺寸和倾角等。太阳能接收板在建筑中的布置直接影响着集热效率。因此，通常会将建筑本身以及周围建筑物的形状模型一起输入，以考虑建筑的自遮挡和周围建筑环境可能造成的辐射遮挡效应。如图 6-34 所示，在两栋平行的建筑体量之间安装光伏板，通过模拟计算，可以得知倾角 30° 比垂直 90° 布置多出了近一倍的辐射能量。

图 6-34　太阳能光伏板倾角 30° 与垂直 90° 布置的接收能量差异示意[29]

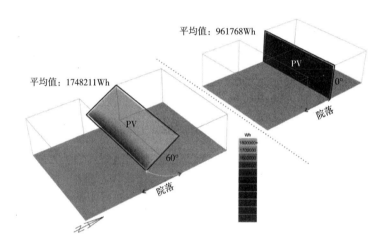

（2）气象数据：对于太阳辐射模拟，气象数据应该提供 3 个关键参数，即：水平面总辐射（Global Horizontal Irradiation，GHI）、水平面散射辐照量（Diffuse Horizontal Irradiation，DHI）及法向直接辐射（Direct Normal Irradiation，DNI）。一般而言，常见的标准气象年数据文件如 TMY2、TMY3 均会提供该 3 个数据，一般都以小时为数据时间间隔，在模拟软件中也会自动导入识别。

（3）天空模型：在太阳能辐射量模拟中，需要考虑太阳直射光和天穹漫射光两者分别所带来的辐射能量。对于直射光，计算较简单，主要遵循角度计算原理。对于天穹漫射光，计算较为复杂，因为漫射光在天穹上的分布是不均匀的，因此，需要使用天穹光模型来计算不同区域的漫射光亮度。目前，常用的天空模型包括 CIE 标准全阴天空和标准晴天天空，以及更为精确的 Perez 天空模型，后者通过气象数据进行更准确的计算得出，比起 CIE 的标准天空模型，具有更高的精确度。模拟软件一般都提供了相应的天空模型设置。建议优先选用 Perez 天空模型，以获得更为精确的模拟结果。常见的天空模型可以参考本章 6.2.2 条。

（4）光热/光伏系统转化效率：光伏/光热组件的转换效率是衡量其能量转换能力的重要参数。在光伏方面，该参数指的是将太阳能转化为电能的能力。它受到多种因素的影响，包括：光伏材料本身的特性、组件内部损耗、光照强度、表面清洁程度、电池衰减程度等。一般来说，在建筑层面的光伏发电模拟中，采用标准化的光伏转换率作为输入依据。目前，光伏产品的转化率在20%左右，该转换率一般在光伏组件产品说明书中有标明。通过将该光伏转换率与接受面的辐射能量模拟结果相乘，可以估算出建筑的光伏发电量，这是一种较为简单且常用的产能估算方法。在光热方面，转换效率指的是将太阳能转换为热能的能力。通常情况下，光热组件的转换效率要高于光伏组件，可以达到30%~80%。在建筑层面的光热模拟中，也会采用类似于光伏的标准化转换效率来估算建筑的光热产能。

2）常用软件

目前，有许多专业的光伏模拟软件可供建筑师选择，如：最为权威的PVsyst模拟工具，可以用于建筑光伏产能的测算和优化。但PVsyst相对复杂的设置，以及与其他建筑绿色性能无法协同模拟，使得建筑师使用起来并不十分友好。因此，建筑师可以采用单纯的辐射模拟软件，将模拟得到的辐射量乘以光伏转化系数来计算建筑光伏产能。这种方法相对简单，也不需要掌握大量的光伏相关系统知识，比较适合用于建筑前期方案设计的应用需求。

太阳辐射量的计算与模拟往往可以在光环境模拟软件中同时进行。这样的方法最大的优势在于，使用者不需要为建筑光伏模拟建立单独的建筑模型。建筑师只需在现有的建筑模型上确定光伏板的位置和尺寸，便可利用光环境模拟软件进行辐射量测算，最后再乘以光伏转化率得到建筑光伏的产能。其中，光辐射量模拟的工具包括：RADIANCE、Daysim、Ladybug和Honeybee等，详见前文介绍。建筑师在选择光伏模拟软件时，应根据实际应用需求选择适合自己的软件，以获得更准确和高效的计算结果。光模拟软件的使用与本章6.2.2条中介绍的步骤类似，区别在于产能模拟在光环境模拟软件中需要选择功率（W）或能量（Wh）单位，因此，本节不再进行软件使用介绍。

6.5 绿色建筑多目标优化设计

绿色建筑作为一个复杂综合体，系统协调涉及相关联的众多层级与要素。在这种情况下，单纯依靠建筑师经验是难以做出准确决策的。当前，随着数字技术时代应运而生的计算性建筑设计技术为实现建筑精准决策提供了有力的支持，使得基于数字技术的绿色建筑多目标优化设计成为可能。

6.5.1 多目标优化设计基本概念

绿色建筑数字化多目标优化设计的基本方法基于数学中的最优化理

论。"优化"（Optimization）一词通常被理解为改善或者提高，广义上讲，任何需要做出决策的事情都可能是一个优化问题。从数学角度而言，优化的精确定义是：通过改变可以调节的变量（这些变量通常受到不同程度的约束），从而找到最佳解决方案。优化设计广泛应用于包括机械、控制、化工、电气、航空航天、建筑工程等在内的各个领域。

建筑优化设计是一个不断迭代（iterative）寻优的过程（图6-35）。由于建筑设计的周期相对较长，涉及的阶段较多，包含：方案设计（Conceptual design）、初步设计（Preliminary design）以及施工图设计（Detailed design），因此在不同阶段均可能存在优化问题，同时在不同阶段之间也会出现嵌套循环迭代寻优的过程。传统建筑设计寻优的过程是通过建筑师不断进行多方案比选，根据比选结果对设计进行进一步的调整而实现的。当前，通过使用数字技术，可大大增加比选方案的数量，并可能在同一时间实现多次迭代，更为高效准确。绿色建筑优化设计一般包含以下4个步骤：

图6-35　建筑设计方案优化一般过程示意图

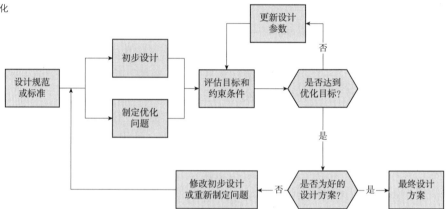

1）确定优化目标

根据绿色建筑设计的具体需求确定优化目标。目标可以是单一的，称为单目标；也可以是多个，称为多目标。根据优化所期待的目标变化趋势，可以将目标分为两类：一类是极大化目标，例如：采光系数、有效采光照度（Uniformity Daylight Index，UDI）、产能、使用效率、满意度等；另一类是极小化目标，例如：能耗、碳排放、成本、等效声级（Leq）等。

2）建立数学模型

建立可用于模拟与计算的数学模型。由于绿色建筑优化一般使用计算机辅助设计软件与计算机优化算法作为主要工具，因此，需要建筑师将具象的设计问题转换为可输入、可计算与可输出的数学语言。这一过程不仅包括参数化建模，同时也包括对设计参数、目标、变量以及约束的数字化转换。

3）选择优化方法

根据优化问题中数学模型的特点、设计变量及目标的多少、优化设计精度以及优化预计时长，对优化所用到的方法与程序进行选择和设计，不适当的优化方法有可能会带来巨大的时间损耗或者陷入局部最优。

4）进行寻优求解

使用计算机程序进行优化计算，最终得到最优解。对于单目标优化，计算机可以直接输出最优解，但是对于多目标优化，最优解往往不是唯一的，这一过程就需要建筑师对优化结果进行进一步的分析与判断，最终做出决策。

了解了优化建筑设计的一般步骤后，就可以根据实际工程问题进行优化设计，下面对优化设计过程中的3个重要概念进行进一步的解释：

（1）设计变量（Design Variables）

设计变量是在优化设计过程中可进行调整并最终进行优选的参数，如：在对建筑能耗进行优化时，就可以选择建筑外立面窗墙比（Window to Wall Ratio）作为一个设计变量。优化设计变量的选择是优化能否顺利进行的关键之一，虽然在一个优化过程中，优化变量数量越多，所产生的可供比选的方案就越多，但是同时会带来优化数学模型的过于复杂，寻优过程过长或求解困难等一系列问题。因此，设计变量需选取与设计目标关联度最大、最能表达设计特征的参数。

（2）目标函数（Objective Function）

目标函数又称"评价函数"，是优化设计中设计目标预期达到的效果的数学表达式。通过目标函数计算，可以定量表达一个方案的优劣，并对比选方案进行排名，确定最佳方案。对于不同的设计问题，有时需要求目标函数的极大值，有时是求其极小值。

（3）约束条件（Constraints）

约束条件是在优化计算过程中对设计变量所赋予的强制性约束。与目标函数类似，约束条件通过方程来进行规定，可根据方程形式分为等式约束（Equality constraint）和不等式约束（Inequality constraint）两种。

6.5.2 绿色建筑多目标优化工具与方法

1）耦合模拟运行环境平台

当前主流的绿色建筑多目标优化设计模式是通过建筑模拟工具和优化引擎之间的耦合来实现优化的过程。对于建筑模拟工具，本章前4节已对不同性能模拟所需的模拟软件、方法及选取原则进行了详细描述，在本节不再进行赘述。然而，值得注意的是，与单一性能模拟不同的是，在多目标优化设计时迭代方案的不同性能（也就是评价指标）往往需要同时进行模拟，并具有自动输入与输出的可能性。据统计当前在建筑多目标优化时最常用到的模拟软件工具按照使用频率排序包括：EnergyPlus、Calculus-Based Optimization、TRNSYS、Daysim、Radiance 和 DOE-2[14]，可以看出，越具有灵活插件接口的软件越适宜在多目标优化建筑设计中使用。此外，对于建筑师而言，运行平台的可视化与操作友好度也是进行工具选择所应考虑的条件之一。例如：相比 MATLAB、modeFRONTIER、GenOpt 等非架构平台，Rhinoceros+Grasshopper 平台具有更为友好的可视化参数建

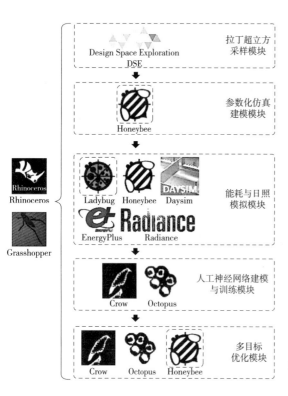

图 6-36 Grasshopper 平台上可集成的建筑性能模拟以及优化插件[30]

模与编程界面，更易于建筑师使用。图 6-36 展示了 Rhinoceros+ Grasshopper 平台上可集成的建筑性能模拟以及优化插件，是当前所具有的较为全面性能优化工具的平台。

2）优化算法

优化算法的搭建是多目标优化建筑设计的技术核心。应用于建筑领域的多目标优化算法的研究从 20 世纪 80 年代已经出现，发展至今已出现进化类算法、免疫算法、群体智能算法、模拟退火算法、禁忌搜索算法、神经网络算法等优化算法，以及集成学习算法。总体而言基于帕累托前沿的多目标优化算法① 在建筑性能优化领域是主流。主流优化算法本身的效率较高，但是性能评估尤其是基于物理模拟的性能评估经常需要较高的计算成本，在运用优化算法进行大量取样和迭代的过程中，计算成本可能成千上万倍地累加（虽然相比人工评估仍然具有极大的优势）。因此，优化设计方法的应用需要根据实际使用场景进行恰当的筛选。

3）替代模型

基于机器学习方法的替代模型是目前被认为最适合用于替代传统物理模型的技术。使用传统的建筑模拟流程，要求搭建详细物理模型，同时对硬件配置有一定要求，从而导致全局模拟时间较长。针对这一问题，使用基于人工智能算法的复合性能快速预测替代模型进行优化设计方法应运而生，并成为目前较为前沿且未来有较大推广潜力的方法。已有大量研究用这类替代模型进行多性能目标模拟数据集训练和优化工作。目前，主流的替代模型算法有人工神经网络、支持向量机、随机森林、克里斯金法、多元自适应回归样条曲线等。在基于机器学习研究兴起的第三次人工智能浪潮中，在任何领域里都能找到这些替代模型算法的身影，而愈加多元的建筑性能模拟和优化需求未来也将和替代模型研究密不可分。

6.5.3 绿色建筑多目标优化设计工作流程与应用案例

1）工作流程

基于建筑性能模拟的优化设计方法已经有了较为稳定的"三段式"的流程：前处理阶段（设计问题建模，包括：几何模型、构造、设备等）、优化阶段（优化算法构建，包括：基因型构建、适应度函数、遗传操作等）和后处理阶段（分析，包括：成本分析、优解分析等）（图 6-37）。

---

① 帕累托前沿的多目标优化算法（Pareto improvement）是一种多目标优化的算法，其核心是在保证其他目标没有变坏的情况下至少使一种优化目标变得更好。当优化达到帕累托最优状态时，将产生帕累托最优解，帕累托最优解又称为非支配解或不受支配解，指的是那些在改进任何优化目标的同时，必然会削弱至少一个其他优化目标的解。[20]

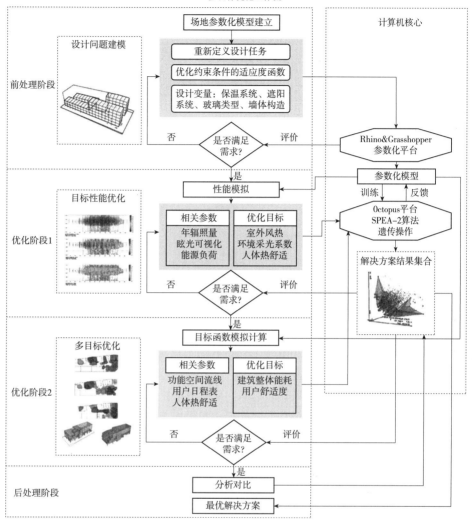

多目标优化工作流

计算机核心

前处理阶段

设计问题建模

场地参数化模型建立

重新定义设计任务

优化约束条件的适应度函数

设计变量：保温系统、遮阳系统、玻璃类型、墙体构造

是否满足需求？ 否 是 评价

Rhino&Grasshopper 参数化平台

参数化模型

训练 反馈

优化阶段1

目标性能优化

性能模拟

相关参数 优化目标

年辐照量 室外风热
眩光可视化 环境采光系数
能源负荷 人体热舒适

是否满足需求？ 否 是 评价

Octopus平台
SPEA-2算法
遗传操作

解决方案结果集合

优化阶段2

多目标优化

目标函数模拟计算

相关参数 优化目标

功能空间流线 建筑整体能耗
用户日程表 用户舒适度
人体热舒适

是否满足需求？ 否 是 评价

后处理阶段

分析对比

最优解决方案

图 6-37 基于建筑性能模拟的优化设计流程 [31]

2）应用案例

本案例展示 1 座位于夏热冬暖气候区的校园活动中心在设计初期对于建筑形体的基于绿色性能的多目标优化过程，探讨在建筑设计初期阶段在风、光、热、能耗等多种环境要素及能效目标综合影响下建筑中庭顶部开口的形体优化方法，分析不同目标的最优范围，以实现全局最优的结果。

建筑根据周边环境遮挡确定的形态与位置，在此基础上根据建筑绿色性能进行多目标优化，优化技术路线（图 6-38）。优化使用基于 Rhino 的 Grasshopper 参数化编程平台，选用与 Ladybug & Honeybee & Butterfly 衔接的光环境模拟软件 Daysim、热环境及能耗模拟软件 EnergyPlus、风环境模拟软件 OpenFOAM 的 3 种建筑物理环境模拟软件，并利用以 NSGA-2 作为主要进化算法的优化软件 Wallacei 进行优化处理。此外，选择 Design Explorer 作为多目标优化的可视化工作平台，实现中庭光环境、

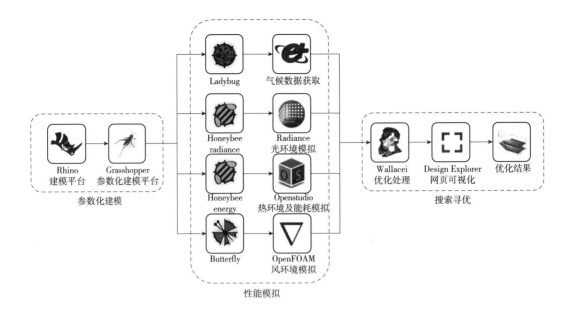

参数化建模   性能模拟   搜索寻优

图 6-38 物理环境的多目标优化技术路线（上）

图 6-39 物理环境优化指标目标值可视化表现的输出结果（下）

（a）自主采光阈；

（b）全年 DGP<0.4 时刻比；

（c）平均 UDI100~2000 值；

（d）夏季典型日下午 2:00 室内风速；

（e）夏季典型日下午 2:00PMV 分布；

（f）全年采暖及制冷能耗

热环境、风环境和能耗的共同优化。主要物理环境优化目标及约束包括：光环境指标：自主采光阈（Daylight Autonomy）、全年日光眩光概率 DGP（daylight glare probability）<0.4 的时刻比、有效日光照度 UDI（Useful Daylight Illuminance）为 100~2000lx 的值；热环境指标：夏季热舒适小时；风环境指标：夏季典型日下午 2 点室内舒适风速比例；能耗指标：全年采暖及制冷能耗。根据以上优化步骤，图 6-39 展示了物理环境优化指标目标值的可视化表现输出结果；图 6-40 展示了优化前后方案性能评价对比。

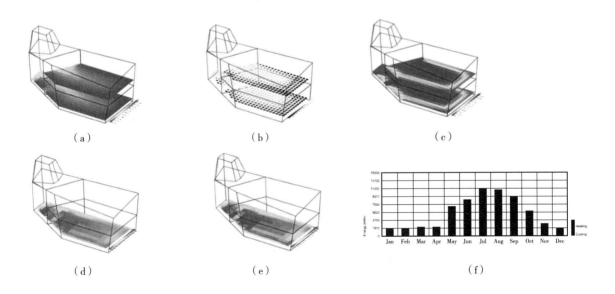

（a）   （b）   （c）

（d）   （e）   （f）

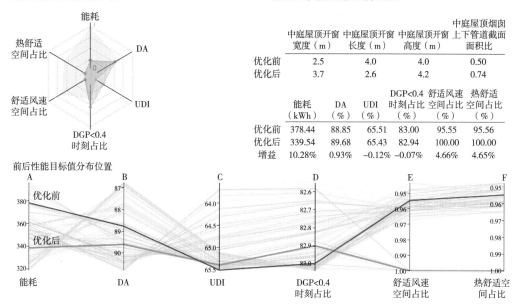

图 6-40　优化前后方案性能评价对比

6.6　绿色建筑数字技术应用案例示范

　　本节以深圳福田区新洲小学项目，以及 2018 年中国太阳能十项全能竞赛中华南理工大学—都灵理工大学联队的参赛项目长屋（LONG-PLAN）为案例，介绍了绿色建筑性能化设计在前期评估、方案设计及施工图等阶段中的应用流程、工具与方法。两项目均围绕声、光、热及能耗等绿色建筑设计指标进行了分析，并在设计过程中进行了整合。在设计过程中对绿色建筑性能化模拟的主动整合，有利于建筑性能的整体预判与提升。需要注意的是，前者主要基于现行的绿色建筑标准和相关评价指标进行评价与优化，而后者则面向项目建成后的测试评价，相关的绿色建筑性能指标根据竞赛评分规则制定。

6.6.1　深圳市福田区新洲小学项目的模拟分析

1）方案设计概况

　　新洲小学位于深圳市福田区，项目从设计前期至施工图绿色建筑专项设计阶段，均贯彻"气候适应性"的设计策略。项目周边的高密度城市环境、繁忙城市干道（图 6-41），导致校园东侧及南侧环境噪声较大，且局地环境风热条件欠佳。气候舒适性设计与降噪措施是建筑布局和形态设计的主要着力点。方案前期围绕日照与采光、风热环境、噪声等问题展开了模拟分析，并以此推动方案的发展（图 6-42）。

2）绿色建筑性能优化工具应用

（1）场地日照评估

　　日照分析采用天正软件计算，评估场地日照条件与设计方案布局，既

图 6-41　项目建成照片

图 6-42　项目绿色建筑性能化设计流程

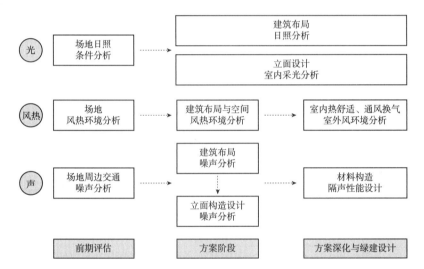

不影响周边住宅的日照标准要求，同时又能满足教学建筑的日照标准要求（表 6-12，图 6-43）。

日照模拟边界条件表　　　　　　　　　　表 6-12

设置项目	输入条件
分析日期	大寒日
分析时段	8：00~16：00
窗台高度（m）	0.9
计算网格尺寸（m）	1

模拟结果分析：经天正软件日照分析模块计算，根据《深圳市建筑设计规则》，本项目需满足不影响西侧住宅大寒日 3h 的日照标准。计算得出的日照时数结果显示于总平面，数字大于 3，即表示该区域大寒日满窗日

① 图片来源：由广州市东意建筑设计咨询有限公司提供。

图 6-43 建筑布局日照模拟
结果的局部放大截图

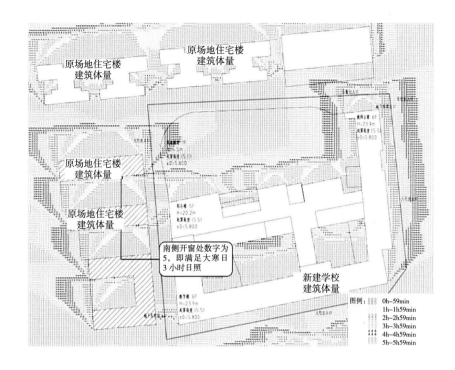

照均不少于 3h，以此判断建筑布局是否满足规范。

（2）建筑采光评估

利用绿建斯维尔软件，结合建筑布局与开窗，对各层功能房间进行了室内采光系数的模拟与评估（表 6-13，图 6-44）。

室内采光模拟边界条件表 表 6-13

设置项目	输入条件
光气候区	IV类
光气候系数	1.1
室外天然光临界照度（lx）	13500
玻璃的可见光透射比	0.61
室内隔墙墙面光折射系数	0.60
室内天花板光折射系数	0.75
室内地面光折射系数	0.30
外表面反射比	0.5
计算分析高度（m）	0.8

模拟结果分析：根据国家标准《中小学校建筑设计规范》GB 50099—2024 和《建筑采光设计标准》GB 50033—2013 要求，教室须满足采光系数大于 2%。模拟计算得出采光系数，并以伪色图的形式显示于该楼层平面图中，模拟结果显示南侧、东侧教室采光系数均大于 2%，满足规范要求。

图 6-44　4 层教室采光系数
模拟结果

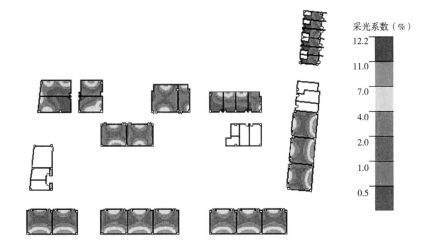

采光系数（%）

12.2
11.0
7.0
4.0
2.0
1.0
0.5

（3）场地风热环境评估

风环境模拟考察了建筑过渡季与夏季典型日的风热环境条件，模拟范围考虑了高密度城市周边复杂的建筑形态特征。方案设计阶段，使用 Ansys Fluent 16.0 软件，对城市街区与建筑风口位置的设定进行了风环境模拟，验证其对各层开放与半开放空间的风环境影响（表 6-14，图 6-45）。施工图阶段，利用绿建斯维尔 Vent2016 软件，根据国家标准《绿色建筑评价标准》GB/T 50378—2019（以下简称《绿标》）要求进行了风环境评估（表 6-15，图 6-46）。

风环境模拟边界条件表（方案阶段，Ansys Fluent 16.0 模拟）　　表 6-14

设置项目	输入条件
湍流模型	RNG k-ε
模拟范围（m×m）	300×300
风向（°）	SSE 292.5
风速（3-5 月过渡季日间平均风速）（m/s）	3.21
地面粗糙度（密集城市群区域）	0.22
模拟最小计算网格（m）	0.3
模拟数据截面相对高度（m）	1.5

图 6-45　方案阶段，对立面开口与封闭方案的风环境模拟结果[32]

立面封闭模型

庭院周边廊道
风速约 0.5m/s

（a）

立面开口模型

庭院、平台廊道
等风速约 0.5~3m/s

（b）

风环境模拟边界条件表（施工图阶段，绿建斯维尔 Vent2016 模拟）　表 6-15

设置项目	输入条件
湍流模型	k-ε 双方程模型
模拟范围（m×m）	300×300
风向（°）	SSE 292.5
风速（夏季季风平均风速）（m/s）	2.4
地面粗糙度（密集城市群区域）	0.22
模拟数据截面相对高度（m）	1.5

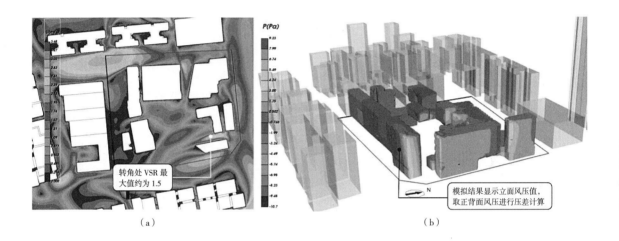

（a）　　　　　　　　　　　　（b）

图 6-46　施工图阶段对夏季
建筑风速放大系数、建筑表面
风压模拟结果

图 6-45 模拟结果分析：（a）立面全封闭模型作为对比模型，截取 3 层平面的模拟结果分析，显示封闭庭院周边廊道风速均处于较低值，低于 0.5m/s；（b）立面增加开口与架空区域，模拟结果显示开放庭院周边活动平台与廊道风速有显著提升，为 0.5~3.0m/s，改善了学生课间活动区域的自然通风条件。

图 6-46 的模拟结果分析：（a）首层平面风速放大系数模拟结果，显示地面人行高度风速放大系数值小于 2，满足《绿标》"场地内最大风速不大于 5m/s，风速放大系数不大于 2"的要求；（b）建筑立面风压分布模拟结果，显示大部分可开启外窗室内外表面的风压满足《绿标》"建筑迎风面与背风面表面风压差不大于 5Pa"的要求。

（4）室内单元风热环境评估

在施工图阶段，利用绿建斯维尔 Vent2016 软件，对室内单元进行风环境模拟，获取房间风速、换气次数等指标。根据施工图图纸建立建筑墙体、开窗、开门模型，以上述室外风环境模拟得出的建筑表面风压差为边界条件，进行室内通风的模拟计算（图 6-47）。

图 6-47 的模拟结果分析：（a）3 层平面风速模拟结果，结果显示教室、办公室、廊道、平台等室内与半室外空间风速不大于 5m/s，自然通风效果较好，并且避免过高风速的不舒适感；（b）3 层平面空气龄模拟结果，结果显示房间换气次数不低于 2 次 /h，即平均空气龄（Mean Age of Air，

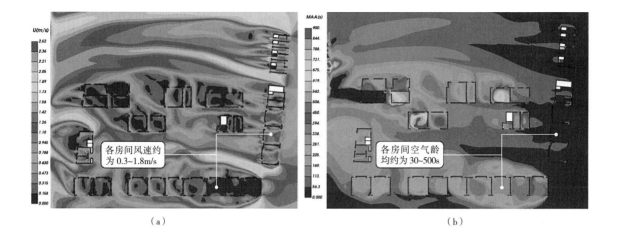

（a）   （b）

图 6-47　施工图阶段的室内风
速模拟，风速与空气龄色阶图[①]

MAA）≤ 1800s，表明空气较新鲜，换气效果较好。

进一步，在室内通风模拟的基础上，对课室的热舒适性能进行计算
（图 6-48）。

图 6-48　施工图阶段的室内
风速模拟，PMV 色阶图

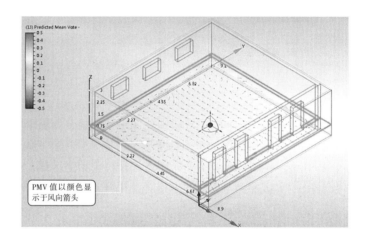

图 6-48 的模拟结果分析显示：PMV 数值显示于模型轴测图的风向小
箭头上，主要颜色对应于图例中 –0.5~0.5 区域，因此可认为室内热舒适性
较好。

项目建成后，也对"气候空间"即校园内的各处半开放空间进行了热
环境与风环境的夏季实测，实测结果显示了气候空间通风效果良好，热环
境较为舒适，验证了方案设计阶段的设想（图 6-49）。

实测数据分析：风速实测结果显示各半开放空间的日间平均风速均接
近 0.5m/s，说明日间各空间风速均衡度较好，并处于人体可感知风速范
围；平均辐射温度实测结果显示，各半开放空间平均辐射温度的平均值均
低于 30℃，有效降低了太阳辐射，改善人体热舒适。

① 图片来源：软件截图。

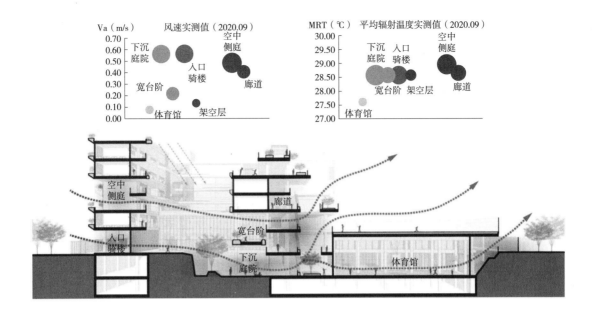

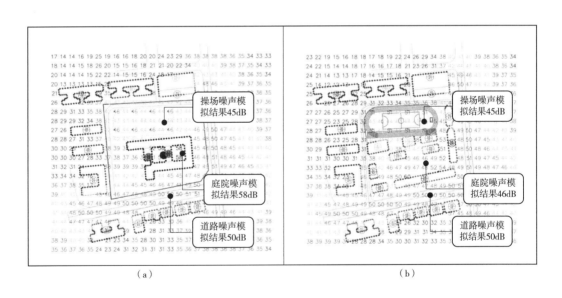

（5）场地噪声评估

设计前期利用 Cadna 软件，对场地现状与设计方案的建筑布局进行了噪声模拟与问题分析。结合噪声问题，在围护结构、立面系统设计上进一步深化隔声降噪构造的设计（图 6-50）。

模拟结果分析：图 6-50 噪声源主要为道路（约 50dB）和操场（约 45dB）。图（a），原校园布局的庭院噪声近 60dB；图（b），通过布局调整，南侧体量屏蔽道路噪声，北侧错动体量减少操场噪声，庭院噪声约下降至 45~50dB。

（6）构造通风降噪设计与评估

面对外部道路的噪声问题，需在外窗采用中空隔声玻璃达到隔声要求。但在湿热地区，只有在夏季关闭外窗、使用空调情况下可实现绿色建筑相关规范要求的隔声状态，而对于过渡季节，过度依赖空调不利于建筑节能。因此，在方案设计阶段探索通过构造设计，实现兼顾自然通风与噪声降低的方法。结合 RAMSETE 软件进行了多种构造的噪声模拟，测试了不同构造的降噪可能，并推进设计层面的构造整合（图 6-51）。

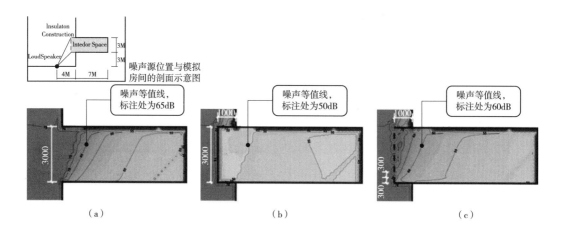

（a）　　　　　　　　　　（b）　　　　　　　　　　（c）

模拟结果分析：图 6-51 模拟条件为离窗户 4m 远的道路地面，设置 75dB 的噪声源，进行单个房间区域剖面的噪声模拟。结果选取 3 种工况进行对比。（a）全开口类型，作为基准案例；（b）为全封闭式隔声构造，可实现室内 15dB 降噪效果；（c）穿孔式隔声构造（图 6-52），受模拟软件限制，只设置 300mm 开孔，可实现约 5dB 降噪效果。

构造说明：在构造设计中，采用了直径约 15mm 开孔，并在孔内侧增加了吸声材料。整体降噪板平面为三角形弯折形式，开孔位置分别位于三角形两边的内外侧，在保持通风可能的同时，利用错位的开孔进一步削弱

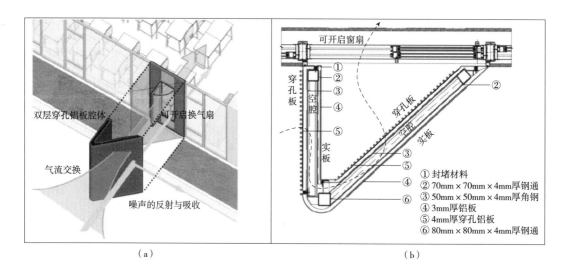

（a）　　　　　　　　　　　　　　　　（b）

声反射，提升降噪效果。

项目落成后，对教室声环境进行了实测（图6-53）。实测于室外地面设置与交通噪声接近的噪声源，在教室内不同位置进行多点的噪声实测，验证了该构造（图6-52）的降噪效果[15]。

图6-53 构造噪声对比实测结果
（a）教室噪声实测声源与测点布置的剖面图；（b）教室噪声实测声源与测点布置的平面图；（c）安装通风降噪构件的课室噪声实测结果；（d）未安装通风降噪构件的教室噪声实测结果

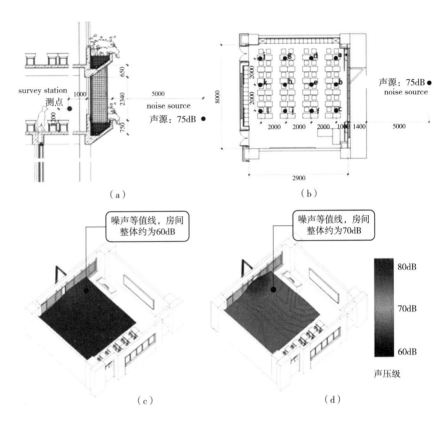

（a）　　　　　　　　　（b）

（c）　　　　　　　　　（d）

实测结果分析：图6-53以（c）记权声压级作为对比数值，窗户外设置噪声源进行实测。室内测点为矩阵布局，后期数据处理上转化等值线图。实测（c），仅打开通风降噪构造，室内噪声整体约为60dB；实测（d），仅打开一扇开启扇，室内噪声约为70~75dB。实测显示安装通风降噪构件的室内噪声水平比全部开窗情况可降低8~10dB。

6.6.2 基于运营实效的绿色建筑数字化设计实例

1）方案设计概况

长屋（LONG-PLAN项目）是2018年中国国际太阳能十项全能竞赛（Solar Decathlon，SD）华南理工大学—都灵理工大学联队的参赛作品（图6-54）。竞赛要求设计、建造、运行并测试一栋主要依靠太阳能供能的零能耗住宅，最终对涵盖了建筑设计、工程设计、舒适程度以及能耗平衡等的10项内容进行评分。因此，设计团队需要建筑在设计与运营方面的综合协调。复杂的性能优化目标使得传统设计方式难以应对SD竞赛的要求，在研发、建造与运营的全过程中，设计团队需要运用多种数字化工具开展建筑性能评估、优化和监测反馈的工作。项目过程可概括为3个阶段：设计整合阶段（前期策划、初步设计、深化设计和施工图纸设计）、建造管理阶段以及运行监控阶段，各阶段开展的分析模拟工作内容的侧重点各有不同，其中，绿色建筑性能评估与优化主要在设计整合阶段完成（图6-54、图6-55）。

图6-54 长屋建成效果图

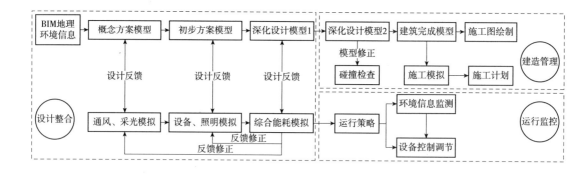

图6-55 长屋数字化工具辅助零能耗建筑性能优化流程图

2）全过程多目标优化

由于设计整合过程中需要对不同方面的建筑性能进行模拟分析，如何利用不同的数字化工具对设计方案进行及时的评估与反馈，并确保设计工作高效、有序地推进是首要问题。设计团队根据设计工作的开展深度，相应安排前期策划、初步设计和深化设计作为建筑性能优化的流程阶段，分别对应不同的建筑性能权衡因素。同时，为确保建筑模型信息（BIM）能够及时得到反馈更新，设计团队利用BIM软件Revit与其他多个数字化工具如Ecotect和Design Builder等进行BIM模型信息的共享与交流，一定程度上节省了重复建模的工作时间和沟通成本（图6-56）。

3）绿色建筑性能优化工具应用

（1）天然采光、室内热环境与能耗

在设计阶段的全过程中运用Design Builder进行建筑天然采光、室内热环境以及建筑能耗模拟，并进行全年能耗与光伏发电量模拟对比。在设

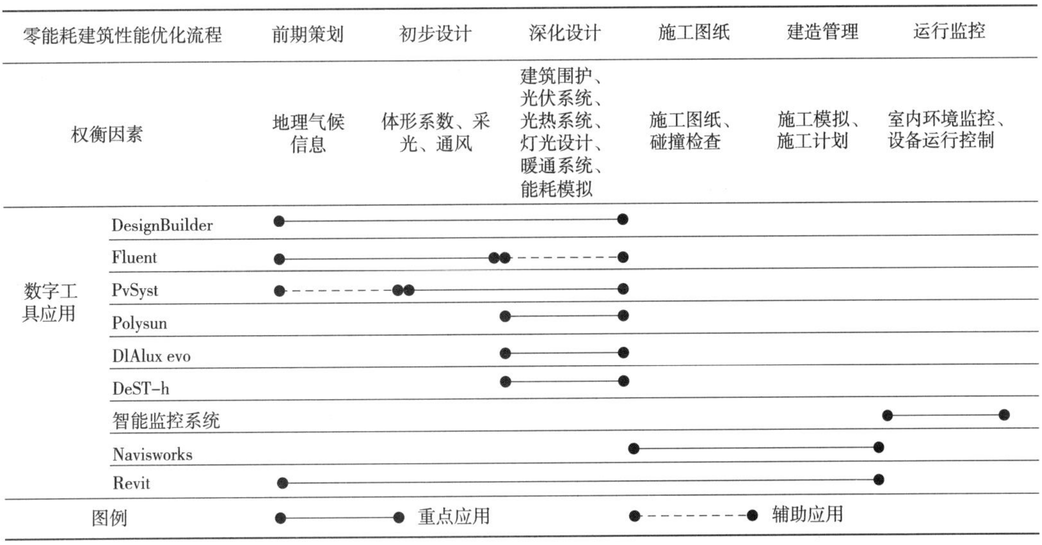

零能耗建筑性能优化流程		前期策划	初步设计	深化设计	施工图纸	建造管理	运行监控
权衡因素		地理气候信息	体形系数、采光、通风	建筑围护、光伏系统、光热系统、灯光设计、暖通系统、能耗模拟	施工图纸、碰撞检查	施工模拟、施工计划	室内环境监控、设备运行控制
数字工具应用	DesignBuilder	●—————————————●—————————					
	Fluent	●—————————●● - - - - -					
	PvSyst	●- - - - - - - ●●					
	Polysun			●———●			
	DIAlux evo			●———●			
	DeST-h			●———●			
	智能监控系统						●————●
	Navisworks					●————●	
	Revit	●——————————————————————————●					
图例		●————————● 重点应用		●- - - - - - - ● 辅助应用			

图 6-56 长屋性能优化的数字化工具应用过程

计生成阶段，需要调整 LONG-PLAN 天井的数量、尺度和位置。通过模拟单一中庭方案和中庭、天井结合的两个方案的采光系数、照度的分布情况，对比建筑室内自然采光环境品质，再综合其他设计因素最终形成"中庭 + 采光天井 + 鱼菜共生天井 [①] 组合"的布局方案（图 6-57）。由此反馈至设计，还需分析阳光房的设置对于建筑能耗（尤其是冬季建筑采暖能耗）的影响。调整遮阳系统设计与玻璃选型，以及模拟遮阳系统开启模式及室内热环境舒适度、能耗的对应关系。同时，改变建筑运行的时间表，探究房屋运行模式对于建筑能耗与室内热环境舒适度的影响，与智能系统的中控程序设计进行关联。在不开启主动设备的条件下，模拟建筑不同房间全年室内热环境舒适度，在非制暖季节室内温度约为 15~25℃（图 6-58）。此外，精确设置 HVAC、Lighting 及其他生活用电设备，模拟建筑物全年的能耗情况，并与光伏发电量产生模拟对比，确保全年太阳能光伏发电量始终满足建筑的耗能需求（图 6-59）。

（2）室内风环境

利用 Fluent 进行精确的建筑室内风环境模拟，模型参数包括：室外环境参数、粗糙度、室外空气温度和风速等。设计初期阶段，模拟服务带和生活空间的通风情况，探究天窗设置对于建筑风压通风及热压通风的影响。在设计深化阶段，模拟开窗位置、尺度、门窗开关情况对于室内空气流速的影响，进一步指导设计并关联智能控制系统中的开窗器设置与中控程序。暖通系统布置设计中，模拟 HVAC 系统的末端位置与室内气流组织的关系，与室内家居布局进行联动设计，提高室内风环境的舒适性。在风速模拟中，设置了五种门窗的开启模式，并将其命名为聚会模式、工作模式、归家模式、离家模式和睡眠模式。通过对 5 种模式室内风环境进行模拟，得到（图 6-60）所示 1.5m 高度风场图。5 个模式室内平均风速大小

① 鱼菜共生天井：宽 2.6m，总高 5.0m 的天井，由底层鱼缸、分为上下两层的植蔬绿墙、水循环系统以及监控系统组成。

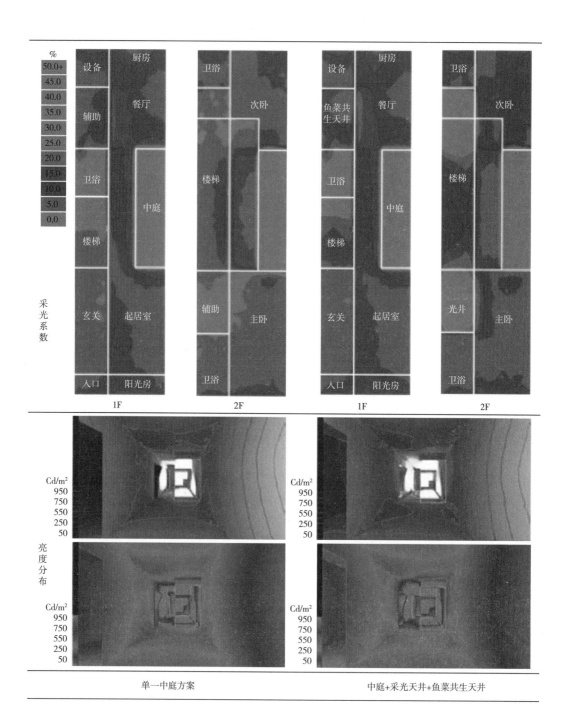

图 6-57 LONG-PLAN 不同天井方案的天然采光模拟对比（以夏至日中午全阴天工况为例）

排序为：工作模式＞归家模式＞聚会模式＞离家模式≈睡眠模式。一层室内大部分风速在 0~1m/s 范围内，过渡季主导风向为南至西南，室内主要气流流向为由西南向东北。其中工作模式和归家模式因为南北两侧开窗开门，形成穿堂风，使室内空气能够较好流动。但位于南侧的两个进口处风速较大，可通过智能控制系统根据室内风速实时测量进行门窗开启大小的调节，或在进门处设置适宜室内布置的阻风屏风或过渡空间。离家模式和

图 6-58 LONG-PLAN 室内
全年逐日平均温度和相对湿度
模拟（两条竖线之间为非采暖
季节，之外为采暖季）
（a）室内全年逐日平均温度模
拟；（b）室内全年逐日相对湿
度模拟

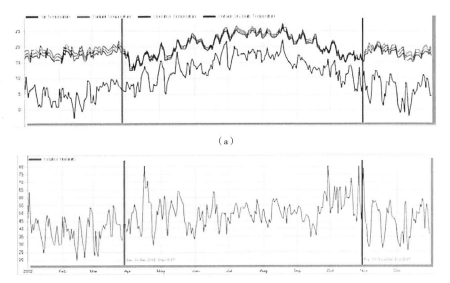

（a）

（b）

图 6-59 LONG-PLAN 总能
耗构成和产能与耗能水平对比
曲线
（a）总能耗构成占比；（b）产
能与耗能对比曲线

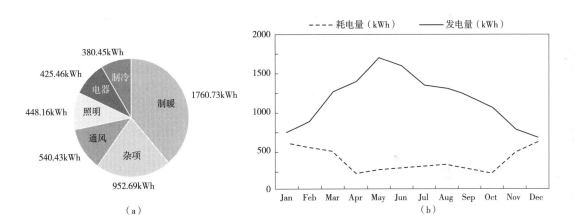

（a）

（b）

睡眠模式因一层南北两侧的通风口均关闭，导致一层室内风速较小，同样可以通过智控开窗开度来进行调节。聚会模式则开启部分开口面积，使室内风速不至于过大且具有较好通风效果。由二层平面的风速云图发现，离家模式开窗面积最小，室内平均风速也最小。当室外温度较为适宜时，可通过智能控制系统将窗开大，达到促进室内通风的效果。其余 4 个工况的室内通风效果较强，室内风速较为适宜，对局部进口处风速过大也可通过窗户开度调节及设置阻风屏障来解决。

（3）PVsyst 和 Polysun

在设计过程中，利用 PVsyst 软件对比不同的光伏板类型选择、光伏板布置方式对于光伏发电量和不同时间段发电情况的影响，得出较为准确的光伏发电量模拟（图 6-61）。在太阳光热利用方面，则采用 Polysun 在设计初期阶段进行光热系统选型对比与确定。

图 6-60 LONG-PLAN 不同使用场景室内通风风速模拟（1.5m 高度风场图）

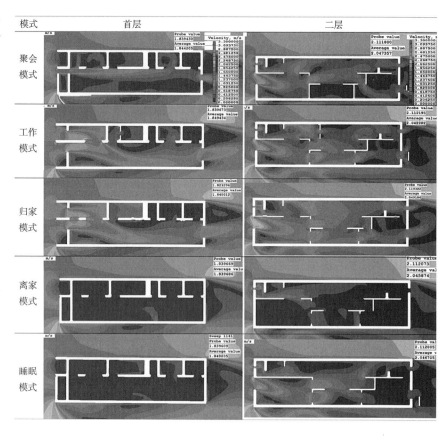

图 6-61 LONG-PLAN 光伏系统模拟

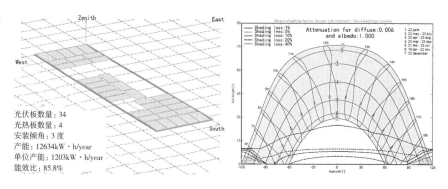

4）数字化设计实例小结

绿色建筑数字技术的应用辅助了建筑设计与运营性能的综合协调，而 BIM 模型的利用使得建筑师可在设计整合阶段完成对绿色建筑性能的全面评估与优化工作。LONG-PLAN 的实际运营性能表现通过竞赛过程中严格的数据采集得到了检验，实现了室内环境舒适控制能力与能源绩效之间的良好平衡。被动式的设计降低了主动的耗能需求，房屋内部合理的气候边界设置，为主动与被动的结合控制创造了条件。在最为极端的夏季测试中，空调开启的同时，服务带也可以进行自然通风降温。最终，LONG-PLAN 获得了该届竞赛的总冠军，在工程设计、创新能力、舒适程度、建筑设计和能源绩效等单项均取得前三的名次，创造了当时中国高校的最好成绩。

6.7 结语

本章面向绿色建筑性能设计与研究的需要，系统介绍了各类数字化工具的特点和应用方法，并结合绿色建筑设计过程，以及多目标优化设计进行了方法介绍，为读者提供了较全面的专业视野及多样化工具选择，为进一步深入理解和掌握数字技术工具和方法提供基础。

本章提供了较为常用的数字化工具软件介绍，并结合案例简要阐述了基本使用步骤和方法。由于篇幅所限，未能涵盖所有软件的使用技巧细节，读者可以通过网络资源等途径对感兴趣的内容和工具进行进一步的学习。需要特别指出，读者应着重理解软件工具背后的模拟分析逻辑，这样对软件的使用往往可以"一通百通"。掌握了基本建模逻辑与步骤，理解了重点性能指标与其对应的分析结果，即使软件界面和操作有所不同，学习与操作上手的时间成本也是可控的。建议读者可以尝试不同的工具软件，结合应用需求和个人使用习惯寻找最合适自己的软件和操作技巧。

本章涉及较多常见物理指标与相关参数，概要地介绍了这些指标在绿色建筑数字化设计中的作用。详细的建筑物理理论需要专业知识铺垫，相关数学模型可以参考本书其他章节。绿色建筑数字化设计的一个重要目标就是通过先进的数字技术与智能手段，减少以往建筑物理环境分析时巨大的人力物力投入，以及提高分析结果的精确性，快速准确地辅助建筑设计决策。

绿色建筑数字化设计是近年来数字化建筑设计发展得较快的一个分支，具有广阔的应用前景和使用价值。运用数字化工具辅助对建筑设计的布局、形体、空间、界面、材料等进行科学的决策，营造舒适、健康、低碳、可持续的人居环境，实现符合健康安全、低碳节能、可持续发展等目标的新一代建筑设计，是一个值得深入学习、持续研究的新篇章。

本章参考文献

[1] 刘大龙，刘加平，杨柳，等 . 气候变化下建筑能耗模拟气象数据研究 [J]. 土木建筑与环境工程，2012, 34（2）: 110-114.

[2] Herrera M, Natarajan S, Coley D A, et al. A review of current and future weather data for building simulation[J]. Building Services Engineering Research and Technology, 2017, 38（5）: 602-627.

[3] 李红莲 . 建筑能耗模拟用典型气象年研究 [D]. 西安：西安建筑科技大学，2016.

[4] Fanger P O. Thermal Comfort: Analysis and Applications in Environmental Engineering[J]. Royal Society of Health Journal. 1972, 92（3）: 164.

[5] 纪文杰，杜衡，朱颖心，等 . 对热环境评价指标"标准有效温度 SET"的重新解读 [J]. 清华大学学报（自然科学版），2022, 62（02）: 331-338.

[6] Pickup J, De Dear R. An outdoor thermal comfort index（OUT_SET*）-part I-the

model and its assumptions：Biometeorology and urban climatology at the turn of the millenium. Selected papers from the Conference ICB–ICUC[C]. 2000：279–283.

[7]　Höppe P. The physiological equivalent temperature–a universal index for the biometeorological assessment of the thermal environment[J]. International journal of Biometeorology, 1999, 43（2）：71–75.

[8]　Jendritzky G，Havenith G，Weihs P，et al. The universal thermal climate index UTCI—goal and state of COST Action 730 and ISB Commission 6：Proceedings 18th Int. Congress Biometeorology ICB[C]. 2008：22–26.

[9]　Matzarakis A，Amelung B. Physiological Equivalent Temperature as Indicator for Impacts of Climate Change on Thermal Comfort of Humans[M]// Seasonal Forecasts，Climatic Change and Human Health：Health and Climate. Dordrecht：Springer Netherlands, 2008：161–172.

[10]　Lin T P，Matzarakis A. Tourism climate and thermal comfort in Sun Moon Lake, Taiwan[J]. International Journal of Biometeorology, 2008, 52（4）：281–290.

[11]　Gao C，Lee W L. Evaluating the influence of openings configuration on natural ventilation performance of residential units in Hong Kong[J]. Building and environment, 2011, 46（4）：961–969.

[12]　康健，马蕙，谢辉，等．健康建筑声环境研究进展 [J]. 科学通报, 2020, 65（4）：288–299.

[13]　李正文，朱毅．白噪声在室内声环境设计中的运用 [J]. 中国住宅设施, 2015,（4）：72–74.

[14]　Kheiri F. A review on optimization methods applied in energy–efficient building geometry and envelope design[J]. Renewable and Sustainable Energy Reviews, 2018, 92：897–920.

[15]　肖毅强，方翔锋，吕瑶，等．湿热地区小学建筑立面可自然通风降噪构件设计研究——以深圳新洲小学为例 [J]. 建筑技艺, 2021（S1）：57–60.

[16]　Kwon, C W，Lee K J . Integrated daylighting design by combining passive method with daysim in a classroom[J]. Energies，11（11），3168.

[17]　Iversen A，Roy N，Hvass M，et al. Daylight calculations in practice：An investigation of the ability of nine daylight simulation programs to calculate the daylight factor in five typical rooms[J]. SBI forlag, 2013.

[18]　Kensek K，Suk J Y. Daylight Factor（overcast sky）versus Daylight Availability（clear sky）in Computer–based Daylighting Simulations[J]. Journal of Creative Sustainable Architecture & Built Environment, 2011, 1：3–14.

[19]　MARDALJEVIC J. Daylight, indoor illumination and human behavior[M]// Sustainable Built Environments，New York：Springer：2804–2846.

[20]　Debnath, Ramit.（2019）. Daylight simulation and visualization for improved well-being in classrooms：A summer–school project report[Z]. Conference：Showcase@ Oxbridge. Cambridge.

[21] 殷实. 基于气候适应性的岭南传统骑楼街空间尺度研究 [D]. 广州：华南理工大学，2015.

[22] Toparlar Y, Blocken B , Maiheu B , Heijst G. A review on the CFD analysis of urban microclimate[J]. Renewable and Sustainable Energy Reviews, 2017, 80 (12)：1613–1640.

[23] Yao Lu, Suijie Liu, Hankun Lin, et al. Ventilation and Thermal Comfort Performances of Combined Climate–Buffer–Zone Systems in Subtropical Area[C]// IOP Conference Series：Earth and Environmental Science, 2020, 588 (042029)：11–14.

[24] Van Druenen T, Van Hooff T, Montazeri H, et al. CFD evaluation of building geometry modifications to reduce pedestrian level wind speed[J]. Building and Environment, 163 (2019)：106293.

[25] Kitagawa H, Asawa T, Kubota T, et al. Numerical simulation of radiant floor cooling systems using PCM for naturally ventilated buildings in a hot and humid climate[J]. Building and Environment, 2022 (226)：109762.

[26] 刘穗杰. 湿热地区建筑气候空间系统设计策略研究 [D]. 广州：华南理工大学，2019.

[27] 张淞. 寒冷地区沿海城市住宅室内风环境优化设计研究 [D]. 济南：山东建筑大学，2020.

[28] 唐帅. 结合降噪性能与自然通风的建筑立面设计策略研究 [D]. 广州：华南理工大学，2020.

[29] Hensen, Jan LM, and Roberto Lamberts, eds. Building performance simulation for design and operation[M].London：Spoon Press，2011.

[30] Sun C, Liu Q, Han Y. Many–objective optimization design of a public building for energy, daylighting and cost performance improvement[J]. Applied Sciences, 2020, 10 (7)：2435.

[31] Gadelhak M, Lang W, Petzold F. A visualization dashboard and decision support tool for building integrated performance optimization[C]//Proceedings of the 35th eCAADe Conference. 2017, 1：719–728.

[32] 林健成. 湿热地区小学建筑气候空间的节能潜力评估方法研究——以深圳新洲小学为例 [D]. 广州：华南理工大学，2022.

[33] Yiqiang Xiao, Shuai Tang, Hankun Lin. Research on the Building Facade Design with Natural Ventilation and Noise Insulation Performance in Urban Street Canyons [C]. 16th International Conference on Urban Health：People–Oriented Urbanisation Transforming Cities for Health and Well–Being, Nov 2019, Xiamen, China.

第7章 虚拟现实类技术在建筑领域中的应用

7.1 概述

7.1.1 虚拟现实类技术的内涵与特征

虚拟现实（virtual reality，VR）技术是以计算机技术为核心，结合相关科学技术，生成与一定范围内真实环境高度近似的数字化环境的技术[1]。科技发展促进了增强现实（augmented reality，AR）、混合现实（mixed reality，MR）及扩展现实（extended reality，XR）等相关技术概念。由于上述几种技术历史发展的衍生性以及概念使用的延续性，在日常语境中，人们习惯将他们统称为"虚拟现实技术"。但在本文中，为了避免用词混淆，将明确界定这些技术的概念，并统称为"虚拟现实类技术"（图7-1）。

图7-1 虚拟现实类技术概念图解

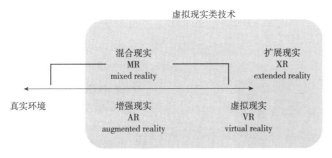

1）虚拟现实技术

从理论上讲，VR技术以计算机技术为核心，结合传感、图形、多媒体显示等多种高科技手段生成数字化环境，模拟多感知维度（视觉、听觉、触觉和嗅觉）上的真实效果。这种技术将用户全方位包围在独立的视听空间内，依靠数字化环境建立用户的环境感知。用户借助显示器、立体音响等输出设备，可以获取模拟的环境信息，产生真实体验；另外，数据手套、位置追踪器等输入设备则让用户与虚拟物体进行交互，进一步提升体验的真实性。

1990年，美国达拉斯召开的SIGGRAPH会议将VR的主要技术明确为实时三维图形生成技术、多传感器交互技术和高分辨率显示技术。美国格里戈雷·C·伯迪亚（Grigore C. Burdea）和菲利普·考菲特（Philippe Coiffet）在 *Virtual Reality Technology* 中提出，在与现实融合的过程中，VR技术体现了以下三个特性：沉浸性（Immersion）、交互性（Interaction）和构想性（Imagination）[2]。

2）其他虚拟现实类技术

伴随着VR技术的研究与发展，它的局限性也逐渐暴露出来：一方面，虚拟现实需要通过显示器或头盔显示器将真实世界完全阻隔，因此，用户无法同时感知到虚拟环境与现实世界；另一方面，大规模的虚拟环境建模、渲染需要耗费大量人力和时间，并且在真实度和体验感上依然存在不足。于是，一些由虚拟现实衍生出的概念逐渐受到重视与应用。按照虚拟环境与现实融合的不同程度，AR、MR 和 XR 被相继提出。

AR 是指用数字化信息覆盖一部分真实环境的技术。有别于 VR，它可以直接观察到真实环境，而非经过间接处理、渲染的环境。同时，它可以简单识别真实环境中的物体，并将虚拟内容，如文字标注或是图形动画叠加于现实环境之上。

MR 比 AR 更进一步，它可以理解环境中的各种信息，如：物品的大小、边界、3D 位置等，实现虚拟内容与真实环境之间的互动。

XR 是一项囊括了 VR、AR、MR 以及其他有关虚拟与现实融合或交互的技术的合集。随着技术的发展，很多应用无法单一地被归类为 VR、AR 或是 MR，于是将此类型的虚拟现实类技术统称为 XR。

7.1.2 虚拟现实类技术的发展脉络

1）虚拟现实技术（VR）

虚拟现实技术的起源可以追溯到 20 世纪早期。普遍认为，VR 概念来源于美国小说家斯坦利·温鲍姆（Stanley Weinbaum）于 1935 年出版的科幻小说 *Pygmalion's Spectacles*（《皮格马利翁的眼镜》）。小说里的教授发明了一副眼镜，可以播放从视觉、听觉、触觉、嗅觉和味觉模拟真实体验的电影，并且电影中的角色可以与眼镜的使用者互动。1956 年，摄影师莫顿·海利格（Morton Heilig）创造了第一台虚拟现实装置 Sensorama（图 7-2）。通过气味发生器、振动椅、立体声扬声器和立体 3D 屏幕等设备刺激多种感官，模拟摩托车在街道上飞驰的效果。

图 7-2 Sensorama[①]

1965 年，被誉为"虚拟现实之父"的美国计算机科学家伊万·萨瑟兰（Ivan Sutherland）在论文 *The Ultimate Display*（《终极显示》）[3] 中提出了一种虚拟显示器的设想，即：通过图形显示技术加持，使用者看到的场景会随着他身体的移动和头部的转动而改变，使用者能与虚拟场景中

---

① 图片来源：https://research.algalon.com/vr-ar-games-distributed-computing-increased-capabilities.

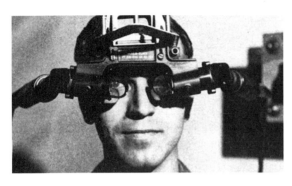

图 7-3　达摩克利斯之剑①

的对象互动。在 3 年后，萨瑟兰和他的学生鲍勃·斯普劳尔（Bob Sproull）共同开发出了 VR 头戴显示器的原型，并命名为达摩克利斯之剑（图 7-3）。这台头戴显示器非常原始，它只能显示简单的虚拟线框形状，并且由于设备体量过大，需要悬挂在天花板上才能使用。

1985 年，杰伦·拉尼尔（Jaron Lanier）和托马斯·齐默尔曼（Thomas Zimmerman）成立了 VPL 公司，意味着虚拟现实开始从实验室走向市场。该公司是第一家销售 VR 眼镜和手套的公司，他们开发了一系列虚拟现实设备，如：EyePhone 头戴显示器、DataGlove 数据手套（图 7-4）和 AudioSphere 环绕音响系统。1987 年，拉尼尔提出了"Virtual Reality"即"虚拟现实"这一名词，这个术语在之后被流传开来，成为这一领域的专有名词。

图 7-4　两名实验人员正在使用 EyePhone 头戴显示器和 DataGlove 数据手套②

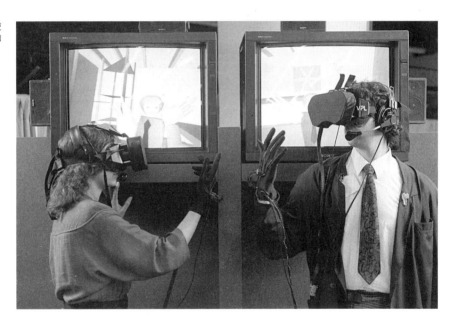

与此同时，用于虚拟现实内容开发的软件平台、建模语言和游戏引擎相继出现。1989 年，Quantum 3D 公司推出了 OpenGVS——一款可以用于 PC 系统的实时 3D 视景管理软件。1994 年，瑞士日内瓦召开的万维网大会上，马克·佩斯（Mark Pesce）和托尼·帕里斯（Tony Paris）介绍了他们开发的 3D 浏览器 Labyrinth，会议决定开发出一套虚拟现实建模语言 VRML③。1997 年，经过多重筛选与完善，VRML 国际标准正式发布。1998 年，Epic 公司推出了虚幻引擎（Unreal Engine），并发布了一款第一视角的 3D 射击游戏。

---

① 图片来源：https://www.roadtovr.com/fred-brooks-ivan-sutherlands-1965-ultimate-display-speech.
② 图片来源：https://flashbak.com/jaron-laniers-eyephone-head-and-glove-virtual-reality-in-the-1980s-26180.
③ 虚拟现实建模语言 Virtual Reality Modeling Language，简称"VRML"。

21世纪，大量企业涌入虚拟现实领域，试图抓住新的增长点以占领市场先机。2012年，游戏设计师帕默·勒基（Palmer Luckey）制作了一款虚拟现实头戴显示器，并将其带到了E3展会，这款头戴显示器就是Oculus Rift[①]的原型。游戏开发商Valve Software公司也在2012年决定进军虚拟现实领域，它后续与HTC公司（宏达国际电子股份有限公司）合作推出了HTC VIVE、HTC FOCUS等多个广受好评的虚拟现实产品系列。在2014年谷歌I/O开发者大会上，两位工程师展示了自己用硬纸板、透镜、皮筋等简易道具手工完成的3D眼镜Cardboard[②]，这个发明让人们意识到有了智能手机的配合，VR头戴显示器其实是一种轻而易举就能完成的设备。

目前，Oculus Rift、HTC等产品迭代更新，新产品也在不断推出，众多科技巨头陆续展开对"元宇宙"的布局。2021年北京字节跳动科技有限公司收购VR设备品牌PICO。2021年Facebook公司正式更名为Meta，这个名称正来源于"元宇宙（Metaverse）"。创始人马克·扎克伯格认为，元宇宙即将成为下一个科技前沿领域，而VR作为元宇宙的技术支撑，必然在未来大放光彩[③]。

2）增强现实技术（AR）

早期的VR、AR并没有划分明确的边界，因此，伊万·萨瑟兰于1968年开发出的计算机图形驱动头戴显示器"达摩克利斯之剑"也被视作增强现实设备的雏形。

1992年，波音公司研究员汤姆·考德尔（Tom Caudell）和戴维·米泽尔（David Mizell）开发了一款通过在镜片上投影文字和图形标注辅助产品制造的头戴显示器（图7-5）。他们[4]描述了这种配备有头部位置传感器和工作区位置注册系统的技术，并将其命名为"增强现实"。

1997年，罗纳德·阿祖玛（Ronald Azuma）[5]将增强现实定义为包含以下3个特征的系统：虚实结合（Combines real and virtual）、实时交互（Interactive in real time）、3D注册（Registered in 3-D），并受到广泛的认可。2001年，奈良先端科学技术大学院大学（Nara Institute of Science and Technology）的加藤弘一（Hirokazu Kato）教授发布了AR软件开发工具包ARToolKit，它使用计算机视觉技术跟踪计算相机相对于物理标记的实际位置和方向，据此绘制虚拟图像。ARToolKit的发布让AR应用开发从专业研究机构走向了普通程序员。2009年成立的Wikitude公司推出了支持移动端的AR解决方案插件Wikitude，进一步让AR应用的开发变得容易。

2014年，谷歌公司发布了Google Glass（图7-6），这是一款可以将信息、图片投影在用户眼前，并且支持通话功能的增强现实眼镜，然而高昂的价格、怪异的造型和较差的续航能力导致它未能被大众接受。

---

① Oculus Rift 是 Oculus 公司推出的虚拟现实头戴显示器。
② 详见本章 7.2.4 条中的相关介绍。
③ 虚拟现实类技术正处于在急速发展的阶段，因此文中涉及的技术、公司名称、产品型号均有较强的时效性，这些内容根据截止于2022年8月30日的相关报道。

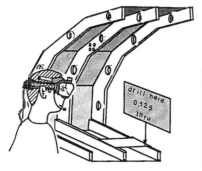

图 7-5 考德尔的 AR 头戴显示器设想 [4] （左）

图 7-6 Google Glass[①] （中）

图 7-7 IKEA Place[③] （右）

2017 年，苹果公司在 WWDC 大会[②] 上展示了 ARKit，这是一款供开发者为 iPhone 和 iPad 制作增强现实应用而提供的软件开发工具包。iPhone 中自带的测量仪，就是利用 ARKit 中的视觉惯性里程计（Visual Inertial Odometry，VIO），以高精度跟踪空间环境，让使用者可以直接用摄像头测量空间尺寸、记录环境信息。随后，谷歌推出 ARCore 与 ARKit 对标，实现安卓系统中的 AR 应用开发。目前，移动端的 AR 应用已经有了许多成功的案例，例如：瑞典宜家家居公司的 IKEA Place（图 7-7）可以识别手机摄像头中的空间环境，让用户在自家房间内布置虚拟家具、体验效果。

3）混合现实技术（MR）

1994 年，保罗·米尔格拉姆（Paul Milgram）和岸野文郎（Fumio Kishino）在论文 *A Taxonomy of Mixed Reality Visual Displays*[6] 中首次引用了"混合现实"一词，他们用虚拟连续体（Virtuality Continuum）坐标（图 7-8）的形式阐释了这个概念。真实世界和虚拟现实位于坐标轴的两端，从完全真实到完全虚拟的全过程就是混合现实。

图 7-8 虚拟连续体坐标 [6]

微软在此基础上进一步明晰了这个概念，将混合现实定义为从物理世界到数字世界这条坐标轴上的一个片段，比混合现实更接近物理世界的概念是增强现实，更接近数字世界的概念是虚拟现实（图 7-9）。微软公司借此在 2015 年推出了自己的混合现实眼镜 HoloLens。不同于以往主打娱乐应用的 VR、AR 产品，HoloLens 更加侧重对工作场景的辅助，例如：对外科手术的指导、设计师辅助建模、基于 MR 的教学任务等，并支持多人远程协作设计。

在 2021 年 Microsoft Ignite 大会上，微软发布了混合现实协作平台 Microsoft Mesh。Microsoft Mesh 基于云计算平台 Azure，提供了可以跨越地理位置的交流平台。借助 HoloLens，不同地点的用户可以以虚拟的

---

① 图片来源：http://www.inquiriesjournal.com/articles/1490/the-internet-of-things-a-look-into-the-social-implications-of-google-glass.

② WWDC 是苹果全球开发者大会 Worldwide Developers Conference 的缩写。

③ 图片来源：https://about.ikea.com.

图 7-9　混合现实图谱[①]

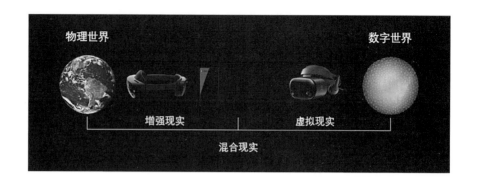

人物形象出现在同一场景，也可以将 3D 物理模型带入场景中，执行设计、检查等任务。虽然目前混合现实的大部分技术都处在设想阶段，但是 Microsoft Mesh 平台为这些设想提供了可靠的基础。

4）扩展现实技术（XR）

图 7-10　XR 应用领域[②]

XR 概念的提出源自于 VR、AR、MR 之间模糊的分别，于是一个可以涵盖这几种技术的词便应运而生。XR 中的"X"，可以看作 V、A、M 的替换符，也可以看作对未来虚拟现实类技术无限可能性的展望[7]。

2010 年，索尼公司注册了"X-Reality"商标，将扩展现实技术应用于"Xperia"系列智能手机中。2018 年，高通公司推出了骁龙 XR1 芯片，这是全球第一款扩展现实专用芯片，在此之前的虚拟设备都沿用着手机处理器，一年后，二代产品骁龙 XR2 芯片推出，实现了与 5G 技术的结合。如今，Unity、Unreal Engine 等游戏引擎公司都针对 XR 展开布局，陆续推出了配合 VR、AR、MR 内容开发的 XR 插件。未来 XR 将会与人工智能、物联网等更多技术结合，有着巨大的开拓空间（图 7-10）。

7.1.3　虚拟现实类技术在建筑领域中的常见应用类型

早在 20 世纪末，欧美国家就已经将虚拟现实类技术应用到了建筑学领域之中，进行设计辅助、施工模拟、历史建筑保护等。如今，随着科技的发展，虚拟现实类技术从大型实验室走向了普通的建筑工作室和个人用户，赋予了虚拟现实类技术更多的应用可能性。

1）设计推敲

建筑设计是灵感创作、发现问题、修改更新的迭代过程。传统建筑设计依赖二维图纸和手工模型，这些方法无法全面展示设计方案，且制作效果图和模型耗时长且成本高，降低了设计效率。虚拟现实类技术的出现高效地解决了这些问题。VR 技术可以实现用户在 3D 数字环境中漫游，从多

① 图片来源：https://docs.microsoft.com/zh-cn/windows/mixed-reality/discover/mixed-reality.

② 图片来源：https://www.qualcomm.com/media/documents/files/the-mobile-future-of-extended-reality-xr.pdf.

个角度审视设计，发现设计的潜在缺陷；AR、MR技术通过实时跟踪计算环境位置和角度，可以实现将模型定位到真实环境中，并且随着设计师位置的变化，还可以在手机屏幕中呈现模型的不同角度以及与场地的关系。此外，虚拟现实类系统支持实时设计调整，用户通过简单的操作就可以调整建筑的材质和尺寸，以及增加建筑的细节和配景，提升了设计与修改的效率。

2）客户展示交流

建筑设计面对的客户通常不具备专业能力，他们无法根据平面图纸想象出空间的3D效果，也不能理解施工图中的标注信息，因此，很难理解设计师的真实意图并表达自己的想法。虚拟现实类技术的沉浸性特征可以还原几乎真实的建筑空间效果，让客户不用再面对完全读不懂的图纸。更进一步，虚拟现实类技术还可以通过特效制作，达成超越现实的展示能力。例如，改变光影效果，让客户在短短几分钟内体验到一年四季和不同天气情况下的场景氛围。通过虚拟现实类技术，客户可以充分理解设计师想要传递的理念与内容，从而对设计提出修改意见，让两方的沟通变得更加通畅，避免因为信息不对等而产生矛盾。

3）协助公众参与设计

随着社会的发展，当今的城市规划、建筑设计已经不再是由专业人士和业主全权把控的"自上而下"过程，越来越多的规划师、建筑师开始关注民众的意见，设计变为"自下而上"的有机过程。传统的公众参与方式因时间和空间限制而受阻，并且民众只是针对已有方案进行抉择，缺乏更深程度的参与。虚拟现实类技术可以提供线上的3D展示平台，打破了空间与时间的桎梏，使公众能更全面地参与，同时，虚拟模型也能给公众提供更易于理解的空间表达形式。一些虚拟现实类系统还可以创造更深入的交互模式，让公众可以通过简单的按键和滑动条改变设计的尺寸、色彩、形态、数量，提升公众参与的深度。

4）建成环境的信息可视化

虚拟现实类技术不仅可以展示真实场景，也可以构建虚构场景，或者将虚构内容叠加于真实场景之上。建成环境的信息可视化指通过将数字化的虚拟信息展示在建筑或城市3D模型上，提供一种直观的获取环境信息的方法。

对于规划和建筑来说，可视化的信息可以分为静态资料数据、业务管理数据和动态监测数据。静态资料数据一般是对已有构筑物的信息展示，例如：建筑的层数、面积、功能分区等，可以应用于导航、物理环境模拟等方面。业务管理数据是为了建成环境管理运营而引入的附加信息，例如：物业管理、设备管理、安全管理等，为管理者或其他用户提供便利。动态监测数据是通过在真实的建成环境中放置传感器而获取的实时数据，将这些数据输入计算设备中可以实时分析环境中信息，同时信息被复现在数字化的3D模型上构成了虚拟现实类系统，这种技术也被应用于数字孪生中。

5）建筑评估

建筑评估是最早由西方提出的1种可持续发展的理论，用来检验建筑在整体质量、建筑性能、使用状况等方面的表现，评估的结果可以对未来建筑的设计与施工有所启示。目前，被广泛使用的是"使用后评估"（Post-Occupancy Evaluation，POE）模式，是指在建筑完成并投入使用一段时间后，对其使用状况和性能表现进行评估的1个过程。但是，这种评估模式无法在设计阶段就对建筑的使用效果做出预测，只能根据以往的经验来改善设计。虚拟现实技术允许用户在建筑尚未建成前评估空间效率。随着计算机学科的发展，虚拟现实类技术还可以与新兴技术结合，例如：利用代理人模拟真实用户的行为模式，以测试更大体量的人群在建筑中的使用状况。

6）建筑教学

随着技术的发展，获取知识的途径变得多样化，虚拟现实类技术因其互动性与沉浸感丰富了传统教学形式：一方面，虚拟现实类技术的互动性与沉浸性可以改进传统授课中以教师讲解为主的教学模式，而让教师与学生在虚拟空间中互动交流，更具现场感；另一方面，虚拟现实类技术摆脱了空间与时间的束缚，老师与学生可以利用网络平台展示作品、体验空间、分享知识，使教学资源更广泛地分享和利用。

尽管成本和体验仍有待改善，但随着技术的进步，虚拟现实技术将成为建筑教学的重要辅助工具，激发学生的学习兴趣，并巩固知识理解。目前已经被应用在建筑史、建筑设计、室内设计、建筑材料、建筑声学、建筑光学等课程中。

7）建筑遗产的研究和保护

建筑遗产作为人类活动的历史见证者，有着巨大的文化艺术价值。随着人们文化传承意识增强，古建筑的研究与保护受到广泛关注。然而，实体化的建筑难免受自然或人为因素影响而衰败，而数字化手段，尤其是虚拟现实类技术，通过记录、复原、展示建筑遗产，能够完整真实地记录建筑的当下状态，保存建筑遗产的相关信息，减少对实体的破坏，降低保护成本。这不仅能够为专家学者提供研究便利，也通过互动展示方式让公众更好地理解和传承历史建筑。

8）建筑施工管理

虚拟现实类技术不仅可以应用于建筑设计阶段，还能有效辅助施工阶段的工作。传统施工管理常依赖文字、图纸或口头交流，过程繁琐、成本高且效率低。虚拟现实类技术基于3D可视化的形式能够更清晰地阐释施工要求，提高各方沟通效率，科学组织工作。在技术交底、组织施工、成果验收等环节，虚拟现实类技术能够向施工人员讲解施工流程、模拟施工训练，以及快速精准地检查项目质量，从而优化施工流程，减少施工过程中出现的问题，使整个建筑施工方案的实施过程更加顺畅。

7.2 建筑应用中的虚拟现实类系统分类

从硬件的类型来说，虚拟现实类系统可以分为：桌面式系统、头戴式系统、沉浸式系统和移动端系统。

7.2.1 桌面式系统

桌面式系统是一套基于个人计算机或普通工作站的小型虚拟现实类系统，它利用图形工作站进行图像处理，通过鼠标、3D 鼠标等输入设备实现交互，最终以计算机屏幕作为使用者观察虚拟场景的窗口，其效果满足了虚拟现实类技术的基本需求。

桌面式系统相比于头戴式系统和多人沉浸式系统而言，不能达到完全沉浸的效果，但由于桌面式系统的操作性更强，成本也相对便宜，因此，相对其他系统有更广泛的应用。在建筑与城市规划领域，桌面式系统常见于虚拟内容的制作，适合没有太多预算的初级开发者和使用者。

1）基于几何图形的绘制技术的软件

基于几何图形的绘制技术（Graph-based Rendering, GBR）指通过建立 3D 几何模型，模拟模型纹理、材质和环境光线而获得具有真实感场景的技术[①]。目前，这类技术的软件可以分为以下 3 类：（1）以 Unity、Unreal Engine 为代表的 3D 游戏引擎，有着极强的可开发性，支持使用者对操作界面的二次开发，灵活性高。（2）以 VRay、Enscape 为代表基于 SketchUp、Rhino 等建模软件的渲染插件，不具备开发性，操作简单，与设计流程无缝连接。（3）以 Lumion、光辉城市 Mars、Twinmotion 为代表支持模型导入的建筑渲染软件，提供扩展功能和基础模型完善能力。

2）基于图像的绘制技术的软件

基于图像的绘制技术（Imaged-Based Rendering, IBR）是指通过拼接现有图像而获得具有真实感场景的技术[②]。最早出现的 IBR 软件是 QuickTime VR，依托于 QuickTime 播放器，是一种观看 360° 图像的多媒体播放平台。QuickTime VR 不同于基于几何图形的绘制技术的虚拟软件，其原理是获取某一固定位置全部方向的照片，通过电脑合成为一张全景图。在播放器中，用户可以拖动全景图，观看该位置任意角度的画面。

3）常用外设

（1）立体眼镜

立体眼镜是用于辅助观看立体影片、场景的设备。佩戴立体眼镜，使用者可以在普通显示器上播放并观看 3D 影像。立体眼镜基于人眼感知立体空间的视觉机制，左右两只眼睛在观测一个景物时，会看到同一景物不同相位上的画面。人的大脑通过分析两只眼睛获得的有微小差别的图像，合成了有深度信息的景物。目前，最常见的立体眼镜有分色镜片、偏振式立体眼镜、快门式立体眼镜（图 7-11）3 种。

[①] 有关基于几何图形的绘制技术（GBR）的介绍详见本章 7.3.1 条。
[②] 有关基于图像的绘制技术（IBR）的介绍详见本章 7.3.1 条。

（2）立体显示器

立体显示器（图 7-12）利用人眼的视察机制来感受景物的深度信息。与立体眼镜不同，不需要佩戴额外的设备，仅仅通过对屏幕的处理，将显示器上的画面进行分割，达到两只眼睛在同一屏幕上看到不同画面的效果，进而形成立体感。

图 7-11　快门式立体眼镜[1]
（左）

图 7-12　立体显示器概念图[2]
（右）

图 7-13　Leap Motion[3]

（3）体感控制器

体感控制器是指无需手柄、鼠标等手持装置，就能对使用者的位置、移动、动作进行识别，让使用者获得更自然、更符合日常习惯的交互方法，从而达到更具沉浸感的体验。例如：Leap 公司于 2013 年发布的体感控制器 Leap Motion（图 7-13）可以跟踪手指动作，将得到的数据在虚拟世界中还原其实际意义，最终达到虚拟世界与现实世界之间的同步互动。

7.2.2　头戴式及各类穿戴系统

头戴式系统将使用者的视觉、听觉等感官封装在 1 个头盔式的头戴显示器中，提供一种完全沉浸式的体验。头戴显示器配合 VR 手柄、数据手套、3D 位置跟踪器等输入设备获得用户的运动与姿态，将结果实时反馈在头戴显示器内嵌的屏幕中，从而达到真实的交互效果。头戴式系统沉浸度高、成本较低、轻便易携，广受虚拟现实类技术使用者的青睐。

1）VR 头戴显示器

VR 头戴显示器是市场上最常见的头戴显示器，其中 HTC VIVE 系列[4]（图 7-14a）与 Oculus 系列[5]产品（图 7-14b）使用最为广泛，以下将介绍 VR 头戴显示器的技术分类以及几款常见 VR 头戴显示器的产品性能。

---

① 图片来源：http://www.yantok.com/product/stereoscopic.
② 图片来源：https://www.philips.com.cn/c-p/236G3DHSB_93/3d-lcd-monitor-led-backlight.
③ 图片来源：https://developer.leapmotion.com.
④ 由 HTC 公司与 Valve 公司于 2015 年联合开发的 VR 头戴显示器系列。
⑤ 由 Oculus 公司于 2015 年开发的 VR 头戴显示器系列。

图 7-14　两款 VR 头戴显示器
（a）HTC VIVE Pro[1]；
（b）Oculus Rift[2]

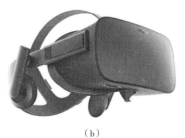

（a）　　　　　　　　　　　　　（b）

　　按照是否能独立运行，VR 头戴显示器分为外接式头戴显示器和一体式头戴显示器两种。外接式头戴显示器需要连接个人计算器、智能手机、游戏机等设备作为计算与存储设备，头盔内部配备有独立的屏幕、耳机，产品结构复杂、技术含量高、体验感出色。一体式头戴显示器是将计算与存储设备与屏幕、耳机集成于头盔中，便于携带，但是受到处理器的限制，一体式头戴显示器的交互与体验远远不如外接式头戴显示器出色。

　　按照定位技术，VR 头戴显示器又可分为外向内追踪（Outside-in tracking）技术和内向外追踪（Inside-out tracking）技术两种。外向内追踪技术是指在活动空间边缘放置定点位设备，用来定位使用者头部或控制手柄的空间位置与方向的技术。内向外追踪技术是指在利用头戴显示器内置的摄像头对外部环境进行扫描来确定空间位置的技术。后者不需增加额外的定位装置，因此减少了空间限制，可以自由活动，但是目前这种技术还不成熟，精准度略差。随着算法水平的提高，内向外追踪技术逐渐成为头戴显示器未来的发展趋势。

　　表 7-1 展示了几款 HTC VIVE 与 Oculus 的 VR 头戴显示器的产品性能。

VR 头戴显示器产品性能数据一览表　　　　表 7-1

产品名称	运行	定位	刷新率（Hz）	分辨率（像素）	视场角（°）
HTC VIVE Pro	外接式	Outside-in	90	2880×1600	110
HTC VIVE Cosmos	外接式	Inside-out	90	2880×1700	110
HTC VIVE Focus	一体式	Inside-out	90	4896×2448	120
Oculus Rift	外接式	Inside-out	80	2560×1440	110
Oculus Quest	一体式	Inside-out	90	3664×1920	100

图 7-15　HoloLens[3]

2）MR 头戴显示器

　　MR 头戴显示器没有 VR 头戴显示器的应用广泛，如：微软公司于 2015 年发布的 HoloLens（图 7-15）。相对于 VR 头戴显示器，MR 头戴显示器没有将使用者的视觉与环境完全隔绝，而是将计算机生成的图像叠加于真实环境之上。用户在佩戴 HoloLens 时，仍然可以看到周围的景象，

①　图片来源：https://www.vive.com/cn/product/vive-pro/.

②　图片来源：https://www.oculus.com.

③　图片来源：https://www.microsoft.com/zh-cn/hololens.

自由行走，与人交谈，实现更完善的互动。HoloLens 设备更加轻便，像是一副眼镜，内置计算设备、摄像头和传感器。

相比 VR 头戴显示器，HoloLens 被更多地应用在了大型企业的定制开发上。日本建筑企业 Tokyu Construction 与微软合作，在 HoloLens2 上使用 Microsoft Azure Remote Rendering 实现将虚拟建筑物在虚拟眼镜上的投影与现实场地位置实时保持一致，并且可以查看建筑信息，帮助他们与客户和施工方对接。

3）附属穿戴设备

（1）操控手柄

在虚拟漫游时，操控手柄常与头戴显示器配合使用，执行更丰富的操作。大部分操控手柄会包含定位装置、操作按键，不同的产品在外观设计上会有较大区别。HTC VIVE 手柄（图 7-16a）需要配合 HTC VIVE 系列头戴显示器使用，包含多功能触摸面板、抓握键、二段式扳机、系统键、菜单键等多个操作按键。用户在使用时可以在头戴显示器中观察到手柄的位置与方向，并执行多种操作。Oculus Touch（图 7-16b）的功能与 HTC VIVE 手柄类似，外观相比于 HTC VIVE 多了一圈手环，可以让用户暂时性张开双手。

图 7-16　操控手柄
（a）HTC VIVE 手柄[1]；
（b）Oculus Touch[2]

（a）　　　　　　　　　　　　（b）

（2）HTC VIVE 追踪器

HTC VIVE 追踪器（图 7-17）是 VIVE 系列产品的配件，其功能相当于简化版的 VIVE 手柄，形态小巧，可以绑定在物体上，用以追踪物体的位置与方向。追踪器通过 USB 接口与主机连接，一台主机可以同时连接多台追踪器，并且与 VIVE 系列其他产品兼容。

（3）HTC VIVE 面部追踪器

HTC VIVE 面部追踪器（图 7-18）是一款可以捕捉使用者面部表情的产品，需要安装在 VIVE Pro 系列产品下方，与头盔配合使用。因为面部追踪器只覆盖了使用者下半张脸，因此只能识别脸颊、下巴、下颌和嘴部的动态，但是依然能识别多达 38 种面部表情动态。与 VIVE Pro 系列的高端产品 VIVE Pro Eye 搭配使用，Pro Eye 实现眼动追踪，面部追踪器实现下半部分脸部追踪，合作完成全面部追踪。

---

①　图片来源：https://www.vive.com.

②　图片来源：https://www.oculus.com.

図 7-17 HTC VIVE 追踪器[1]
（左）

图 7-18 与 HTC VIVE Pro Eye 配合使用的面部追踪器[2]
（右）

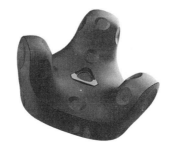

图 7-19 正在体验 Virtuix Omni 的用户[3]

（4）Virtuix Omni

Virtuix Omni（图 7-19）是 Vitruix 公司于 2013 年推出的一款可以配合头戴式设备使用的多方向跑步机，它的外观是 1 个被 3 根杆件支撑的环形，环形将使用者的身体固定，保证在运动时可以保持平衡，即使手持 VR 手柄也不会摔倒。跑步机底座不同于传送带式跑步机，是 1 个有许多条状凹槽的面，配套跑步机使用的鞋子底部有锥状物，可以匹配跑步机底座上的凹槽，稳定使用者在 Omni 上的运动。配套的鞋子表面上有运动传感器，可以记录使用者的方位、速率、里程并传输到游戏中。使用者在环内的运动可以转换为在虚拟空间中的行动，以此弥补头戴式设备在空间行动上的不足。

7.2.3 多人沉浸系统及其变化组合

多人沉浸式虚拟系统是一种基于投影的大型虚拟现实类系统，它利用数个投影载体围合形成一个空间，允许多个使用者同时身处空间内，从正面、侧面甚至上、下各个方向同时感知虚拟场景。一个基础的多人沉浸式系统一般由多通道投影仪、投影幕布、图形工作站组成。

在建筑与城市规划领域，多人沉浸式虚拟系统一般出现在高校大型实验室、大型设计公司、城市规划政府部门等有足够资金支持的地方。但是随着技术的发展，多人沉浸式虚拟系统也会变得越来越普及。相比于其他系统，多人沉浸式虚拟系统更加适合展示、汇报、讨论等场景，巨幕可以展示设计中的更多细节，面对面的交流方式也更符合社交需求。

1）多通道立体投影系统

多通道立体投影系统（图 7-20）是一种利用平面或环形屏幕作为投影载体的沉浸式虚拟现实系统。多通道立体投影系统可以按照屏幕的弧度，分为平面、90°、120°、180° 等多角度屏幕系统和球幕系统，又可按照投影仪的数量分为单通道、双通道、三通道等多通道系统。系统的环幕弧度越大、通道数量越多，对系统中的使用者形成更高程度的围合，使用者的沉浸感越强。

---

① 图片来源：https://www.vive.com/cn/accessory/tracker3.

② 图片来源：https://www.vive.com/cn/accessory/facial-tracker.

③ 图片来源：https://www.virtuix.com.

图 7-20　多通道立体投影
系统①

多通道立体投影系统包含了以下几项核心技术：数字几何矫正技术、多通道视景同步技术和图像边缘融合技术。多通道立体投影系统的整体技术含量高，对于使用者来说应用难度也比较大。

2）洞穴状自动虚拟系统

洞穴状自动虚拟系统（图 7-21）也称为"CAVE 系统"，是 Cave Automatic Virtual Environment 的缩写。它类似于房间式的剧场，房间的墙壁、地板、天花板都可以作为投影的屏幕，投影的数量一般为 4 面或 6 面，其中前、后、左、右的屏幕一般采用背投的方式，上、下的屏幕采用正投的方式。

洞穴状自动虚拟系统采用的技术和多通道立体投影系统类似，都应用了数字几何矫正技术和多通道视景同步技术来保证画面的真实与同步。与多通道立体投影系统不同的是，洞穴状自动虚拟系统的屏幕之间采用直角连接，在效果上会稍逊色，适用于对画面效果要求不高的领域。

3）常用外设

（1）3D 位置跟踪设备

多人沉浸式系统可以实现 6 个自由度的交互，屏幕画面随用户行动相应调整。这种追踪依靠 3D 位置跟踪设备实现（图 7-22）。多人沉浸式虚拟系统广泛采用低频磁场式传感器，这种传感器由发射器和接收器两部分组成。接收器有一个正交天线，可以安置在使用者的头盔、眼镜或是操作手柄上。发射器发射的磁场被接收器接收后，计算接收器相对于发射器的距离和方向，并将结果传递给图形计算器，最终可以获得对应的画面。

（2）数据手套

数据手套（图 7-23）是一种可以捕捉手部姿态，并能够附加力反馈功能的辅助设备。通过在手套内置传感器，可以在虚拟场景中实现对物体的抓取、旋转、移动，并且通过力反馈装置让手真实感受到对物体的触碰。

---

① 图片来源：http://www.pcvr.com.cn/html/research/resc.html.

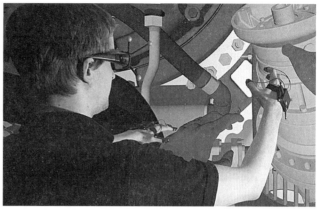

图 7-21　洞穴状自动虚拟系统[1]（上左）

图 7-22　3D 位置跟踪设备[2]（上右）

图 7-23　数据手套[3]（下）

按照传感器技术分类可分为光学数据手套、光纤数据手套、惯性数据手套 3 种，其中惯性数据手套因成本低和易用性高，最适合在虚拟场景中使用。

7.2.4　基于个人移动终端的简易系统

基于个人移动终端的简易系统是指利用手机、游戏机、平板电脑等轻便的移动终端，打造轻量级、可以实现简易互动的虚拟场景。虽然沉浸感有限，但是它体积小、重量轻、几乎人手一台，成为极具吸引力的虚拟现实类平台。

基于个人移动终端的虚拟现实类系统无法像其他系统一样隔离虚拟环境与现实环境以达到更高程度的沉浸感。因此，它的应用更多聚焦在了增强现实技术而非虚拟现实技术。在建筑与城市规划领域，增强现实可以实现真实世界信息与虚拟世界信息的无缝衔接，为设计师提供了巨大的发挥空间。

1）AR 应用程序

苹果与安卓系统都提供了大量 AR 应用程序，但是在建筑领域的应用还比较少，功能基本都集中在室内设计、3D 重建、模型展示等方向。以下将按照上述分类介绍几款手机中可以辅助设计的 AR 应用。

（1）室内设计功能

MagicPlan（图 7-24）是一款苹果与安卓系统通用的平面装修设计软件。它通过摄像头定位房间边缘位置、测量房间的尺寸和门窗的位置并生成对应的平面图。以每个房间为一个单位，MagicPlan 允许将多个房间组合成一个完整的平面图，在平面图的基础上，软件可以执行生成 3D 模型、添加家具、编辑立面等操作。但 MagicPlan 不具备工程应用的准确性，只能应用在室内设计的前期方案设计阶段。

（2）3D 重建功能

iOS 系统在 iPad Pro、iPhone 12 Pro、iPhone 12 ProMax 及后续产品

①　图片来源：https://techviz.cn/cave-vr-system，

②　图片来源：http://www.pcvr.com.cn/html/system/free.html.

③　图片来源：http://vrtrix.com.cn/product/data-gloves.

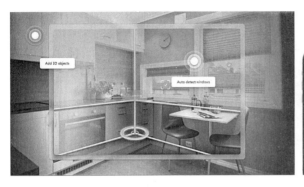

图 7-24　MagicPlan[①]（左）

图 7-25　3D Scanner[②]（右）

中推出了 LiDAR（Light Detection and Ranging）功能，使手机可以更顺畅地扫描环境、获取高密度环境信息。3D Scanner（图 7-25）、Polycam、Record3D、Scaniverse、SiteScape、EveryPoint 等 3D 重建软件利用这一功能，让用户仅仅使用手机就可以获取目标物体的 3D 彩色模型。

（3）模型展示功能

SketchUp Viewer（图 7-26）是一款苹果系统中的 SketchUp 模型查看器，它可以导入电脑上制作好的 .skp 文件，在应用内查看、测量。相对于桌面系统的 SketchUp，移动终端的 SketchUp Viewer 不能进行编辑，但是 Pro 版提供了 AR 查看功能。该功能需要用户先扫描一块平面作为模型的基地，然后将模型放置在基地上。应用允许用户调整模型的位置、大小和方向，并可以切换到模型内部行走观看[③]。

图 7-26　SketchUp Viewer[④]

2）Google Cardboard

Cardboard（图 7-27）是利用纸板制作的透镜眼镜，可以将手机放置在其中，辅助手机中的虚拟现实类应用达到更好的沉浸与交互效果。

① 图片来源：https://www.magicplan.app/mobile-sketching-solution.

② 图片来源：https://3dscannerapp.com.

③ 安卓版的 SketchUp 不支持 AR 功能。

④ 图片来源：https://apps.apple.com/us/app/sketchup-mobile-viewer.

Cardboard 最早由谷歌的两位工程师戴维·科兹和达米安·亨利在 2014 年完成设计，由纸板、两个凸透镜、磁石、魔力贴、皮筋几种简单的材料组成。按照设计师的说明，普通人利用短短几分钟就可以组装出这个简易的透镜眼镜。谷歌提供了一个 Cardboard 应用，可以安装在安卓或 iOS 平台，同时 Cardboard 也允许使用者开发自己的虚拟现实类应用。将手机安装在后盖，Cardboard 可以带给使用者近似头戴式虚拟系统的体验。

3）全息屏

全息技术是指利用光的干涉和衍射原理记录并再现物体真实 3D 图像，让物体可以被 360° 观测的技术。理想的全息技术以空气为载体，被投影的 3D 物体飘浮在空中，使用者徒手就能与之互动。然而在现在的技术条件下，更多的全息技术会使用类似于薄膜的全息屏作为投影的载体，同时尽可能让屏幕边缘消隐，来达到全息效果（图 7-28）。这种全息屏的技术并不复杂，它的特点是屏幕往往采用柱形、倒锥形等立体的透明媒介，图像投影在媒介上经过干涉与衍射展现。

图 7-27 Google Cardboard 和手机组成一个 VR 设备[1]（左）

图 7-28 全息投影[2]（右）

7.3 虚拟内容的制作

7.3.1 制作原理与方法

按照生成模拟场景的内容形式来对虚拟现实类技术分类，可以分为以下 3 种类型：生成纯 3D 模型的基于几何图形的绘制技术（Graph-based Rendering，GBR）、生成全景图模型的基于图像的绘制技术（Imaged-Based Rendering，IBR）和生成混合模型的基于几何图形混合图像加速的绘制技术。

1）基于几何图形的绘制技术

基于几何图形的绘制技术广泛应用于建筑与规划领域。它以计算机图形学为基础，使用平面或曲面构建 3D 几何模型，利用贴图系统赋予几何模型相应材质，建立虚拟场景中的光照系统模拟光影效果，最终在输出设

---

① 图片来源：https://developers.google.cn/vr/discover/cardboard.

② 图片来源：https://www.windonscreen.com/270-3D-Holographic-Pyramid-Showcase-Hologram-Display-Box -pd6670223.html.

备中展示观察者所在位置与观看视角的对应视景。这种技术的核心在于 3D 模型的建立与实时图形的渲染，支持碰撞检测。

基于几何图形的绘制技术的优点在于它的几何模型表现全面并能满足灵活多变的视角变化，参与者可以在虚拟环境中漫游，形成连续、自然的体验，易于场景调整。缺点在于建模量会随着场景的扩大和细节表现的深入急剧增大，这对设备的计算能力和设计者的工作量有很高要求。而且，即使再优秀的渲染技术也无法使 3D 模型完全还原真实质感。因此，在表现力上基于几何图形的绘制技术也有所欠缺。综合来看，基于几何图形的绘制技术比较适合建立需要全方位展示、与参与者互动的模型。

2）基于图像的绘制技术

基于图像的绘制技术不依赖于几何建模，利用图像处理技术和视觉计算方法处理样本图像，在图像基础上构建虚拟场景。全景图技术以固定视点观察并记录整个场景的图像信息，将得到的信息拼接成完整的图像并投射到以该视点为中心的环境映照球或立方体内部。全景图技术在环境信息采集时只能采集固定视点的图像，因此，在最终生成的模型中也不能移动。一般一个虚拟项目会将多个全景图进行链接，从一个视点可以跳转到另外一个视点。

与传统的基于几何图形的绘制技术相比，基于图像的绘制技术可以减少用户工作量、计算机的计算量，并达到更加真实的效果。基于图像绘制技术生成的全景图模型复杂度仅与画面分辨率有关，不会因为场景的复杂度而变化，不需要耗费大量计算资源就可以达到更流畅的体验感。从真实场景中提取图像合成的全景图模型可以完全还原真实效果，场景的真实度也比 3D 模型大大提升。但是，基于图像绘制技术的灵活性与体验感远远不及 3D 模型，因而，它更适用于对还原度要求高、对互动强度要求不高的场景。

3）基于几何图形混合图像加速的绘制技术

由于基于几何图形和基于图像的绘制技术各自有优缺点，一种将两种技术结合并扬长避短的技术被提出，也就是基于几何图形混合图像加速的绘制技术。这种技术是指将虚拟场景中的部分场景转化为简单的几何图形，利用基于图像的绘制技术将环境图像投射到几何图形上作为纹理，而另一部分场景使用基于几何图形的绘制技术精细建模[8]。在利用虚拟现实类技术表现建筑设计时，一般会使用基于图像的绘制技术表现场地周边的真实环境，同时使用基于几何图形的绘制技术表现设计方案，既增加了场景的真实感和体验感，又减少了工作量和计算量。

基于几何图形混合图像加速的绘制技术虽然兼具了两种技术的优点，但是在实际操作中也增加了技术上的难度。一方面，全景图在投射过程中需要调整投影图像的坐标与角度让图像与模型精准匹配；另一方面，全景模型中会带有拍摄时的真实光源效果，需要调整虚拟光源以适应真实光源效果。综合以上原因，混合建模技术还处在探索阶段，没有被广泛应用，目前市场上的大多数软件仅能满足 3D 模型或全景图模型的制作。

7.3.2　常用制作软件与引擎

1）Unity3D

Unity3D（图7-29）是一款由美国 Unity Technologies 公司研发的跨平台游戏引擎[9]，自2005年首次发布以来，已成为炙手可热的3D游戏平台，支持基于 Windows、MacOS 等平台以及移动端的游戏开发，也支持 Oculus Rift、HoloLens 等头戴显示器产品。它有着层级式的综合开发环境，视觉化编辑系统，详细的属性编辑器以及动态的游戏预览，是一款可以快速制作游戏或应用的引擎。

图7-29　Unity3D界面①（上）

图7-30　Unreal Engine②（中）

图7-31　Mars③（下）

在建筑领域，Unity3D 被视为创作建筑可视化内容的综合型工具，相比 Enscape、Lumion 等渲染器，Unity3D 的实时渲染更加流畅，并且支持更多个性化功能的实现。Unity3D 的优势在于它允许用户通过简单的设置和控制实现高质量的建筑虚拟内容，这不仅有助于促进建筑行业中设计方案的展示与表现，更激发了设计更多的可能性。

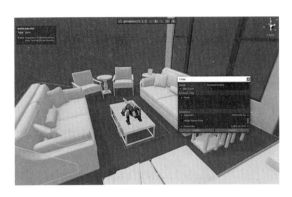

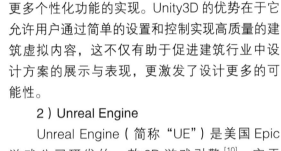

2）Unreal Engine

Unreal Engine（简称"UE"）是美国 Epic 游戏公司研发的一款3D游戏引擎[10]，它于1998年推出，经过不断的发展，已经成为游戏界运用范围最广、整体运用程度最高、画面标准最高的游戏引擎。相比于轻量级、开发成本低的 Unity，UE 有着极为强大的渲染系统与物理材质系统，制作出的游戏场景画面效果更佳，适合开发对整体质量要求高的项目（图7-30）。Unreal Engine 的优势在于它不仅能作用于建筑设计阶段，一个 UE 项目成果可以贯穿建筑工程全生命周期的各个阶段。在设计阶段，UE 允许设计师与客户在云端实时商讨修改设计；在施工阶段，UE 可以制作施工教学应用，展示施工流程、细部做法、计算用材；在维护阶段，UE 可以制作智慧城市、智慧社区、智慧楼宇等运维应用，对数据进行实时监控；在营销阶段，UE 可以制作MR 房地产沙盘，以多种手段展示楼盘信息。

3）Mars

Mars（图7-31）是光辉城市（重庆）科技有限公司基于 UE4 引擎开发的 VR 设计软件[11]，

---

①　图片来源：https://unity.com/products/unity-mars.

②　图片来源：https://www.unrealengine.com.

③　图片来源：https://www.sheencity.com/mars.

是一款专注为建筑设计师提供 VR 使用体验和汇报方式的工具，于 2017 年发布，已服务超过 1000 家国内外知名设计院，以及 200 所建筑景观院校。

相对于 Unity 和 UE，Mars 提供一种高度集成的虚拟内容制作体验。它支持 PC 和 VR 双模编辑功能，简化了虚拟场景制作过程，且内置丰富的材质和模型库，可以一键导入场景中。Mars 动态建筑表现成果形式丰富，包含：动画视频、全景视频、AR 文本及 VR 沉浸式体验多种形式，可以满足设计师对不同效果核心点以及不同条件环境下的展示。

4）黑洞引擎

黑洞引擎由上海秉匠信息科技有限公司[12] 开发，是一款性能强大的国产超性能 Web 端 3D 图形引擎，支持海量多源异构、高精度的 3D 模型在网页和移动端的高效集成、逼真渲染以及实时调度。最新发布的黑洞引擎 3.0 基于跨平台双引擎架构，全端数据统一，支持动静态数据的混合渲染以及基于 GPU 驱动的渲染管线和动画系统。它可作为数字孪生的 3D 图形平台，支撑从单体工程到城市级规模的 3D 数据在 Web 端高质量呈现和集成调度（图 7-32），为数字孪生和智慧城市管理赋能。

随着以 BIM 为代表的数字化技术不断发展和工程精益管理要求逐步提高，3D 模型体量日益增大，精细度逐渐增高。因此，高性能的 3D 图形引擎在助力工程数字化、提高数字产品的易用性和展示质量方面具有重要基础作用。

5）QuickTime VR

QuickTime VR（图 7-33）是苹果公司于 20 世纪 90 年代初基于苹果 QuickTime 数字多媒体框架推出的一款用以播放全景式 VR 互动影片的产品，是第 1 款应用基于图像绘制技术的商业产品，实现了基于图像的绘制技术从技术理论到真实应用的转变[13]。

图 7-32 用黑洞引擎制作的城市 VR 场景①（左）

图 7-33 QuickTime VR 窗口显示 360°场景②（右）

QuickTime VR 主要包含全景播放器和物体播放器两类播放器，全景播放器允许用户在一个场景中平移、缩放、导航，也可以选择跳转到热点；物体播放器允许用户旋转一个物体，从不同方向观察该物体。全景播放器功能完善，视角旋转、移动、导航等互动方式一直被沿用至今。两种播放器的区别在于全景播放器是从内部观察一个空间，而物体播放器则是从外部观察一个物体，它允许用户使用鼠标转换方向观察物体。相对来说物体播放器的应用没有全景播放器那么广泛，现在这一功能已经逐渐被 3D 扫描取代。

7.3.3 关键制作环节举要

1）虚拟对象的来源与优化

（1）主体模型来源

虚拟项目制作的第一步就是将虚拟模型导入制作软件中。主体模型包括场地周边模型与主体建筑模型。在导入过程中，需要注意模型格式、材质区分、重面、单位等细节。

（2）渲染引擎自带配景

在完成主体模型导入后，可以利用配景丰富优化模型。配景就是主体建筑前后左右的景物，包括：人、植物、车以及其他物体。一般而言配景具有以下的作用：利用配景来烘托出符合建筑风格的气氛；丰富画面的层次，营造视觉序列感；巧妙利用配景来遮挡一些瑕疵和不足的地方。大部分虚拟内容制作软件都提供了丰富的配景资源（图 7-34）。配景可以如同主体模型一样直接导入场景，也可以利用软件提供的工具快速布置。

图 7-34 Unity 资源商店提供丰富的配景资源[①]

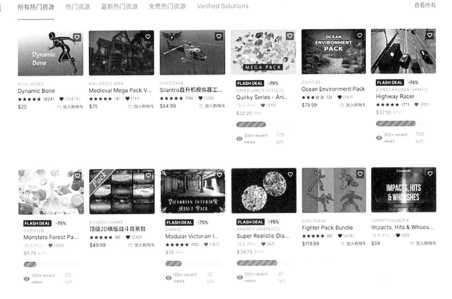

---

① 图片来源：https://assetstore.unity.com.

（3）复杂地形制作

在环境中含有高差、水面、山地的虚拟项目中，往往需要对场地的地形进行重建。地形的制作包括：场地形体的塑造、地形材质的绘制以及特殊场地的实现。虚拟内容制作软件通常采用笔刷工具来塑造地形：利用雕刻笔刷创造模型形态，利用材质笔刷丰富场地纹理。在建筑项目中往往需要将真实的地形信息表现在虚拟内容中，这可以利用DEM[①]高程图来实现。DEM 高程图（图 7-35）是一种采用灰度或颜色在平面图中记录高度的图像，可以从专业的网站上获取。虚拟内容制作软件的地形系统大多包含高程图识别功能，可以自动生成真实的地形。

图 7-35　DEM 高程图[②]

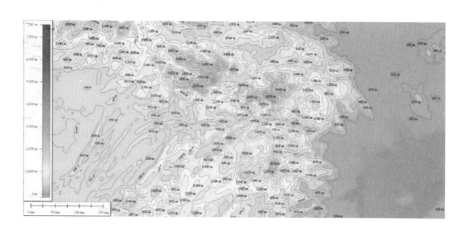

2）材质与光线调节
（1）材质

虚拟内容的材质表现很大程度上决定了场景的真实性与精细度，因此是虚拟内容制作的重点。材质是指通过对纹理的引用、平铺信息、颜色色调等来定义模型表面应使用的渲染方式。成熟的虚拟内容制作软件往往都会提供材质库，用户可以直接应用在已经区分过材质的模型上；也可以导入位图资源，设置材质属性，制作自定义材质。

按照建筑模型的使用经验，材质一般按照室内、室外、自然和其他类型材质进行分类，用户可以在系统提供资源的基础上调节材质的属性参数，达到预期效果（表 7-2）。

常见材质参数及其意义表　　　　　　　　　　　　　　　表 7-2

材质参数	参数意义
材质颜色	在原有纹理上叠加颜色
饱和度	材质的色彩鲜艳程度
灰度	灰度值越大，材质颜色越白，可能会导致材质纹理丢失

① 数字高程模型（Digital Elevation Model），简称"DEM"，是用一组有序数值阵列形式表示地面高程的一种实体地面模型。
② 图片来源：http://www.tuxingis.com/gisvision/knowledge/711.html。

材质参数	参数意义
法线强度	调节材质的凹凸感
粗糙度	调节材质表面的光滑程度，同时会影响到材质反射效果的强弱
高光强度	调节材质反射的范围
金属反射	调节材质的金属反射质感
纹理平移 U& 纹理平移 V	调节材质的纹理 UV 位置
纹理缩放 U& 纹理缩放 V	调节材质的纹理 UV 缩放

有些特殊材质还会包括专有属性，如：透明度、折射、自发光强度等参数，需要根据具体情况设置调节。

（2）人工光

灯光设计近年来越来越受到重视：在夜景、室内的表现中，人工照明有着不可替代的作用；在城市综合体、大型商业街区的表现中，绚丽的灯光秀会为设计方案增色。在虚拟内容制作过程中，通过灯光素材的布置可以快速营造出想要的场景效果。

虚拟制作软件中的人工光素材可以分为点光源（图 7-36）、线光源、聚光源和面光源（表 7-3）。

图 7-36　点光源[①]

光源类型及特点表　　　　　　　　　　表 7-3

光源类型	光源特点
点光源	灯光照射的范围是球形，可以通过参数调节为线光源
线光源	灯光照射范围为线形
聚光源	也叫射灯、IES 灯光，灯光照射范围是锥形
面光源	面光灯，灯光照射范围是矩形，在照明设计中常用作洗墙灯和天空补光

（3）天空环境

在制作虚拟项目过程中，用户需要对自然光、云层进行调节来达到理想的天空环境效果。在虚拟内容制作软件中，常使用两种调节天空环境的方式：①利用软件的方向光与天空系统模拟太阳与云层进行调节；②加载HDRI 格式的实景天空贴图还原真实天空光照效果。

方向光（图 7-37）是一种特殊的光源，只有光照方向，没有光源位置，被视为来自于无穷远处的光源。因此，它在场景中通常用来模拟太阳或月亮。对于建筑应用来说，利用地理位置和日期时间精确控制太阳的位置和云层条件可以真实地匹配天空效果。另一种实景天空调节方式是采用HDRI 贴图进行快速天空环境设置。HDRI 是一种包含更丰富的亮度信息的

---

① 图片来源：https://docs.unity.cn/cn/2018.4/Manual/Lighting.html.

图 7-37　方向光 [1]

图片格式，相当于记录了环境照明信息的全景图，为物体提供整体照明、反射、折射等效果。

3）细节水平控制

在体量较大的建筑或规划场景的虚拟场景展示中，每一次视角变换都需要重新渲染。精细渲染整个场景将需要耗费大量时间与计算资源。细节层次（Levels of Detail，LOD）技术可以根据模型与视点的位置关系、移动速度和重要性，改变模型面数和细节度，从而提高渲染效率。

人眼所能观察到的物体细节程度并不相同，一般来说，当物体距离视点越近、移动速度越慢、越靠近视域中心，人眼能够感知到的细节就越多。计算机根据这一原理，用一组复杂程度各不相同的实体层次细节模型来描述同一个对象，并根据渲染时视点的远近或其他标准在这些细节模型中进行切换，显示相应的层次，从而合理分配画面中物体的计算量。模型的细节水平由几何面的数量决定，几何面的数量、细节越多，对应的 LOD 层级越高。

在建筑与城市规划领域，CityGML [2] 沿用 LOD 这一概念，将建筑与城市的虚拟模型分为几个细节层次，对应不同的应用场景。在 2019 年更新的 CityGML3.0 中，LOD 技术包括从简单的建筑物 2D 表示（LOD0）到包含门窗细节的建筑模型（LOD3），以适应不同的应用场景（图 7-38）。

图 7-38　住宅建筑不同的细节层次 LOD 的可视化示例 [3]
（a）LOD0；（b）LOD1；
（c）LOD2；（d）LOD3

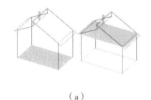
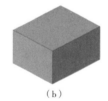
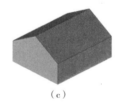

（a）　　　　　　　　（b）　　　　　　　　（c）　　　　　　　　（d）

在虚拟内容制作过程中，虚拟内容制作软件会按照计算机图形学意义下的 LOD 对模型进行自动分层，以达到顺畅的渲染效果。同时，Unity、UE 等游戏引擎支持手动配置 LOD 级别，可以根据需要调整分层。

4）剧本设计及其脚本编写

在完成搭建基本场景的基础上，如果想要实现交互效果，让用户自主探索虚拟场景中的空间，就需要按照一定的互动剧本编制相应的脚本程序。

首先，在虚拟场景互动剧本的设计中，需要充分考虑硬件系统的互动操作特点与局限，从用户体验与感受出发，以通过剧情带入来进一步提升用户沉浸感为原则。它一般包括：分镜头场景设定、角色设定、情节线索矩阵、

①　图片来源：https://docs.unity.cn/cn/2018.4/Manual/Lighting.html.

②　CityGML 是一种用于虚拟 3D 城市模型数据交换与存储的格式，用以表达 3D 城市模板的通用数据模型。它定义了城市和区域中最常见的地表目标的类型及相互关系，并顾及了目标的几何、拓扑、语义、外观等方面的属性，包括专题类型之间的层次、聚合、目标间的关系以及空间属性等。

③　图片来源：https://docs.opengeospatial.org/guides/20-066.html#figure-floorplan.

交互操作设计等多个方面。与传统影视剧本设计的单一线索与固定情节不同，虚拟场景的互动剧本更强调用户在互动过程中的各种探索与操作的可能性；同时，通过交互使得用户成为情节发展中的一部分，影响剧情走向。

然后，按照剧本来编制系统脚本，分别实现镜头控制、动态效果、互动操作等设定。脚本是一种用于控制应用运行的编程文件，它界定了用户和对象在应用中的行为，让虚拟场景由静态变为动态，是虚拟内容制作中重要的一环。

部分虚拟内容制作软件允许用户编写脚本，赋予了虚拟应用更大自由度，如：Unity 与 UE（图 7-39）。另一些虚拟内容制作软件不支持用户自主编写脚本，但是会将常用的脚本包装为软件中的功能，虽然自由度不高，但是操作更加简单，如：Mars，不需要编写代码就可以实现移动、切换镜头、动态配景等基本操作。

图 7-39 UE 蓝图脚本系统 [1]

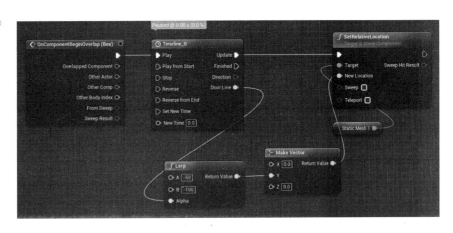

下面介绍在建筑虚拟应用中会运用到的几种脚本：虚拟镜头运动、虚拟物体自动化运动、观察者与虚拟物体的互动、粒子特效以及其他自动化功能。

（1）虚拟镜头运动

图 7-40 第一人称视角 [2]

在虚拟场景中，进退、转向的本质就是镜头的移动、旋转变化，因此，用户控制虚拟场景中镜头的运动就能控制看到的画面，制作漫游最常用到的虚拟镜头运动脚本有第一人称视角镜头脚本和第三人称自由视角镜头脚本两种。

第一人称视角就是漫游视角（图 7-40），模拟在空间中活动的真实状态，无法看到镜头本体，只能以镜头的视角去观察周围环境。在编写第一人称视角镜头脚本的过程中，需要考虑的是如何将用户的输入信息与镜头的运动联系起来。一般来说，镜头的基本运动有移动、旋转两种，镜头需要根据其具体模拟的对象来确定运动方式。

① 图片来源：https://www.geek-share.com/detail/2685089783.html。
② 模型来源：光辉城市 Mars。

第三人称自由视角（图 7-41）是指以上帝视角审视设计的整体或局部，类似于在 SketchUp、Rhino 等建模软件中操控模型。在画面中，观察者将虚拟模型作为一个整体进行操纵，场景中所有对象一同缩放、旋转、拖拽。此外，第三人称自由视角镜头脚本一般还包括：平行投影与透视显示、各种视图间的切换。

（2）虚拟物体自动化运动

日常生活中的环境并非是完全静止的，在虚拟应用中，仅仅依靠建模无法实现场景中物体的运动，因此，需要编写物体自动化运动脚本来模拟这些物体的活动，让场景变得更加真实。

Unity 和 UE 中的虚拟物体自动化运动可以通过动画系统或编写脚本两种方式来实现。动画系统使用可视化工具代替编写脚本创建动画，系统可以创建动画片段、导入外部动画、控制动画片段，最终成果以数据资源的形式记录物体的属性与运动状态如何随着时间变化。利用动画系统制作的运动路线是一成不变的，而观察者镜头的运动是随机的，所以虚拟物体与观察者镜头之间应当有互动，避免撞车。编写脚本也可以实现物体自动化运动，虽然对编程能力有一定要求，但是可控性高。

（3）观察者与虚拟对象的互动

虚拟场景的交互方式不限于空间漫游，编写脚本可以实现观察者与虚拟对象间更丰富的互动，如：移动虚拟场景中的物体、点击场景中物体获取对象信息、改变物体属性等操作。

观察者与虚拟对象的互动有主动触发与被动触发两种类型。主动触发观察者与虚拟对象的互动与实现镜头运动的思路一致，需要将用户的输入信息与虚拟对象的属性变化、运动状态或其他需求联系起来，编写脚本并应用到对象上。被动触发的互动需要利用触发器，进入或离开触发器的触发区域会调用脚本，控制特定事件发生。

（4）粒子特效

在虚拟软件中，流动性的液体、烟雾、火焰、云雾等对象很难用实体模型来表现，一般会采用粒子特效来表现这类对象的流动性和能量。粒子系统的原理是赋予粒子团特定的颜色、形状、大小、生命周期等属性，并让它们按照一定规律运动，以此模拟自然界的动态模糊景物（图 7-42）。

图 7-41　第三人称自由视角（左）

图 7-42　利用 Unity 粒子系统制作的火焰 ① （右）

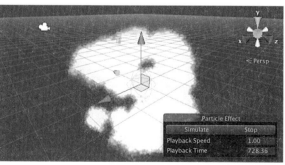

---

① 图片来源：https://docs.unity3d.com/500/Documentation/Manual/PartSysExplosion.html.

（5）其他自动化功能

除了以上介绍的几种类型外，脚本可以实现更多自动化功能的定制，如：数据统计、UI界面制作、自动寻路功能等，在BIM、导航等领域有广泛的应用前景。

5）内容发布形式与目标平台

虚拟内容发布包括：图片、视频、全景图、全景视频和虚拟应用等多种形式。其中，以图片和视频形式发布虚拟内容的操作最为简单，利用软件自带的镜头工具直接输出。以全景图和全景视频形式发布的虚拟内容，在使用全景镜头输出后，可以利用QuickTime VR等软件对全景图片和全景视频进行串联重组，丰富虚拟内容的互动形式。以虚拟应用形式发布虚拟内容的操作较为复杂，可实现用户与虚拟场景更深层次的互动。剧本设计及其脚本编写一节中介绍了用户与场景互动的实现方法，其中大部分互动方式都需要发布虚拟应用后才能操作。

UE与Unity两款虚拟引擎可以开发在桌面平台、移动端平台和XR平台的应用，但是在开发过程中不同平台对开发环境的需求不同，因此在制作前期就应明确最终的互动形式与发布平台。在制作以虚拟应用形式发布的项目过程中，需要注意以下几个环节：

（1）软件开发工具包（SDK）的使用

虚拟应用按照平台主要分为：移动端平台、桌面平台以及XR平台三大类。移动端平台细分为：安卓平台、iOS平台。桌面平台细分为：Windows平台、Mac平台、Linux平台，XR平台。又可按照硬件设备品牌和型号细分。对于虚拟项目来说，不同的软件开发工具包可以提供更具针对性的辅助开发工具，加速项目制作进程。因此，在创建项目时，需根据最终虚拟应用发布的平台以及预期功能，选择并安装对应的软件开发包。

（2）项目测试

在制作项目的过程中，需要随时对场景画面效果、脚本运行情况等内容进行测试，以便及时发现制作中存在的问题。对于发布在桌面平台的应用，项目可以直接在运行界面进行测试，而对于发布在移动端平台和XR平台的应用来说，可以选择在编辑器中模拟运行和连接设备运行两种模式。以开发在安卓平台发布的虚拟应用为例，在启用编辑器运行模式时，编辑器将以与安卓设备视觉一致的方式在独立窗口中显示项目，并使用鼠标模拟触摸屏。在安卓设备上测试时，需连接设备并将设备调整至开发者模式，启动设备即可进行测试。

（3）项目打包

在项目制作完成后，需要将项目进行打包。打包过程会涉及以下几个步骤：首先，所有项目特定的源代码会被编译；其次，代码编译完成后，所有所需的内容都会被转化成目标平台可以使用的格式；最后，编译后的代码和经过转化的内容将被打包成一组可发布的文件。使用UE和Unity引擎制作项目，只需在打包项目一栏选择预期的发布平台，引擎会自动完成编译转化的工作。

7.4　虚拟现实类技术的建筑应用实例

7.4.1　沃特顿闹市区更新 [①]

美国南达科他州的沃特顿闹市区面临着更新的问题，但是政府希望在设计师制定指导原则的基础上，可以将更多的市民意见纳入到设计之中，建筑学院的徐方（Fang Xu）教授因此产生了制作一款虚拟平台来收集市民意见的想法 [②]。

建筑师与普通人在讨论设计时有着不同的语言体系。因此，徐教授希望能够找到一种更有效的沟通方式来收集市民对于改造的建议。于是，他在 UE 上搭建了一个虚拟平台。这个平台展示了改造街区的 3D 模型，允许用户在平台上进行漫游、调整时间与天气（图 7-43）。他制定了一套立面的设计规则，在规则之下，如：窗户的尺寸、遮阳板的位置、立面材质等元素都可以进行调整，系统还会为设计的立面自动打分（图 7-44）。市民可以登录这个平台，通过操纵按键与滑动杆，选择自己喜欢的外墙材料与窗户等部件的大小，用这种方式参与到街区的改造中去。

图 7-43　利用 UE 制作的闹市区虚拟场景（左）

图 7-44　立面改造征集界面（右）

在他自己模板的基础上，徐教授让他的学生们以小组为单位为闹市区的一座旅店制作立面定制平台，学生可以通过自己对街区的理解来制定滑动条的内容，创造不同的立面设计机制和评价标准。最终，几套不同的立面生成系统在工作站向市民展出（图 7-45）。

在展览过程中，市民在学生的引导下，制作出令自己满意的立面形式。市民参与的结果被记录下来作为闹市区更新的依据。这种互动方式增强了市民的参与感和对城市的归属感。借助虚拟现实技术，市民能在有限规则内自由表达意见。虚拟现实技术用形象的表现方式和简单的操作模式克服了设计师与社群对话的语言障碍，共同创造了双方认同的街区营造取向。

---

① 本条案例及图片来源：https://www.unrealengine.com/en-US/spotlights/generative-game-helps-students-guide-downtown-redesign?lang=en-US.

② 项目完成于 2020 年，并将成果发布于 https://designcommunicationfx.com/2020/09/02/engage-the-public-voice-via-3d-design-games.

图 7-45　学生设计的立面生成系统

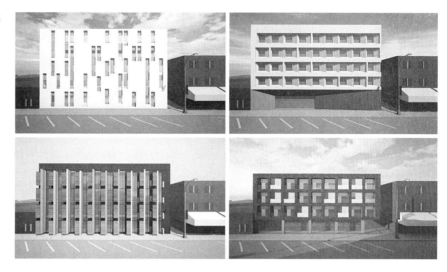

7.4.2　保国寺大殿 VR 与 AR 虚拟教学实验系统 ①

　　中国古代建筑中木构建筑的构件繁多,形制复杂,组合方式多样,图面的表达方式很难让学生记住每个木构件的名称并理解它们的用途。宁波保国寺大殿(图 7-46)是一座歇山顶的三间三进厅堂木构建筑,构件齐全、结构体系完整,是一座有代表性的官式建筑。因此,入选作为虚拟教学实验的学习对象。同济大学虚拟仿真实验教学中心制作了宁波保国寺大殿的模型,开发了一款 VR 教学实验系统(图 7-47a)和一款 AR 教学实验系统(图 7-47b),让学生可以在系统中学习每个木构件的知识并还原它们在模型中的位置,帮助学生更好地了解中国古代木构建筑 [14]。

图 7-46　宁波保国寺大殿 ②

①　案例及图片(除注明外)来源:同济大学建筑规划景观国家级虚拟仿真实验教学中心。虚拟实验系统的制作完成于 2018 年。
②　图片来源:https://www.sohu.com/a/481017309_426335.

图 7-47 两款保国寺大殿虚拟教学实验系统
（a）VR 教学实验系统；
（b）AR 教学实验系统

（a）　　　　　　　　　　　（b）

　　保国寺大殿的初始模型为采用 3D 激光扫描技术获得的点云模型，精度可达毫米级。在后续过程中，为了建立数据库保存构件信息，在点云模型的基础上重新建立了以构件为单元的 3D 几何模型。该模型自下而上分为：地面、柱础、梁栿、枋、铺作、藻井、蜀柱、斜撑、椽等种类，共计 433 个构件。每个构件独立打包成组，依据类别和定位属性管理构件的信息。

　　1）VR 教学实验系统

　　保国寺大殿的 VR 教学实验系统（图 7-48）是一款可以使用桌面式设备或头戴式设备参与的实验系统。在系统中，使用者可以自由浏览保国寺大殿的完整 3D 模型，也可以自主操作隐藏部分构件，从而更清晰地观察内部结构。软件下方界面还提供了信息栏，可以显示选中构件的名称、位置、形象等更详细的内容。

　　VR 实验分为"构件"和"建造过程"两个部分，每个部分又分为认知和考核两项任务。构件认知（图 7-48a）让学生在虚拟软件中自主学习，获取关于构件的位置、形象等知识。在检索界面选择构件的类型和位置，该构件会以红色频闪的形式显示。考核时需按照题目给出的构件名称点击建筑中正确的构件。建造过程认知（图 7-48b）则是按照大殿的建造顺序，依次展示各个构件的模型和它们还原到大殿模型中的位置，在这个过程中学生可以自由改变观察的距离的方向。考核时会要求学生将各个构件按照建造顺序移动到正确的位置上。

　　2）AR 教学实验系统

图 7-48 保国寺大殿虚拟仿真系统
（a）构件认知；
（b）建造过程认知

　　保国寺大殿的 AR 教学实验系统是一款可以在手机端操作的应用，它可以将保国寺大殿的虚拟模型以一定比例呈现在真实的桌面背景中。在进

（a）　　　　　　　　　　　（b）

图 7-49 利用立方体进行空间识别定位（上）

图 7-50 AR 教学实验系统中的操作（下）
（a）领取建筑组件；
（b）移动建筑组件

入 AR 操作界面后，首先需要用手机扫描定位立方体（图 7-49）进行识别定位，以此确定虚拟模型放置平面与比例。在系统中，实验者可以通过触摸中部面板领取建筑组件（图 7-50a），然后操纵左下角的抓握按键，通过一个位于手机前方 20cm 处的虚拟抓握区域（蓝色半透明方块），将组件夹持移动到对应的位置上放开，从而像搭建积木一样完成对整个建筑的组装（图 7-50b）。

通过 VR 和 AR 虚拟实验，学生能够对古建筑及其构件建立更直观和立体的认识。VR 与 AR 技术还实现了真实场景下不能完成的操作，如拆分、重组、解析建筑构件和还原建筑的建造过程等，用互动的方式增强学生对建筑构件、建造顺序的理解，让学生能全面、系统、直观地学习营造法式中的抽象原理。

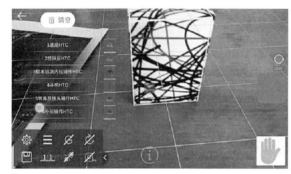

（a）

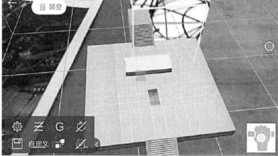

（b）

本章参考文献

[1] 赵沁平. 虚拟现实综述 [J]. 中国科学（F 辑：信息科学），2009，39（1）：2-46.

[2] Burdea G C，Coiffet P. Virtual Reality Technology[J]. Teleoperators & Virtual Environments，2003（12）：663-664.

[3] Sutherland I E. The Ultimate Display[C]//Proceedings of the IFIP Congress. Macmillan：Spartan Books，1965（2）：506-508.

[4] Caudell T P，Mitzell D W. Augmented Reality：an application of heads-up display technology to manual manufacturing[J]. System Sciences，1992，2：659-669.

[5] Azuma R T. A Survey of Augmented Reality[J]. Teleoperators & Virtual Environments，1997，6：355-385.

[6] Milgram P，Kishino F. A Taxonomy of Mixed Reality Visual Displays[J]. IEICE Transactions on Information and Systems，1994，77：1321-1329.

[7] 褚乐阳，陈卫东，谭悦，等. 重塑体验：扩展现实（XR）技术及其教育应用展望——兼论"教育与新技术融合"的走向 [J]. 远程教育杂志，2019，37（1）：17-31.

[8] 殷润民，李伯虎，柴旭东. 虚拟现实中的基于图像绘制技术综述 [J]. 系统仿真学报，
     2007（19）：4353-4357，4362.

[9] Unity[EB/OL]. [2024-05-25] https：//unity.cn.

[10] Unreal Engine[EB/OL]. [2024-05-25] https：//www.unrealengine.com.

[11] 光辉城市 [EB/OL]. [2024-05-25] https：//www.sheencity.com/mars.

[12] 黑洞引擎 [EB/OL]. [2024-05-25] https：//www.bjblackhole.com.

[13] Chen S. QuickTime VR：an image-based approach to virtual environment
      navigation[C]// Proceedings of the 22nd annual conference on Computer graphics
      and interactive techniques. California，Los Angeles：ACM SIGGRAPH，1995：
      29-38.

[14] 汤众，孙澄宇，汤梅杰. 中国古代木构建筑的在线虚拟教学实验——宁波保国寺宋代
      大殿为例 [C]// 数字技术·建筑全生命周期——2018 年全国建筑院系建筑数字技术教学
      与研究学术研讨会论文集 . 北京：中国建筑工业出版社，2018：56-61.

第8章 建筑数字技术在建筑设计中应用的新发展

8.1 复杂系统视角下的建筑与城市

8.1.1 CIM 与数字孪生

1）CIM 概念

城市信息模型（City information modeling，CIM）被理解为是建筑信息模型 BIM 在城市范围的扩展应用。2015 年，中国工程院院士、同济大学吴志强教授把 CIM 延伸为 City Intelligent Model，即"城市智能信息模型"。根据住房和城乡建设部颁布的《城市信息模型（CIM）基础平台技术导则（修订版）》，城市信息模型（CIM）是以建筑信息模型（BIM）、地理信息系统（GIS）、物联网（IoT）等技术为基础，整合城市地上地下、室内室外、历史现状、未来多维、多尺度空间数据和物联感知数据，构建起 3D 数字空间的城市信息有机综合体。

为贯彻落实党中央、国务院关于网络强国、数字中国的战略部署，自 2018 年起，由住房和城乡建设部联合多部委持续推进城市信息模型（CIM）基础平台工作。CIM 基础平台的搭建致力于打破智慧城市建设中的数据、业务壁垒，基于 1 张统一的"3D 空间数据底板"实现数据层面的共享融合、技术层面的协同赋能和业务层面的互联互通。CIM 基础平台的搭建不仅要实现对于整个物理城市的数字孪生，更重要的是其作为 1 种与真实世界相对应的信息载体，能将城市的物理实体、社会实体、流动空间等有效链接，让各类信息数据可以"动态""有序""精准"对齐，进而为城市治理、社会治理提供数据赋能 [1]。

2）数字孪生概念

正如第 5 章介绍过的那样，数字孪生（digital twins）的概念最早由美国航天局提出，在数字空间建立真实飞行器模型，有利于飞行器维护和保障。简单来说，数字孪生系统可以以人员、设备或系统为基础，在信息化平台上创造 1 个数字版的"克隆体"，而这个"克隆体"可以模拟实际设备或系统的发展走向，旨在为现实世界中的实体对象在数字虚拟世界中构建完全一致的数字模型，超越传统的基于底层信息的信息建模。

数字孪生城市除了对实体城市空间进行复制和映射外，还需要基于数字空间加入城市运行信息，基于真实运行数据，将不断演变出智能应用，进而来承载现实物理世界。数字孪生城市这一概念用于国内智慧城市建设领域，最早是在《河北雄安新区规划纲要》中提出："坚持数字城市与现实城市同步规划、同步建设"。首创"数字孪生城市"概念，雄安新区规划建设 BIM 管理平台的建设则是这一要求的具体落实。CIM 和 BIM 将不断融合打通。从数字孪生城市理念出发构建 CIM 平台，也是目前住房和城乡建设部推进 CIM 平台建设的一大应用探索方向 [2]。

3）数字孪生城市的特征

数字孪生城市是数字孪生技术手段和先进理念在城市系统中的应用实践。基于实体城市的建筑、道路等基础设施，使用 BIM、GIS、CIM、大数据、人工智能、物联网等技术，根据城市运行规律构建城市模型，再造一个与物理维度上的实体城市——对应、精准映射的信息维度上的虚拟城市。虚拟城市对实体城市的运行状态进行实时感知，对城市的发展进行规划和预测，对城市运行进行智能干预。数字孪生城市包括以下特征：

（1）全域映射

全域映射意味着对所覆盖物理实体的全时域、全空域感知并进行多维度、多尺度模型的精准构建。如：通过天空、地面、地下、河道等区域的传感器，实现对城市中建筑、道路、楼宇等基础设施的数字化模型构建，可以对城市的运行状态进行实时的监测。

（2）虚实交互

在实体城市布置大量传感器，将收集的信息数据上传给虚拟城市，虚拟城市基于这些信息进行城市的决策处理，反馈给实体城市，形成虚拟城市与实体城市的交互与协同发展。如：对于道路交通运行状态的实时监测与反馈，对城市交通运行有重要意义。

（3）数据融合

城市各领域的数据共享，可以支撑城市的高效运行。数据融合，可以实现城市各部门之间的信息共享和协同工作。对基础设施数据、行业数据、政务数据等领域，建立统一的数据融合标准，提供统一标准的数据服务，极大发掘城市的数据财富，释放城市的数据价值。

（4）智能干预

智能干预是通过大数据和人工智能等技术，分析城市运行的历史数据，对城市运行状态进行干预。智能决策系统尽可能发现城市潜在的不良影响，对各类事件进行实时分级评估并预测事件的发展趋势，预防、预警或通知相关人员及时处理事件，进行人工干预和治理。

4）数字孪生城市的技术

技术手段的革新会推动城市发展的跃变。BIM、GIS 和 CIM 技术对全域感知的实体城市进行多维度、多尺度的精准建模；物联感知技术 [1] 支撑虚拟城市与实体城市的实时交互、精准映射；统一的数据标准规范融合采集的多源异构数据，促进业务整合和流程再造；大数据和人工智能通过数据分析与智能决策，赋能数字孪生城市的治理和服务。

在数字孪生城市所采用的技术手段中，BIM、GIS 和 CIM 技术有重要作用。数字孪生城市全域映射实体城市，通过对各种城市数据建模落图，

---

① 物联感知技术是指利用各种传感器、通信技术和数据处理技术，实现对物理世界的感知、识别和理解的技术。

展示城市的实时状态。BIM 可以支持建筑的全生命周期管理，也可集成、同步、监控建筑内部微观数据信息，对建筑进行精细化管理。GIS 管理城市宏观信息，对地理空间特征进行数据获取、操作、管理、分析、建模和可视化。CIM 融合建筑物内部微观信息和城市环境和基础设施的宏观信息构建数字孪生城市的 3D 模型，结合物联感知获取的实时动态信息和城市历史信息，支撑城市运维，进行预测预警、决策辅助和智能干预。

数字孪生城市还应用了先进的大数据和人工智能技术。通过物联设备感知的数据具有体量大、种类多、数据信息密度低但利用价值高的特点。通过传统的手动模式分析挖掘耗时长、效率低。通过 Hadoop[①]、Spark[②] 等大数据分析工具对巨量数据进行不同维度的挖掘整理，获得有价值的统计规律是数字孪生城市的必然需求。人工智能结合大数据，通过算法挖掘出有价值的信息，应用于社会治理、交通运输、医疗服务等领域，进行数据分析与智能决策，赋能数字孪生城市的治理和服务。随着感知信息越来越完备，依托人工智能的数字孪生城市得到进化，模型预测越来越准确，使虚拟城市拥有先知先觉、智能干预的能力 [3]。

5）CIM 基础平台与数字孪生城市的结合

住房和城乡建设部、工业和信息化部、中央网信办《关于开展城市信息模型（CIM）基础平台建设的指导意见》（建科〔2020〕59 号）指出："CIM 基础平台是现代城市的新型基础设施，是智慧城市建设的重要支撑，可以推动城市物理空间数字化和各领域数据、技术、业务融合，推进城市规划建设管理的信息化、智能化和智慧化，对推进国家治理体系和治理能力现代化具有重要意义"。[4] CIM 平台对数据强有力的汇集作用，为数字孪生城市建设提供数据底板 [③]。其基础支撑层的内容在数据资源、计算能力、存储服务等方面为数字孪生城市视角下的规划、建设、管理实现路径奠定了基础。

基于 CIM 基础平台的数据汇聚体系，利用平台汇聚的规划地理信息数据，以及跨专业、跨领域的其他数据，可以为更好开展规划、建设、管理工作提供基础底板，继而提升规划编制成果的系统性、合理性，更加科学合理地做好动态监督规划调整及实施的全过程。基于多源数据融合，利用新技术手段，融合 GIS、BIM 等不同格式的数据内容的数字孪生城市，能够实现数字城市和现实城市同步规划、同步建设。在未来，数字城市将和现实城市互动共建，更加便于一览全局、及时发现问题、解决问题。基于统一的数据底板和数据汇聚内容，构建统一的数据标准化智能审查指标规则体系，以智能化指标规则体系实现对各级规划成果、各阶段设计方案数

---

① Hadoop 是面向超大数据规模的开源分布式计算框架，实现了流式传输的分布式文件系统，特点是高容错、高效率和高可靠性，适合在大量设备组成的集群上分布式计算和处理超大数据集。

② Spark 也是用于大规模数据处理的计算引擎，类似 Hadoop，但 Spark 仅关注计算框架而不包括文件系统。其在并行化算法上有着较高效率，适合于机器学习等大规模数据的处理。

③ 数字孪生数据底板构建技术是将实体物体的各种数据进行采集、处理和存储，包括：实体物体的结构、性能、运行状态等各种数据。数字孪生数据底板构建技术是数字孪生技术中最为基础和关键的环节之一，其质量的高低直接影响数字孪生技术的效果和应用价值。

据内容进行审查，为使用计算机实现自动化审查奠定基础、提供可能性。基于数字城市的可视化呈现，通过算法规则引擎，进行机器的自动审查比对，结合人机互动，基于结构化表单、规范化流程，出具审查意见，进而减少人为干预，促使规划设计成果更加规范化、科学化，进而实现城市精细化建设和管理，推动城市建设、治理能力现代化。

CIM 基础平台与数字孪生城市的结合，使规划建设管理中便于以统一标准做出判断。基于统一的数据底板，整合多规合一成果，在一张底图上，对客观类指标进行机器自动判断，借助人机交互、态势推演等，更加客观地给出判断，将城市各方面信息数据在同一空间体系和标准下进行有效对照印证。针对流程体系构建监管监测体系，支撑空间规划编制、审批、实施、监测评估预警全过程，减少和消除权力寻租空间，规范化政府行政审查。

6）CIM 应用案例介绍

广州市城市信息模型（CIM）平台建设 [5]，通过系统的技术研发与创新，本着"构建超大城市 CIM 数字底板、搭建 CIM 基础平台、开发智慧城市 CIM+ 应用"的研究思路：

（1）建立广州 CIM 标准体系，主编国内第一部 CIM 基础平台技术导则及其修订版。

图 8-1 广州市城市信息模型 CIM 平台 [5]

（2）率先建立国内第一个 CIM 基础平台（图 8-1）。该平台具备六大功能，包括：海量数据的高效渲染、模拟仿真、物联设备接入、二次开发支撑、3D 模型与信息的全集成、可视化分析等核心能力，有力支撑了平台的各项业务运行以及各类 CIM+ 应用的拓展。

（3）创新性构建 CIM 分级分类体系。整合已有城市 3D 模型与 BIM 分级方式，设计从地表模型到零件级模型逐渐精细的 7 级模型（表 8-1），提出"成果、进程、资源、属性和应用"五大维度分类及其面状分类编码规则（图 8-2），解决"市域—城区—社区—建筑物—构件—零件"多层级、多尺度的模型表达与应用，以及复杂城市系统的完整描述的问题，促进现有模型融合、快速构建 CIM 模型，便于 CIM 共享应用。

CIM 分级表 表 8-1

级别	名称	模型主要内容	模型特征	数据源精细度
I	地表模型	行政区、地形、水系、居民区、交通线等	DEM 和 DOM 叠加实体对象的基本轮廓或三维符号	小于 1：10000
II	框架模型	地形、水利、建筑、交通设施、管线管廊、植被等	实体 3D 框架和表面，包含实体标识与分类等基本信息	1：5000~1：10000

级别	名称	模型主要内容	模型特征	数据源精细度
III	标准模型	地形、水利、建筑、交通设施、管线管廊、植被等	实体 3D 框架、内外表面	1:500~1:2000
IV	精细模型	地形、水利、建筑外观及建筑分层分户结构、交通设施、管线管廊、植被等	实体 3D 框架、内外表面细节，包含模型单元的身份描述、项目信息、组织角色等信息	1:250~1:500
V	功能级模型①	建筑、设施、管线管廊、场地、地下空间等要素及其主要功能分区	满足空间占位、功能分区等需求的几何精度，包含和补充上级信息，增加实体系统关系、组成及材质、性能或属性等信息	G1~G2, N1~N2
VI	构件级模型	建筑、设施、管线管廊、地下空间等要素的功能分区及其主要构件	满足建造安装流程、采购等精细识别需求的几何精度（构件级），宜包含和补充上级信息，增加生产信息、安装信息	G2~G3, N2~N3
VII	零件级模型	建筑、设施、管线管廊、地下空间等要素的功能分区、构件及其主要零件	满足高精度渲染展示、产品管理、制造加工准备等高精度识别需求的几何精度（零件级），包含上级信息并增加竣工信息	G3~G4, N3~N4

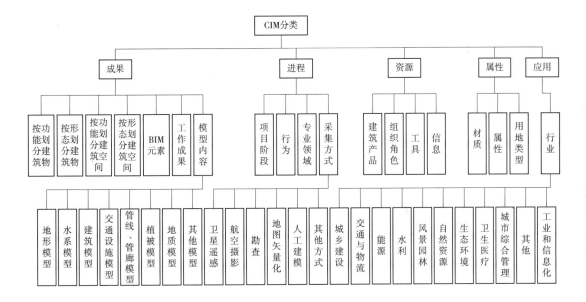

图 8-2 CIM 分类[5]

（4）研发高效渲染和服务聚合分发等关键技术。多源数据分级存储及请求渲染方法（图 8-3）。通过分级存储，2D、3D 数据在 CIM 平台中可以根据分级请求数据并进行渲染，解决了多源数据融合和精细化的同时，也解决了数据计算与成本高、数据切片不合理、索引结构不合理、数据访问速度慢等问题，优化用户体验。

（5）研发施工图 BIM 智能审查技术并建立施工图 BIM 辅助智能审查系统（图 8-4）。自广州 CIM 基础平台和施工图 BIM 审查系统上线以来，各类服务调用次数累计超过 7000 万次，超过 400 家单位参与 BIM 报审，报审面积达 3326 万 m²，政府重复投资和企业工程成本大幅节省，效益显著。

---

① 功能级模型、构件级模型、零件级模型、几何精度等概念见 GB/T 51301—2018 的规定，参见本书 5.3.3 条的介绍。

图 8-3 多源数据分级存储及
请求渲染 [5]

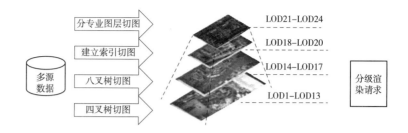

图 8-4 施工图 3D 维数字化
审查系统 [1]

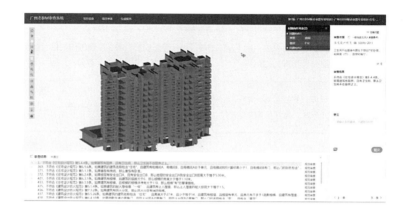

8.1.2 建筑大数据与数据挖掘

1）基本概念

（1）大数据

大数据指高速（Velocity）涌现的大量（Volume）多样化（Variety）数据，其特性可简单概括为"3V"。大数据是非常庞大、复杂的数据集，特别是来自新数据源的数据集，其规模之大令传统数据处理软件束手无策，却能帮助我们解决以往非常棘手的业务难题。

高速（Velocity）：大数据的"高速"指高速接收乃至处理数据。数据通常直接流入内存而非写入磁盘。只有具备"高速"特性才能满足实时运行、实时评估操作等要求。

大量（Volume）：大数据的"大"最主要体现在数据量上。这意味着需要处理海量、低密度的非结构化数据。在实际应用中，大数据的数据量通常高达数十 TB，甚至数百 PB。

多样化（Variety）：多样化是指数据类型众多。通常来说，传统数据属于结构化数据，能够整齐地纳入关系数据库。随着大数据的兴起，各种新的非结构化数据类型不断涌现，如：文本、音频和视频等，它们需要经过额外的预处理操作才能真正提供洞察和支持性元数据。

大数据蕴含着无穷潜力，但大数据体量庞大、数据量增长速度极快，需要对大数据进行存储、管理和清洗 [2]，以便更好地使用大数据。大数据的管理和准备所需的高额成本，将是一项持久性挑战。

---

① 图片来源：广州市工程图纸全过程管理平台：BIM 联合审图系统审图机构操作流程。
② 数据清洗是指发现并纠正数据文件中可识别的错误的最后一道程序，包括：检查数据一致性，处理无效值和缺失值等。

（2）数据挖掘

数据挖掘（Data Mining，DM），是从大量的、有噪声的、不完全的、模糊和随机的数据中，提取出隐含、未知、有价值信息和知识的过程。其中第1步一般是创建数据集，主要包括以下两个部分：①表示真实世界中物体的样本。如：1本书，1张照片。②描述数据集中样本的特征。如：词频、分类等。接下来是调整算法，通过参数影响算法的具体决策。

数据挖掘的步骤一般为：明确目标→数据搜集→数据清洗→构建模型→模型评估→应用部署。

2）数据挖掘的几种算法

（1）决策树

决策树（Decision Tree）是树形结构的知识表示，可自动对数据进行分类，可直接转换为分类规则。它能被看作基于属性的预测模型，树的根节点是整个数据集空间，每个分节点对应1个分裂问题，它是对某个单一变量的测试，该测试将数据集合空间分割成两个或更多数据块，每个叶节点是带有分类结果的数据分割。决策树学习算法主要是针对"以离散型变量作为属性类型进行分类"的学习方法。对于连续性变量，必须离散化才能用决策树方法学习和分类[6]。

图 8-5　决策树案例

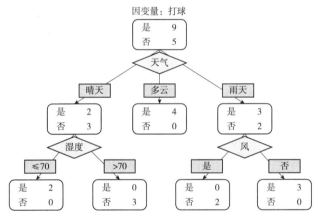

1个决策树的经典例子：小王的目的是通过下周天气预报预测什么时候人们会打球，而对天气情况、相对湿度、是否刮风等条件考察统计后，便可以构造1棵决策树。其中共考察了14个人的行为决策以及相应的天气状况（图8-5）。

决策树的优点：

①决策树模型可读性好且具有描述性，有助于进行人工分析。

②效率高：1次构建就可反复使用，每次预测的最大计算次数有限。

③速度快：计算量比较小，能够快速地形成分类规则。

此外，基于决策树的决策算法，在学习过程中不需要了解很多背景知识，只需从样本数据及提供的信息就能够产生1棵决策树，通过树节点的分叉判别可以使某一分类问题仅与主要的树节点对应的变量属性取值相关，即不需要全部变量取值来判别对应的分类。

决策树简便实用、健壮性强的优势，得到了各行各业的广泛欢迎，在数据挖掘、案例分析、分类预测等方面都有很大的用处。决策树也是建筑策划、评价的有力工具之一。

（2）支持向量机

支持向量机（support vector machines，SVM）是建立在统计学习理论基础上的一种数据挖掘方法，能非常成功地处理回归问题（时间序列分析）和模式识别（分类问题、判别分析）等诸多问题，并可推广于预测和综合评价等领域和学科。SVM 是 1 种相对简单的监督机器学习算法，它更适合用于分类问题，但有时对回归问题也非常有用。基本上，SVM 算法会找到 1 个超平面，在数据类别之间创建 1 个边界。在 2D 空间中，这个超平面是一条线。接下来，寻找最优超平面来分离数据[7]。从本质上来说，SVM 只能执行二进制分类（即在两个类之间进行选择）。针对多分类问题，可以为每一类数据创建一个二分类器，再进行多分类的分析。

图 8-6 支持向量机不同的分类方法[①]
（a）线性可分数据；（b）非线性可分数据

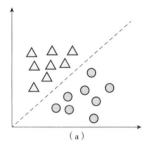
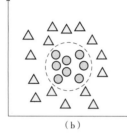

（a）　　　　　　（b）

对于线性可分的数据，支持向量机无需任何修改就能很好地工作。线性可分数据可以绘制在一个图表中，并可以使用直线分离成几类（图 8-6a）。对非线性可分数据，可使用核化的支持向量机（图 8-6b）。如：一些 1D 空间上非线性可分的数据，可以通过映射将其转换成在 2D 空间上是线性可分的数据。对于任意维上的非线性可分数据，我们可以将数据映射到更高维上然后使其线性可分。核只不过是数据点之间相似性的度量算法。[7]

目前，支持向量机分类技术已经广泛应用于机器学习、模式识别、模式分类、计算机视觉等各个领域中，且其分类效果可观，在工业工程、航空、医疗等方面有广泛应用。如文本检测识别、人脸识别、骨龄估计等多个领域。此外，研究人员也在大大扩展其应用范围[8]。

（3）K-Means 算法

聚类分析是传统机器学习算法中常用方法之一，也是数据挖掘中一个重要的概念，其核心是寻找数据对象中的潜在联系，旨在实现对象的分类。典型的聚类算法分为三个阶段：特征选择和特征提取，数据对象间相似度计算，数据对象分组。聚类目的是将数据对象分成多个类或簇，同一簇中的对象具有较高的相似度，而不同簇中的对象差别较大。[9]

K-Means 是最重要的平面聚类算法之一。以样本间距离作为定义一个簇的标准，距离越小则越有可能在同一簇中，其中簇中心被定义为一个簇中样本的平均值或质心。K-Means 的第一步是随机选取 K 个样本作为初始聚类中心，即种子。然后对所有样本求到这 K 个种子点的距离，各样本离某种子点最近则属于该种子点的簇。接下来，通过计算，移动种子点到它所在簇的质心。之后重复以上步骤直到质心不再移动为止。图 8-7 显示了 K-Means 算法对一组点的迭代过程：（a）表示输入数据；（b）表示最初选择的 3 个样本点作为种子点，并且对所有样本点进行划分；（c）→（e）表示多次迭代的过程：样本均值（圆圈位置）和数据划分（不同颜色形状）的状态。

①　https://www.geeksforgeeks.org/introduction-to-support-vector-machines-svm/.

图 8-7　K-Means 算法迭代
收敛过程[96]
（a）输入数据；（b）初始样本
点选择；（c）迭代 2 次；（d）迭
代 3 次；（e）聚类结果

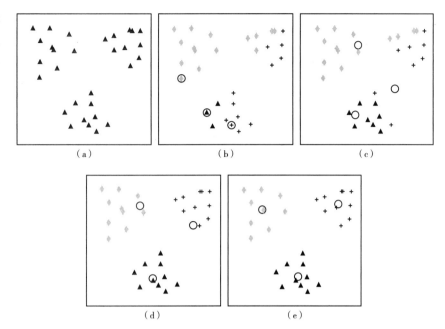

（a）　　　　　　　　（b）　　　　　　　　（c）

（d）　　　　　　　　（e）

　　相较于其他的聚类算法，K-Means 算法以效果较好、思想简单的优
点在聚类算法中得到了广泛的应用。不过，K-Means 算法也有其自身的局
限性，如：算法中聚簇个数 K 需要事先确定、初始聚类中心由随机选取产
生、离群点对聚类结果有影响等。

3）建筑大数据类型

（1）建筑空间数据

①平面图像大数据

平面图像大数据是较为常见的建筑信息载体（图 8-8）。使用神经网络
模型，可以利用其学习和生成建筑图纸，如：生成不同的住宅平面[10]。通
过对神经网络模型中的卷积层进行可视化，可以发现网络已经逐步学会了
建筑平面的特征（图 8-9）。随着网络的深入，图中的特征变得更加简洁，
随着训练时间的增加，图中的特征变得更加清晰。

②基于矢量的平面图大数据

矢量图是计算机图形学中用点、直线或者多边形等基于数学方程的

图 8-8　平面图像数据集示例[10]
（a）住宅平面；（b）生成的平
面；（c）原始标记的平面

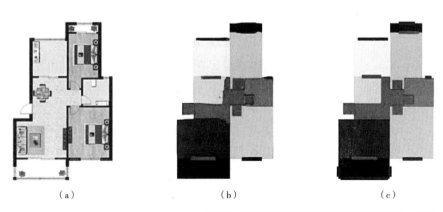

（a）　　　　　　　　（b）　　　　　　　　（c）

input image
W512 × H512 × C3

epoch80 conv-layer1
node(0 in 64)
W512 × H512 × C1

epoch80 conv-layer2
node(18 in 128)
W256 × H256 × C1

epoch80 conv-layer3
node(31 in 256)
W128 × H128 × C1

epoch80 conv-layer4
node(59 in 512)
W64 × H64 × C1

epoch80 conv-layer5
node(182 in 1024)
W32 × H32 × C1

图 8-9　卷积层可视化[10]

几何图元表示的图像，具有编辑不失真的特点。矢量平面图一般存在于 CAD、GIS 等软件绘制中。公开可用的数据集 RPLAN[12] 中使用的是平面数据，可以用于训练并生成合理的建筑平面[11]。RPLAN 数据集包含 80000 多个住宅平面图，每个平面图用 4 通道位图表示，通道分别表示外墙、房间类型、同类型房间编号和室内外分区。将这些栅格化的平面图（即 RPLAN 数据集中的位图）利用 Potrace 算法[13] 进行矢量化，并提取房间的类型和几何属性，输入到对抗性生成网络中，就可以实现识别和生成住宅平面图的任务（图 8-10）。

图 8-10　生成的平面图[11]
（a）成功案例；（b）失败案例，如不合理的房间关系、形状或布置

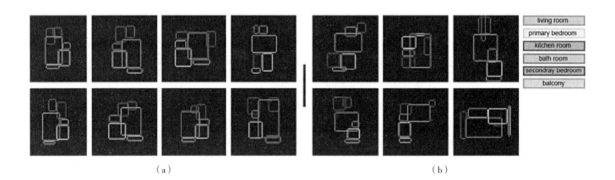

（a）　　　　　　　　　　　　　　　　（b）

③建筑室内场景大数据

建筑室内图片可以为室内设计和风格优化提供参考，室内布局设计与人们的日常生活密切相关，需求非常广泛。由于室内布局设计的工作量是重复的和分类的，在人工智能的最新进展的帮助下，可以实现自动化和辅助。常用的几种室内场景（包括 3D 模型数据集）包括：SUNCG 数据集[14]、3D Warehouse、Pinterest 在线图片集等。建筑室内场景大数据可以用于设计优化，可以从 Pinterest 和 Huaban 网站收集大量室内场景照片，利用机器学习技术生成新的室内空间场景图，从而将室内布局设计工作自动化[15]。

（2）建筑使用行为大数据

大数据时代，各类设备及数据记录了人员时空位置和行为内容的大量数据，为环境行为的研究提供了全新的数据来源。这些新的数据是环境行为学传统观察法的延伸，但是在空间范围、时间跨度和人群覆盖面上都有了数量级上的扩展。因此，蕴含的信息量相对传统调查研究方法有质的提升，有望以复杂系统的视角刻画人与空间的相互影响。

人群的时空行为数据获取方式可分为基于 Wi-Fi、蓝牙、超宽带（Ultra-wide band，UWB）、GPS、视频等方式。其中，UWB 具有极高的室内定位精度，但需要被观测者佩戴定位标签；而 GPS 则在室外空间中应用成熟、精度较高被广泛使用。视频分析则是一种信息丰富，具有广泛应用前景的新方法。不同的定位方法往往适用于不同的建筑空间研究场景（表 8-2）。

时空行为轨迹获取方法比较表　　　　　　　　　　表 8-2

	优点	缺点	适用场景
Wi-Fi	不需被试者穿戴设备； 可同时收集大量样本	需要在空间中部署设备； 精度相对低	中等尺度室内外
Bluetooth	部署灵活； 精度较高	需要被试者携带定位设备	中小尺度室内
UWB	室内精度高； 高成本	需要在空间中部署设备； 需要在空间中穿戴定位设备	中小尺度的室内
GPS	室外高精度； 低成本	室内精度差	室外
Video	无感知、高精度； 无需穿戴设备	要求视线无遮挡； 设备部署不灵活	室内外

基于 Wi-Fi 的定位方法一般被运用于较大体量、较多人流量的空间研究中。研究者通过在空间中布置 AP 点、获取智能手机信号来定位相应的人的位置。在对滑雪度假区内人的行为研究（图 8-11）[16, 17]，在黄山风景区对游客的时空轨迹和客流规律的研究分析[18]，对机场候机人群的到达、离开时间特征以及对旅客的候机行为研究分析都使用了 Wi-Fi 的定位方法[19]，这些研究为相关部门提供了决策依据。

图 8-11　Wi-Fi 定位数据反映的滑雪度假区 1 日 24h 内滑雪者的空间分布[16]

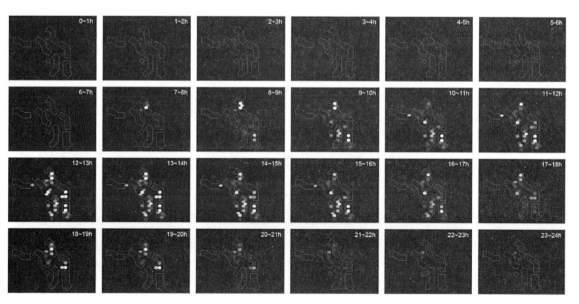

基于蓝牙定位系统的空间行为研究，主要涉及：博物馆、学校、景点、商场等。研究者利用蓝牙无感知的特性，探测参观者的匿名行为，揭示造成大型博物馆拥挤现象的空间、人群行为的规律和机制[20, 21]。蓝牙1~5m的精度，可以在这个尺度上用于空间区域、节点的分析，有助于了解使用者空间使用序列和转移情况。

UWB室内定位系统的理论精度可达10~20cm，更适合精细化刻画人的微观行为活动。研究者采用此方法对居住行为进行了研究，并发现了影响家中老人活动位置的因素，如：采光、家具位置等，以及与其他居住者的视线联系等因素[22, 23]。UWB方法还经常用于超市等购物行为研究，通过分析购物行为与交通流线的关系，发现消费者计划外消费与超市的空间布局存在联系（图8-12）[24]。

图8-12 使用UWB数据的超市购物行为分析[24]
（a）轨迹可视化；（b）行走速度热力图；（c）顾客停留区域分析

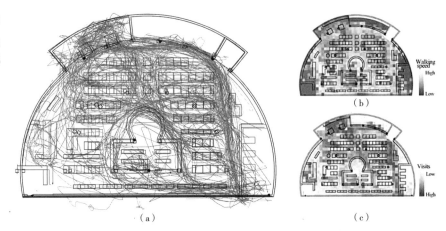

（a）　　　（b）　　　（c）

随着计算机视觉技术的快速发展以及监控摄像头的普及，基于视频数据提取人的行为轨迹和活动内容，已成为1种具有潜力和应用前景的方法。最早使用录像数据进行环境行为研究的是美国的城市学家威廉·H·怀特（William H. Whyte），他在1980年，使用延时摄影的方法记录人流情况[25]。黄蔚欣等开发了基于视频数据的对象检测、行人重识别方法，并分析了校园内人群的分布、人流量、区域联系以及轨迹分布等，展现了这一方法的潜力（图8-13）[26]。

图8-13 基于视频数据的空间行为分析[17]——使用视频数据分析的校园空间微观行为轨迹

8.2 人工智能与设计

8.2.1 人工智能技术的发展与分类

1）人工智能的"三次浪潮"与发展现状

人工智能（Artificial Intelligence，AI）这一概念脱胎于 20 世纪萌芽的思辨："机器能否具有人类的智能"。1950 年，计算机科学家图灵在其论文 *Computing Machinery and Intelligence*（《计算机器与智能》）中提出了著名的实验——图灵测试：即人类能否分辨机器与人类的回答[27]。这篇论文中讨论了多个现代计算机领域的奠基性的概念，并极为深入地论证了"学习机器"的实现可能，"人工智能"这一概念肇端于此。

对于人工智能发展的阶段，较为广泛认可的是"三次浪潮"的划分[28]：

第一次浪潮源于 1956 年达特茅斯会议上正式提出的"人工智能"这一名词。该领域理论研究进入黄金时期，但很快受限于当年硬件能力，步入了瓶颈。

第二次浪潮出现于 1970~1990 年，代表是基于知识的专家系统被提出，因其简便有效而得到广泛部署。但因难以维护、建立成本高等问题而逐渐被冷落。

第三次浪潮一般认为是 1990 年至今，代表事件是 1997 年 IBM 研发的超级计算机"深蓝"击败了国际象棋世界冠军加里·卡斯帕罗夫。当今的数据大爆炸及硬件大发展，使得人工智能同时得到了可用的"算据"与"算力"，以机器学习（Machine Learning）为代表的人工智能算法迅猛发展，并涌现了大量具有突破性的人工智能方法及应用。

现今，机器学习得到了广泛应用，也在我们触手可及的领域大显身手。曾经作为人工智能判别标准的图灵测试，在当下似乎已经不再困难。

同时，随着人工智能步入新的阶段，更多的前沿问题逐步被提出和解决。被广泛使用的神经网络学习也不断出现多种变体。机器学习的大量计算需求，催生云计算、边缘计算等新兴技术；人工智能的安全性与隐私性也在多方讨论……毫无疑问，人工智能在未来一段时间内将继续快速发展与迭代，带来未来的无限机遇与挑战。

2）机器学习的基础概念引入

机器学习作为得到最广泛应用的人工智能算法，实质上试图探讨的是"如何从大量信息中学习到知识"。

我们都学过二元一次方程的通用解法，它清晰的步骤能够很容易地让计算机执行，这种能精确给出步骤的算法一般被称为"经典算法"。许多经典算法得到了广泛应用，如：快速排序等。

但当我们的问题变为"图片中是否有 1 只猫"时，似乎我们就很难描述我们需要的步骤，也许我们能分项列举出大量的描述（如：有没有皮毛），但这样会使得机器运算变得困难和冗杂。而且当问题变成"1 条狗"的时候，可能又得推倒重来。

机器学习这一概念就来源于此。对于经典算法难以解决的问题，机器学习尝试构建出通用的算法，用信息的大量输入来修正输出。使得机器能够从大量数据中"学会"完成目标任务。

回到判断"图片中是猫还是狗"的任务，我们不再需要写成百上千条规则，取而代之的是若干张标注好"猫/狗"标签的图片用于训练程序，所以被称为"训练集"。

我们希望让程序"看过"足够多的图片之后，能够判断图片中是猫还是狗，然后，可以根据准确率来评价它的表现。那么如何让机器学会这些知识？许多机器学习算法都提出了思路。为求简洁，此处给出简略的示例。

跳过一些数学知识的论证，假设有 1 个黑箱，里面有很多可调节的权重 W，输入一张图片，它会从现有的权重 W 计算出 1 组数字。当其中第 1 个数字更大时，就认为它的回答是"猫"而不是"狗"。显然，这个程序一开始肯定会算出乱七八糟的结果，因为初始的 W 很难碰巧猜对答案。

所以要训练这个"黑箱"。对于某张已知答案的图片。只需要计算出某次输出和事实的偏差（一般称为"误差"，Loss），就能衡量这次输出的正确与否。根据误差的大小，只要朝不同方向调节 W，那么就实现了从训练集学习这张图片的过程。

之后，可以用一些新的图片来测试模型，把这些图片称为"测试集"。有时我们也可能需要一些图片来确认程序是否工作正常，这些称为"验证集"。对于 1 个庞大的数据集，一般会划分为训练集、测试集、验证集 3 类（有时也不使用验证集）进行使用。

理想状态下，当用大量图片调节 W 之后，就会发现好像准确率逐渐提高到了某个水平（比如预设为 90%），那么称这个训练过程"收敛"了。于是我们就得到了 1 个最简单的机器学习模型，它能有效地分辨图片中的猫狗（图 8-14）。

最后，当我们对模型进行测试时，如果模型不能很好地完成任务，称为"欠拟合"；而如果模型过度学习了原始数据的特征，而在没见过的其他数据集上表现不佳则称为"过拟合"。

图 8-14 机器学习的训练简图
（a）机器学习的黑箱，对每个输入给一个输出初始状态下很难正确运行；（b）将输出结果与真实情况比较让权重 W 向误差降低的方向调节（误差函数多种多样，此处只为示意）；（c）用标注后的样本调整 W，即训练可以预计大量训练后模型准确率会上升；（d）实际使用中的数据集会分成三类

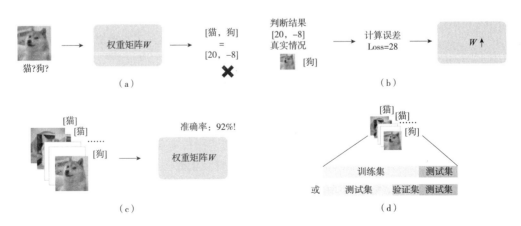

（a）　　　　（b）

准确率：92%!

（c）　　　　（d）

当然，此处略去了大量基础知识。例如"黑箱"模型可以是多种多样的模型结构、误差的计算有多种目标函数与计算方法、何时停止训练、使用多大的学习率、要用多大的数据集、训练多少次、每次训练几张，……这些算法、策略乃至经验数值的表现各不相同、组合多种多样，再加上训练过程中的随机性，也难怪机器学习常常被笑称为"炼丹"了。

但机器学习的方法，确实有效地实现了使用通用算法（这一过程与具体问题无关，可以通用于类似形式的问题），从数据中学习知识（通过数据更新函数权重），解决了难以由经典算法解决的问题。这种健壮性和通用性，正是机器学习的突出优势。

3）常用的机器学习方法与概念

上文中"猫/狗分类"的例子，只是1个二元分类任务，也许1个简单的函数也能较好地完成。但是复杂问题需要更强大的模型及方法。本小节将较简略地介绍几个常见的机器学习方法与概念，便于读者对机器学习的实现有初步印象。

（1）有监督学习/无监督学习

有监督学习指在机器学习过程中需要提供标注信息的算法，如：在图片分类任务中输入大量标注好分类的图片作为训练集，虽然这一策略有效，但它对训练集要求较高，需要大量的数据标注工作。

无监督学习则试图解决当我们没有足够的"先验知识"，或者难以对数据进行标注时，如何进行机器学习的问题。较为典型的有聚类算法（图8-15），尝试对大量无标注数据进行自动分类，有效节省了对数据标注的工作。但相应的，无监督学习也往往使得结果难以预测或解释，需要对学习过程加以额外的把控。如：聚类算法中有时会得到出乎意料的簇，此时需要重新探讨是算法参数选择存在问题，还是真出现了未考虑到的分布。

图8-15 聚类示意图——可见无监督的聚类中存在的不确定性
（a）无标签的数据分布；（b）尝试聚类为3类；（c）尝试聚类为4类

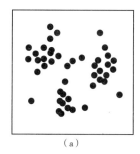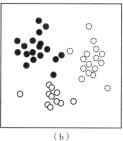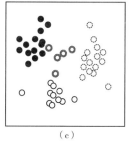

（a）　　　　　　　（b）　　　　　　　（c）

此外，有监督学习与无监督学习也有结合使用的案例，如：使用部分样本有标记的训练集进行训练。

（2）人工神经网络

人工神经网络（Artificial Neural Network，ANN）及其变体是近年来最为流行的机器学习算法，它能够有效地解决许多经典算法棘手的问题，并具有很好的健壮性和通用性，因而得到了广泛使用。这一概念源于对人类神经元网络的模仿，提出了类似神经元的基础单元"感知器"，类似于人类神经元输入输出神经信号。

每个神经元可以接受多个输入值，然后在内部经过权重的加权求和，得出 1 个分值。每个分值经过"激活函数"计算后得到输出值。激活函数的目的是把输入结果映射到一个合理的范围，用于后续计算（图 8-16）。

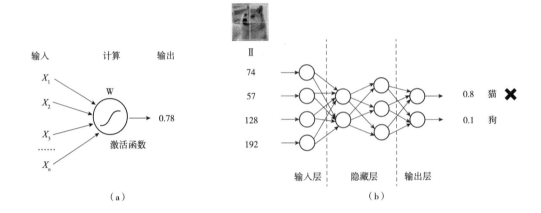

（a）　　　　　　　　　　（b）

在这样的性质下，每个感知器都能够从多个输入值，计算出一个唯一的信号（比如 1 或 –1）。如果将多个神经元组成一个多层的网络，那每层感知器都能够接收来自前一层输入，经过处理，向下一层传递，这样就实现了对信息的感知和处理。这样的模型称为神经网络或人工神经网络。

人工神经网络的学习过程中，先初始化各个神经元的权重。一种训练方法是根据结果的误差值，计算损失函数关于权重的梯度，朝梯度下降的方向调整权重，逐渐缩减误差，称为"梯度下降法"。虽然难以避免一些极端情况，但多数情况十分有效，因而最为有名。这个过程中，由于神经网络结构，梯度的计算会十分复杂。为了简化运算，可以从输出层开始，反向逐层计算梯度，称为"反向传播算法"。对于数学原理此处不作深入探讨。

虽然训练的过程计算复杂，需要大量运算和参数调节过程，但神经元的输出是简单的。所以，训练完毕的神经网络可以快速响应输出，因而实用性极强。

不难看出，在神经网络的参数选择和连接方式上选择众多。因此，在此基础上也涌现了大量的变体及衍生方法。

（3）深度学习 / 深度神经网络（Deep Learning / Deep Neural Network，DNN）

虽然可以证明，含两层隐藏层的神经网络就足以解决所有分类问题。但是，结构简单的神经网络往往表现较差，难以使用。因此，出现了堆叠更多神经元层数的深度神经网络。这类方法也称为"深度学习"。近年来一些深度学习研究在层数上更是数量级增长。

因为深度神经网络增加了更多的隐藏层，模型的表达能力得到强化，能够完成更复杂的任务。但也在计算规模、计算效率、参数体积等方面面临挑战，因而也催生了大量训练方法、优化算法等。

（4）卷积神经网络（Convolutional Neural Networks，CNN）

人工神经网络虽然能解决多种问题，但在图像处理中，图像作为 1 列数据的输入实际上抛弃了图片的 2D 结构。卷积神经网络试图将图像结构加以保留，因而在图像处理的相关任务上表现更好，早期的卷积神经网络就有效实现了手写字体的识别（图 8-17）。引用 [98]（Lecun）

图 8-17　实现手写字体识别的卷积神经网络（1998）[97]

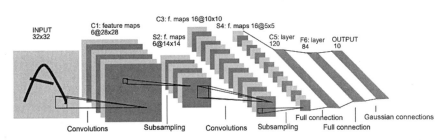

卷积神经网络更换了神经网络中的感知器。采用 1 个尺寸较小的卷积核（比如 3×3 的矩阵），按一定权重依次拾取图像每个方形区域的像素值，计算出 1 个尺寸小于原图像的卷积特征矩阵，这一过程称为"卷积"。然后下 1 层的卷积核在特征矩阵上再进行卷积，得到第 2 层的卷积特征矩阵，……最终得到输出。这样使得卷积特征矩阵能够有效捕捉图像的结构信息，并得出一些可视的特征结果，在图像相关任务上表现优秀。

（5）生成式对抗网络（Generative Adversarial Networks，GAN）

是否能让机器自行进行学习呢？ GAN 作为一种无监督学习方法被提出。其核心思想是同时训练完成生成任务的生成器和判定生成结果是否符合真实样本的判别器。二者互相对抗，共同提高，最终使得生成效果更加符合目标。因效果显著，近年来在许多建筑学研究中被广泛使用。

（6）机器学习工具

面对庞大复杂的机器学习问题，也有许多开源代码库如 Numpy、TensorFlow、Pytorch 等已经实现了一些数学运算和机器学习所必需的计算函数和算法，能够有效降低使用者的实践难度。近几年来，扩散模型（Diffusion Models）、生成式预训练模型（Generative Pre-trained Transformer，GPT）、大语言模型（Large Language Model，LLM）等新方法崭露头角，其优异表现也为人工智能应用带来了大模型为代表的新热潮。

4）人工智能在建筑领域

随着技术的日益发展，建筑行业与数字信息技术的关系日益紧密。近年来，人工智能开始成为科学界与工程界关注的焦点，用以解决大量传统算法难以具体描述或解决的问题。在人工智能产业的发展赋能之下，众多行业得到有效助力，获得长足发展。

（1）在建筑行业中应用人工智能方法，其优点是显而易见的。

①解放大量重复工作：建筑行业各个环节都存在大量重复性工作，如：平面图排布、细部设计、室内装潢、结构优化等，占用了从业人员大量精力，但又因建筑本身的复杂性，难以复用和自动化。借助机器学习的力量，建筑业积累的大量现有数据资产有望用于解放这些繁重的重复劳作。

②解决各专业各环节的优化问题：目前的设计过程中存在建筑性能、建筑环境、建筑强度等方面与设计脱节的现象。其底层原因是这些环节的优化过程往往复杂而困难，使得这些问题在设计流程中往往滞后。在机器学习的协作下，将有效加速建筑性能的优化问题，并有望使得建筑优化问题在设计环节中前置，实现主动的正向设计优化，而非优化后对设计的被动反馈。

③获得具有创想性的设计结果：风格迁移、AI 作画等有名的机器学习应用已经为我们呈现了这一技术在图像生成方向上的巨大潜力，其输出呈现了大量人类以往从未想象过的画面。相信建筑设计结合机器学习，将能够得到许多富有创想与创新的设计成果。

（2）目前机器学习在建筑中的应用仍然存在着困难。

①缺乏大量优质数据：机器学习需要大量数据，应用于建筑时自然要求大量建筑数据的收集与标注。建筑行业现状下建筑数据库建立意识较弱，海量信息有待收集与清洗。因此，数据积累存在困难，但随着 CIM 与 BIM 技术发展有望改善。

②数据难以定量或难以明确，过程不可控：建筑设计中涉及空间体验、场地气质等难以量化或模糊的标准，这些建筑学的重要因素难以被机器定量计算；而一些机器学习工具本身也类似于"黑箱"，难以控制其过程尽数满足工程需求，因此，期望与实际应用还有差距。

现在建筑行业中，已经有许多研究团队与公司企业尝试运用人工智能来解决建筑中所遇到的问题，本节后续部分将介绍一些机器学习在建筑行业中的实际应用及发展潜力，并对一些应用做出展望。

8.2.2 人工智能与建筑性能优化

1）人工智能与建筑性能优化研究的结合

人工智能工具在可以量化的数值问题上表现优秀，因而在建筑领域应用实践中，在建筑性能优化上表现突出。主要分为两个方向：设计阶段的性能模拟、运营阶段的性能优化。

设计阶段的性能模拟，主要在设计前期帮助建筑师更好地在建筑方案成型并在实际建造前进行建筑性能的评估，并依据评估结果修改调整设计方案，或者根据期望的性能指标来检索生成大量可供参考的初步方案。

运营阶段的性能优化，注重在建筑项目完成后的实际使用中，可以通过大数据以及人工智能辅助的建筑管理系统，实现对于各类机电设备运营、综合能耗效益等层面的建筑使用性能优化，改善建筑空间使用感受及性能表现。

已有的建筑性能模拟技术为人工智能的介入提供了必要的数字化基础。借助 Ecotect Analysis、Phoenics、Design Builder 等建筑性能模拟软件可使得建筑在实际建造前就得以初步评估效益。其实质是基于物理规律、编写程序对现实世界进行仿真。受限于算法算力，很多模拟的条件和过程无法被足够精确、高效地计算。

而人工智能技术等新方法能够突破这些难题，使得建筑性能模拟技术的分析速度与仿真程度都大大提高，有望进一步推动相关建筑技术的发展。已有的研究中，可见一些使用机器学习的方法对性能进行预测，跳过费力耗时的仿真迭代计算，以节省大量算力与时间，并在效率与准确性上取得更好平衡，帮助建筑师更快更好地在早期设计阶段实现大量方案的性能模拟比较。

2）人工智能介入建筑性能模拟优化的典型研究案例

相比于传统的追求详细模拟建筑的模型，在人工智能技术的帮助下，基于统计数据的代用模型被越来越多地运用到建筑性能的模拟中。代用模型，也叫"代理模型"，即利用统计数据或算法得到的近似模型，用于代替实验或模拟仿真，如：训练后的神经网络。仿真模拟实验（如：通风模拟、采光模拟）往往算力成本较高，耗时较长，而代用模型则节省很多成本与时间。

代用模型基于建筑模拟软件中的真实输入与输出，通过机器学习模型训练消除建筑性能模拟的算力障碍，在几秒钟内估计出大量不同建筑设计的模拟结果，为建筑师早期设计阶段中快速判断主要影响要素、分析和优化设计、改善建筑性能条件提供了有力的工具。此处列举一些人工智能代用模型的应用案例。

（1）构建建筑性能数据库训练代用模型

一些研究尝试通过建筑性能数据来训练神经网络，使得神经网络的输出能够接近真实情况，得以更快地得出模拟结果。

Magnier Laurent 等人（2010）[29] 和 Gossard D. 等人（2013）[30] 的研究都尝试了将人工神经网络与多目标遗传算法（NSGA-II）相结合，通过实验数据或模拟数据获取建筑物理性能数据，构建数据集，用于 ANN 模型的训练，并由多目标遗传算法优化，使得人工智能模型能够输出优化结果，相比以往的模拟方法或实验方法更为简便（图 8-18）。

建筑风环境领域，Stavrakakis G.M. 等人（2012）[31] 针对 1 个单间的农村建筑，基于当地气候数据和周边条件建立了流体动力学模型模拟建筑物内部和周围的气流。通过输入建筑参数，可以通过建立的模型计算并评估建筑的自然通风相关指标，以此便可以构建 1 个包含设计输入与指标输出的数据库（图 8-19）。然后，将这一数据库用于训练神经网络，以快速完成基于热环境和风环境舒适导向的门窗设计优化工作。

（2）深入算法层面的研究

时至今日，越来越多的建筑性能交叉领域的研究正在深入算法层面。计算机领域不断迭代与产生的新技术为建筑性能模拟优化领域提供了新的工具与研究方法。

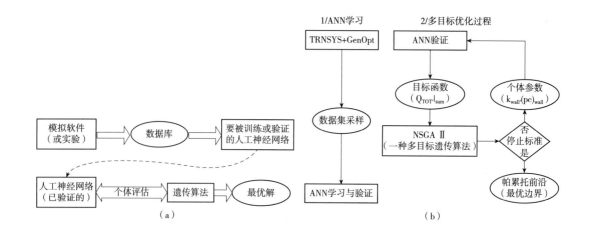

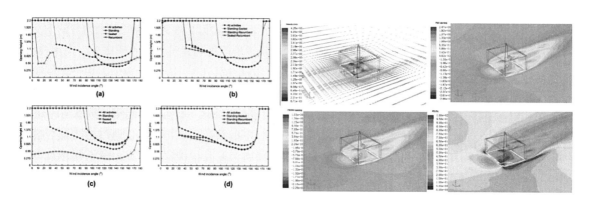

图 8-18　人工神经网络与多目标遗传算法相结合（上）
（a）Magnier Laurent 等人的方法架构（2010）[29]；（b）Gossard D. 等人的方法架构（2013）[30]

图 8-19　Stavrakakis G.M. 等人对不同设计变量的优化（2012）[31]（下）

例如：李煜等人（2020）以光舒适为导向优化体育建筑天窗设计[32]；Singh M.M. 等人（2022）用机器学习预测热流来推算建筑的供暖、制冷、照明等能耗需求，并以此开发了工具以辅助设计者评估设计方案的建筑性能、比较多种方案、在设计早期介入分析、跟踪不同影响因素带来的变化[33]（图 8-20）；Foster 事务所利用 CNN 相关算法来完成 3D 空间中建筑附近的风向及稳定湍流的近实时预测，为建筑早期生成设计迭代提供即时反馈，从而给设计师提供了 1 个基于目标风流生成建筑体量的工具。

（3）提高代用模型的通用性

目前，代用模型的使用还有很多改进的空间。代用模型常常容易被束缚在它所训练的特定建筑设计问题上，因此提升其通用性是一重要研究方向。

例如：Paul Westermann（2020）等人的研究中[34]，关注到代用模型容易与建筑物地点相关联，改变模拟地点就需要耗费大量的时间重新训练模型。因此，希望提高模型对不同地点的通用性。

他们基于加拿大各地的 569 个气候文件的案例研究，利用深度时间卷积神经网络（deep temporal convolutional neural network）来处理年度气候数据，让神经网络学习、提取并估计供暖制冷需求的有关特征，将学习

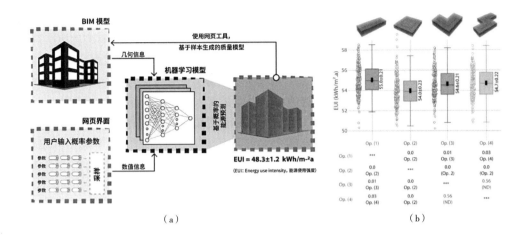

（a）

（b）

图 8-20　利用神经网络进行
性能模拟及形体选择[33]
（a）利用神经网络进行性能模
拟的流程；（b）对不同形体选
择的模拟结果

到的特征与建筑设计参数结合起来服务于建筑性能优化与建筑设计。当使
用训练数据集以外地点的新建筑设计来检验这一模型时，其对于供暖需求
估计的偏差小于 3%（图 8-21）。

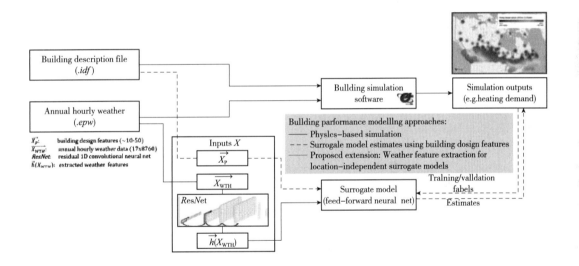

图 8-21　利用加拿大不同地
点的建筑数据和天气数据训练
模拟模型[34]

（4）其他评价指标

在建筑设计中，人工智能辅助的建筑性能模拟优化除了帮助建筑师分
析各类建筑物理指标、辅助评估和生成建筑方案外，还在人为构建的一系
列评价指标上起到重要的作用，如评估建筑结构稳定性能[35]、交通活动分
析[36]、空间的连通性等[37]。因研究对象与方法多种多样，此处不做展开。

8.2.3　深度神经网络在建筑研究中的应用

1）机器学习在建筑学研究中的发展简介

（1）前期发展

20 世纪 60 年代以来，计算机技术开始被大量引入到建筑领域的研究
中。第 2 次的人工智能浪潮中，有研究开始尝试用大量规则构建专家系统
或知识库解决建筑问题。

但单纯录入规则的模式不够成功，一些研究尝试模拟各类自然界机制，遗传算法、退火算法、进化算法、元胞自动机等各类模拟自然界机制的启发式算法[1]崭露头角[38-41]。随着研究的建筑学问题愈发复杂，这类算法欠缺学习创造的能力，当建筑学问题难以清晰量化的时候，启发式算法便陷入困境。

而伴随人工智能领域算法的发展，相关交叉研究进入了新的阶段，一些机器学习经典方法得到了建筑学领域的应用。如：Merrell 等人（2010）使用经过训练的贝叶斯网络[2]预测、推断并生成空间组织排布的相关设计参数，以明确的规则进一步将生成的设计参数转化为建筑平面图[42]（图8-22）。

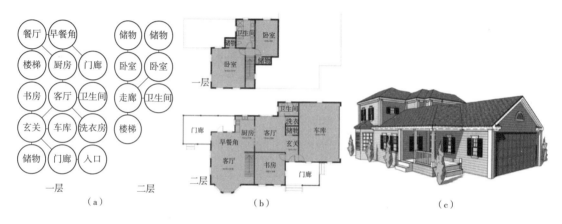

图8-22 Merrell 等人基于贝叶斯网络的空间生成[42]
（a）各空间元素间的概率关系；（b）由概率关系生成的平面布局；（c）由平面布局生成的三维模型

（2）多种神经网络变体的发展

深度学习模型更强的学习与解释数据的能力，提供了对建筑中复杂问题和变量的解决思路，在 2D 或 3D 图形上，一些深度模型已经能够达到近似于人类理解模式的结果。

随着卷积神经网络（CNN）等深度学习模型在以图像处理为主的领域大获成功，与图像相关的建筑任务也因此产生了新一轮的技术迭代和尝试。

除图像外，建筑的其他数据也得到应用。如：图神经网络（Graph Neural Network，GNN）[3]使用的图数据结构与建筑设计中的功能气泡图很相似，因此也有许多基于 GNN 的方法被应用于建筑学研究中。此外其他形式的建筑相关数据也受到了关注，如：点状的行人数据、具有时间序列的视频数据等。

（3）对抗生成网络

自 Goodfellow 等人（2014）提出生成对抗网络（GAN）以来[4][43]，这一深度学习方法迅速在众多学科领域产生了深远影响。随后在这一原理下也涌现了大量衍生的模型及方法，并得到了广泛应用。因为其在图像生

---

[1] 启发式算法是相对于寻找最优解的最优化算法而言。对于复杂问题，最优化算法往往难以构造和求解，因此启发式算法尝试基于一些直观规则或经验，用较低代价寻找可行解。如：模拟大量简单对象行为的蚁群算法，模拟基因随机交换优胜劣汰的遗传算法等。

[2] 贝叶斯网络，是一种概率图模型。它基于概率推断的贝叶斯定理，用图形化的方式来表示变量之间的因果关系。

[3] 图神经网络 GNN，是学习由边和节点的拓扑关系组成的图（Graph）结构数据的神经网络。适用于处理具有特定相互关系的任务，如：好友关系挖掘、建筑联通关系分析等。

[4] 原理简介见 8.2.1.3 款：常用的机器学习方法与概念。

成任务上表现优秀，近年来被建筑设计领域研究大量使用，其中较有代表性的是建筑平面图的生成任务。如：黄蔚欣和郑豪（2018）使用 Pix2Pix（一种图像生成图像的 GAN）实现的建筑平面图生成与识别[44]（图 8-23）。

图 8-23 利用功能标注实现的住宅平面图生成与识别[44]

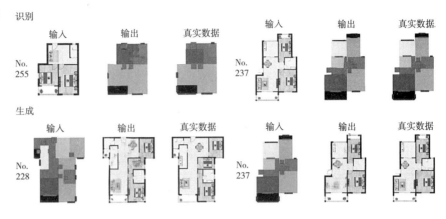

2）深度学习模型建筑学科中的应用

深度学习模型因其对数据的强大处理能力，成为许多学科门类的常用研究工具方法，在建筑相关领域也可以辅助建筑设计与城市规划。后文将列举一些深度学习在建筑学科的其他应用方向。

在建筑遗产保护领域，丰富的图像数据积累有助于深度学习的应用。Sun（2022）等人通过 CycleGAN（循环生成对抗网络）和一个自行收集整理的历史建筑数据集训练了一个深度学习生成模型[45]，并利用该模型从给定的自定义装饰风格的语义分割蒙版中生成传统建筑的外墙（图 8-24）。

图 8-24 利用标注好的数据集实现历史建筑图像生成①[45]

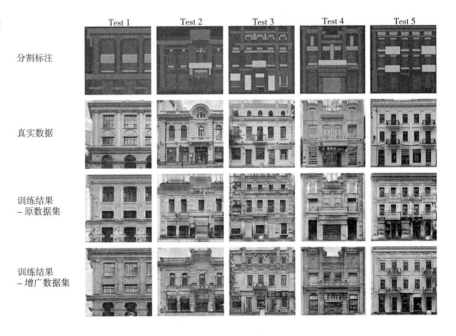

---

① 文中还使用了旋转、翻转等方式增广了数据集。

利用这一方法可以轻松为城市内的建筑立面修复提供足量可靠的参考，为各类建筑遗产保护项目的修复提供帮助。

这一应用也不止于图像。Cecilia Ferrando 等人在 2019 年的研究中[46]，通过对许多宗教建筑的平面图以图结构的形式记录各个房间的联通关系，据此分析建筑空间的性能，并尝试利用机器学习从中识别建筑物的类型和功能特征，发现了这一方法在空间分析中的有效性（图 8-25）。

图 8-25　利用图结构探究宗教建筑的功能特征[46]

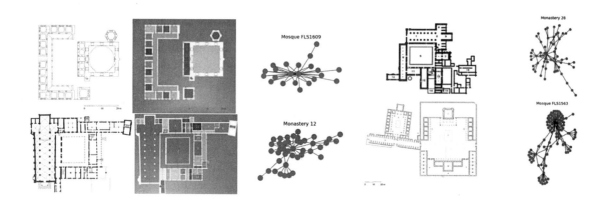

而在建筑物理与建筑技术研究领域，深度学习模型主要着眼于建筑性能优化领域，如：利用深度学习技术能够更好地评估多环境因素对建筑性能与人类决策的影响，这一部分内容已在前文有更多讨论，在此不再赘述。

在环境行为学领域，深度学习模型还将发挥出除了图像生成领域外的更多应用，可以用于对空间和人群行为进行分析。

Wang（2019）等人进行了一项讨论商业区的用户移动行为与拥挤点的案例研究[47]。研究中使用 GANs 根据采集的人群移动数据对人群在商业区的移动行为进行了深度学习训练，从而能模拟在城市商业区人们的空间行为。通过分析模拟结果产生的各类情况下的大量数据，研究者可以获得更加全面的视角与视野，从而综合分析确定不同空间之间的建筑特征差异以及影响行人行为和行人可达性的关键因素（图 8-26）。

深度学习模型善于从数据挖掘潜在联系。对于通常难以量化的环境行为学研究而言非常有效，虽然相关方法的可解释性及准确性还有待探讨，但也不失为有效的工具。

Rachele 等人（2021）的研究[48]中注意到社区的建筑和城市空间特征可能影响居民行为，但这些行为数据以及绿化等空间质量指标数据的收集都很困难而且样本数量有限。他们尝试了利用深度学习模型的无监督分类能力来进行 200 个社区内的谷歌街景和谷歌地图图像的训练，从而尝试解读和量化街区特征与居民健康和行为数据的关系。例如，他们发现让模型把街景图像从"高身体机能"转换成"低身体机能"，发现生成的图像里植被和建筑被减弱（图 8-27）。

图 8-26 对商业区的人流数据使用 GAN 训练和预测[47]
（a）街道图；（b）模型训练 2400 轮后模拟的移动路径；（c）模拟的最普遍的三种轨迹

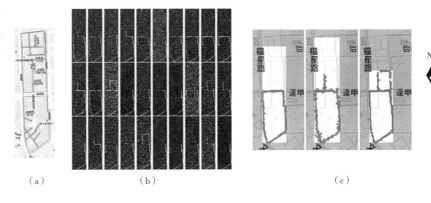

（a）　　　　　　（b）　　　　　　（c）

图 8-27 Rachele 等人对"身体机能"的街景图像转换[48]
（a）植被的移除；（b）建筑物的移除

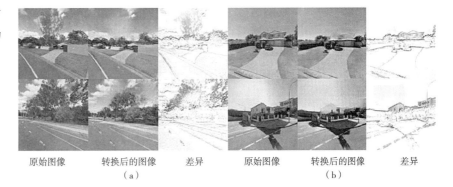

原始图像　　转换后的图像　　差异　　　　原始图像　　转换后的图像　　差异
（a）　　　　　　　　　　　　（b）

建筑学领域中卫星图像是许多研究的基石，深度学习模型在其中能起到优化和提高数据集质量的作用，从而促进建筑学研究的发展。

Pham 等人（2021）[49]基于 GAN 创建了一种方法来提高免费提供的地球卫星图像的空间分辨率，经过深度学习模型超分辨率采集后输出的图像具有更高的空间分辨率，这种增强的数据集使得研究人员能够在较低成本下获得高清晰度的历史卫星图像，从而得以开展相关研究。Ikeno（2021）等人[50]则通过 GAN 来去除卫星图像中的云层，从而帮助建筑学研究者们获得更有价值和参考意义的建筑与地理图像。

8.2.4 人工智能设计的未来：辅助建筑设计的展望

当前正处于人工智能第三次浪潮的当下，机器学习方兴未艾，建筑产业积极拥抱数字转型，二者融合的可能性正在日益增长，可以从以下 4 方面展望人工智能促进建筑设计在未来的发展：

1）语义信息的应用

对于建筑而言，设计包含着大量的语义信息，如：房间划分、门、窗、柱等。它们对建筑的描述超出了单纯图像或几何信息的范畴，随着 BIM 等技术的发展，建筑的数据信息也会更为丰富。在现有的人工智能应用中，这些语义信息的处理尚显不足，如果能够从语义的层面组织建筑数据，将会使得机器学习的结合更为有效，也会使得生成结果更加可用。

2）建筑性能指导的正向设计

人工智能在解决建筑性能模拟和优化上表现出了优秀的效果。但当前的设计流程中，对建筑性能的关注仍然滞后，仍多为对成型的建筑方案的反馈，过程中存在大量反复的工作。随着人工智能在建筑性能方向的普遍应用，在未来，人工智能完全可以在建筑设计初期的 BIM 模型阶段，就加入对建筑性能的评估，实现从头开始指导的正向设计。

3）工作效率与创造性

建筑行业中，现在存在着大量重复性强却又必须人工完成的工作，导致建筑行业生产效率低下。人工智能得到广泛应用后，将有效减轻或者替代这些重复性工作，解放行业的生产效率。

进一步地，随着人工智能生成设计的成型，未来有望在建筑方案生成上得到突破，在可见的将来，人工智能有可能呈现出超越建筑师想象的创造，而这一过程中，人工智能成果对建筑师的启发和建筑师新成果对人工智能的反馈，将会呈现相互促进、共同提高的局面。

4）设计过程的人机交互

现今条件下，人工智能还更多的是某种程度的"黑箱"，对人工智能的输出结果难以控制，同时对中间过程的解释性也仍有不足。在未来，结合人工智能的设计应该会存在更多人机交互的可能。

一方面，增强对人工智能的控制性，建筑师或客户可以将自己的理念、创意、喜好、专业知识输入模型，并得出交互可控的实时设计结果，实现对智能设计的干预，另一方面，增强人工智能的可解释性，随着相关领域知识的发展，建筑人工智能的某些内在逻辑应当可以被解读，从而得以从中探讨设计这一过程更为本质的知识。

在建筑行业积极转型升级、信息技术发展迅猛迭代的当下，人工智能所展露的巨大潜能，有望助力建筑行业迈上新台阶，带来新机遇。而建筑行业的系统复杂、数据多元、量化困难、环节众多等难点也会成为人工智能应用的关键挑战。

8.3 数字化建造

从古至今，将设计构想转变为建筑实体，建造始终是必不可少的环节。设计需求推动着建造技术的进步，催生新的工艺工法；建造技术也制约着建筑设计，划定形式表达的边界，形成特定的建筑风格。

近几十年，数字化设计方法正在不断普及，新的建筑形式层出不穷，其中不乏非正交、非线性、含有复杂曲面造型的形式，对施工工艺形成挑战。但从产业角度看，目前，建筑施工的形式却尚未出现显著变化[51]。建筑业工业化、信息化水平目前仍有不足，仍未摆脱生产方式粗放、劳动效率低下、能源资源消耗大的发展困境。而世界主要国家近年来劳动力短缺的问题日益严峻。在这种情况下，进一步提高施工质量、效率、安全性、环保性，节约人力成本的同时，将人从繁重、危险的劳动中解放出来，就成为必然的趋势。利用数字化设计工具构建的建筑数字模型包含了大量建筑信息，这也为数字化建造方法的介入建立了基础。

因此，将先进制造技术与信息技术引入施工建造过程，推动建筑工业转型升级是可行且有必要的。由此产生了"数字化建造"的概念，即：在数字技术支持下，利用计算机实现设计与建造的紧密结合的各类建筑生产方式的统称[52]。

在本节中，我们将简要介绍常用数控加工设备、加工工艺，以及计算性工具、智能设备在数字建造领域的研究与应用案例。

8.3.1 数控加工设备与方法

计算机数控加工（Computer Numerical Control Machining，CNC），是指根据数字信息，通过计算机程序集合指令，以规定的操作与运动参数，进行各种精确加工动作的机械加工方法。它是解决建筑构件加工复杂问题，实现高效化和自动化加工的有效途径，被广泛应用于非标准造型构件的定制化生产。

由于数字化设计对构件加工精度要求较高，同时，其建立的 3D 数字模型可为加工设备提供构件准确的几何信息，因此，数字化建造广泛使用 CNC 设备。常见的用于数字化建造的设备有车床、铣床、弯曲机、机械臂等。以这些数控加工设备为基础的加工工艺主要有以下几类：

1）增材制造（3D 打印）

增材制造（Additive Manufacturing，AM）采用材料逐渐累加的方法制造实体零件，相比传统的材料去除／切削加工技术，是一种"自下而上"的制造方法。它将材料逐渐累加、叠合形成所需的形体，如：熔融堆积制模法、立体印刷成型法、选区烧结法等[53]。由于使用原材料的形态、送料方式和一般的打印过程十分类似，且产品为立体造型，增材制造也被称作 3D 打印技术。

增材制造技术不需要传统的刀具、夹具、模具及多道加工工序，可利用 3D 设计数据在一台设备上快速而精确地制造出复杂形状的构件，从而实现"自由制造"，解决许多过去难以制造的复杂结构零件的成形问题，可显著简化加工工序，缩短加工周期。表 8-3 列举了一些工业上常见的增材制造方法[54]。

常见的增材制造方法[54] 表   表 8-3

类型	技术	适用材料
挤压	熔融沉积式（Fused decomposition modeling，FDM）	热塑性塑料，共晶系统金属、可食用材料
线	电子束自由成形制造（Electron beam freeform fabrication，EBF）	几乎任何合金
粒状	直接金属激光烧结（Direct metal laser sintering，DMLS）	几乎任何合金
粒状	电子束熔化成型（Electron beam melting，EBM）	钛合金
粒状	选择性激光熔化成型（Selective laser melting，SLM）	钛合金，钴铬合金，不锈钢，铝
粒状	选择性热烧结（Selective heat sintering，SHS）	热塑性粉末
粒状	选择性激光烧结（Selective laser sintering，SLS）	热塑性塑料、金属粉末、陶瓷粉末

类型	技术	适用材料
粉末	石膏 3D 打印（Plaster-based printing, PP）	石膏
层压	分层实体制造（Laminated object manufacturing, LOM）	纸、金属膜、塑料薄膜
液体 / 光聚合	立体平板印刷（Stereo lithography appearance, SLA）	光硬化树脂
	数字光处理（Digital light processing, DLP）	光硬化树脂

使用热塑性塑料进行层积打印，即 FDM 工艺，是 3D 打印最初的形式。其工作方式为：①使用程序获得 3D 模型的截面轮廓信息。②将热熔性材料加热融化，同时 3D 喷头根据截面轮廓信息，将材料选择性地涂覆在工作面上，快速冷却后形成一层截面，再涂覆下一层，直至堆叠形成整个实体。对于有空心、悬挑构造的造型，还需要打印出临时支撑。

FDM 工艺可使用的成型材料种类多，成型件精度高，可被广泛应用于各类小尺度物件的制造，如：家具、装饰、模型等。常用的材料主要有：尼龙（PA12），丙烯腈－苯乙烯－丁二烯共聚物（ABS），聚乳酸（PLA），聚碳酸酯（PC）等（图 8-28）。

图 8-28 通过 FDM 工艺完成的塑料 3D 打印构件[①]

除在平面工作台上完成的打印之外，也有在曲面模具表面进行打印的尝试，其代表为 Zaha Hadid 事务所在 2017 年设计的装置 "Thallus"。该装置通过热线切割工艺切出基础曲面造型，并在其表面使用聚乳酸材料进行 "一笔画" 打印（图 8-29）。

空间打印是增材制造的另一种技术路线，即挤出快速固化的材料，在空间中直接形成网格结构的轻质造型。该技术可大幅缩短建造周期，提高结构效率。2012 年，苏黎世联邦理工学院 Hack 等人在其 "Mesh Mould" 项目中提出该路线，旨在利用空间打印代替传统混凝土结构建造工序中钢筋笼的绑扎与模板布设[55]。同济大学袁烽团队提出一套以离散化单元为基础，适用于多种尺度需求的空间打印技术体系，代表作为 2018 威尼斯建筑双年展中国馆 "云市"[56]（图 8-30）。在乌镇互联网博览中心 "红亭" 项目中，团队利用可回收塑料 3D 打印制造砌体壳模板，该模板单元结构

---

① 图片来源：http://www.hackaday.com。

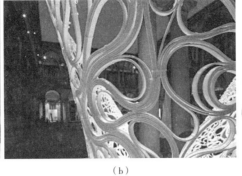
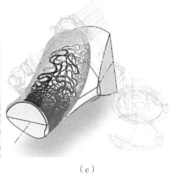

（a） （b） （c）

图 8-29 "Thallus" 装置（上）
（a）整体效果；（b）局部构造；
（c）打印流程示意①

图 8-30 空间打印（下）
（a）打印中的空间网格；
（b）填充混凝土[55]；
（c）2018 威尼斯建筑双年展中
国馆"云市"[56]

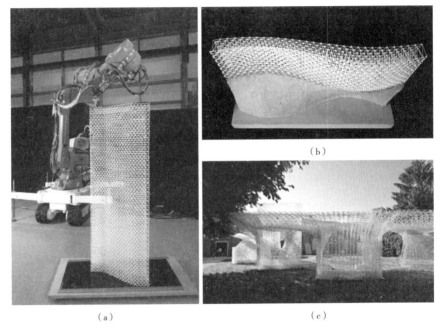

（b）

（a）

（c）

图 8-31 乌镇互联网博览中心
"红亭"（左）及其 3D 打印模
板（右）[57]

性能较好，组装完成后借助少量支撑即可承受施工荷载，可辅助快速、高
效、准确地完成建造[57]（图 8-31）。

---

① 图片来源：https://www.zaha-hadid.com/design/thallus-installation/.

与塑料相比，混凝土材料成本低、结构性能好，因此近年来，3D 打印混凝土逐渐成为 1 条重要的增材制造路线。该技术采用层积方式，在打印过程中，将打印头按照设定的打印路径进行移动并持续挤出混凝土料浆。控制系统控制打印料浆的泵出速度、打印头的位移速度、出料嘴的挤出速度、出料嘴的角度等打印参数，实现混凝土结构的逐层打印[58]。除临时支撑外，整个建造过程基本不需要模板。

和一般的混凝土结构相比，3D 打印混凝土工艺要求混凝土料浆能够顺利地从打印头中流出并堆积成构件，同时可快速硬化，产生较高的早期强度，且硬化后具备抗裂能力。另外，由于目前技术难以在打印时布设钢筋，3D 打印工艺使用的混凝土需要比一般结构中的混凝土具有更高的强度。因此，需要通过调整料浆中各类组分的含量，控制料浆的和易性、初凝时间等参数。常见的添加组分有：速凝剂、减水剂（改善和易性）、树脂或橡胶（提高黏性）、陶砂（减轻重量）、非金属纤维、钢纤维（改善抗拉抗裂性能）等[59]。

为进一步节约材料和建造时间，南加州大学的 Behrokh Khoshnevis 提出了轮廓工艺（Contour Crafting），其原理是先进行墙体外部轮廓打印，之后向内部的部分填充材料形成整体。该工艺能够在打印建筑墙体的同时平整表面，或在其中添加钢拉杆等构件，具体方法为，在前 1 层料条固化前放置拉杆，再打印下 1 层，凝固后拉杆即可与混凝土墙体协同工作[60]。

加工路径规划方面。打印过程中受打印头的尺寸、形状等的影响，会造成不同程度的造型损失，建筑造型中如果有尖角，则打印实现难度较大。对于双曲面造型的打印可通过两种方式实现：一种是通过打印层之间逐层偏移拟合曲面；另一种是通过控制算法，调整机械臂的运动，使打印头出料嘴倾斜，料条内外侧产生高度差，从而实现曲面打印。此外，微调加工路径可完成具有装饰效果的特殊纹理的面形[61]（图 8-32）。

目前，混凝土 3D 打印技术仍处于探索阶段，正在快速更新迭代。由于 3D 打印混凝土与传统的钢筋混凝土结构或砌体结构在材料性能和建造工艺上有较大区别，因此需要研究适合于 3D 打印建筑的设计方法、施工工艺、新型混凝土复合材料等。在工艺、材料、控制算法和打印头等方面的优化研究有望克服这一技术的现有难点，提升推广应用价值[62]。

图 8-32 不同规划路径的 3D 打印效果
（a）为减轻墙体自重的桁架式填充设计；（b）特殊纹理形态[61]

（a）　　　　　　　　　　　　　　　　（b）

目前 3D 打印技术主要应用场景为景观装置、步行桥、低层住宅等。以下介绍其中两个较有代表性的近期应用案例：

河北省下花园武家庄农户住宅：由清华大学徐卫国团队于 2020 年设计建成。其基础及墙体采用原位打印，筒拱屋顶采用竖直打印、水平吊装的方式。由于全屋拱屋面、平屋面和墙体均采用桁架式墙板结构，且使用了高强度聚丙烯纤维混凝土，因此无需添加钢筋。建筑的外墙采用了编织纹理装饰，它与结构墙体一体化打印而成，墙体中央灌注保温材料，形成装饰、结构、保温一体化的外墙体系。建造系统由可移动机械臂及 3D 打印设备、轨道及可移动可升降平台、拖挂平台等构成。机械臂及打印前端被安置在升降平台上并可在该平台上移动，而打印材料、上料搅拌泵送一体机则安置在拖挂平台上（图 8-33）[63]。

图 8-33 用混凝土 3D 打印建造的农户住宅
（a）建成效果；（b）正在打印的竖直状态的筒拱构件①

（a）　　　　　　　　　　　　　（b）

威尼斯双年展 Striatus 步行桥：由苏黎世联邦理工学院 Block 研究组、Zaha Hadid 建筑事务所计算与设计组以及 incremental3D 公司合作完成。该作品工艺特点在于可调整机械臂的运动，使打印头出料嘴倾斜，每一层打印路径所在的平面不平行，因此，打印的构件无需满足水平切片所要求的悬挑限制，可以通过不同平面的变化与切换实现更自由的构件形态，由构件单元组合实现更加复杂的造型（图 8-34）。

图 8-34 Striatus 步行桥
（a）Striatus 步行桥建成效果；
（b）曲面单元打印过程②

（a）　　　　　　　　　　　　　（b）

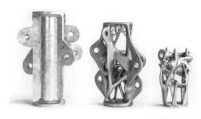

图 8-35 SLS 工艺制造构件 [65]

与混凝土相比，金属材料的强度和弹性模量更高，且固化时间短，无需湿作业，因此使用金属 3D 打印进行建造，速度更快、材料更省、精度更高。目前金属 3D 打印技术主要有选择性激光烧结（SLS）、电子束熔融（EBM）、选择性激光熔化（SLM）和激光近净成型（LENS）[64]，用于数字化建造时，主要的技术路线大致可分为两类：通过堆焊成形、通过烧结成形。堆焊工艺使用线材在电弧或火焰下熔化、重新凝固后成型，对材料要求更低，因此多用于大尺度构件以及建筑物的整体建造；烧结法控制射线对堆积粉末的设定位置加强热，使得粉末颗粒在高温下粘结形成致密整体，得到的构件精度较高、结构缺陷少，但其对原材料粉末颗粒尺寸、形状要求较高，适用于小尺寸节点构件的精细加工。另外，高熔点金属（如：钨）构件一般使用烧结制造。通过金属 3D 打印，能够生产一些特殊造型的连接件等构件。图 8-35 展示了 Galjaard 等人使用 SLS 工艺制作的钢连接节点 [65]。

2018 年，世界上第 1 座使用金属 3D 打印技术的步行桥由 MX3D 团队在荷兰完成，并在 2021 年最终投入使用。桥梁全长 12m，使用电弧送丝打印（WAAM）技术，经过逐层堆焊制造而成，共使用了 4.5t 不锈钢。该桥直接在工厂中完成整体加工，然后运往现场吊装（图 8-36）。

图 8-36 不锈钢步行桥
（a）桥体截面；（b）加筋构造；
（c）完成作品照片 ①

（a）　　　　　　　（b）　　　　　　　（c）

2019 年，Fab-Union 团队采用了混合增材制造方法制造了 1 座步行桥，建造过程分为两个阶段。首先，使用 4 台机械臂执行金属堆焊，完成主体结构打印，然后将碳纤维和玻璃纤维缠绕在框架上进行加强，最终建成一座 11.4m 长的步行桥，可承载 20 余人行走，其用钢量控制在 300kg 以下（图 8-37）。

2）减材制造

减材制造是指在加工的过程中，经过刀工、车削、钻孔和打磨等工序，材料的质量逐渐减少。对于装配精度要求较高的情况，如：在构件的栓接、铆接、插接部位，多数情况下需要使用数控减材方法进行加工。数字化建造中常用的减材制造方法主要有：

① 图片来源：https://mx3d.com/industries/mx3d-bridge/.

图 8-37 钢—纤维混合结构步行桥"全域拓扑桥"[1]

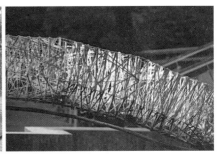

图 8-38 "Thallus"装置模板的制造方法,方框前端线段即为电热丝[2]

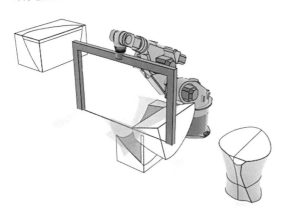

（1）切割

常见的切割工具有金属线、火焰、砂轮、水刀、激光、热线等。金属线与火焰切割主要用于硬度、熔点较高的金属材料,在建筑工程中以钢板材为主。砂轮与水刀切割的适用性更强,适合多种金属与非金属材料,水刀还可切割易燃材料。激光切割主要应用于薄板材料。热线切割主要用于聚苯乙烯、聚氨酯等泡沫材料。以前文中提到的 Zaha Hadid 事务所在 2017 年米兰设计周中展示的装置"Thallus"为例,其基础模板由电热丝切割而成。由于电热丝为直线段,通过这种方式切割得到的模板曲面为直纹曲面（图 8-38）。

（2）铣削

目前的多轴数控铣削机床通常同时具有钻孔、车削等功能,将其整合,称为"加工中心",可加工各类复杂曲面造型工件。对于更大尺度的建筑构件而言,可使用多轴机械臂代替加工中心,其灵活性更强。该技术在弯曲木结构建筑中的应用已经十分成熟。在瑞士 Swatch 总部的建造中,曲线形木梁的切削均由多轴铣床完成,包括:基础曲面造型切削、开榫口、钻螺栓孔、打磨等加工操作（图 8-39）。

数控铣削技术还常用于制造混凝土浇筑模具（曲面模板或有纹理图案的模板）,如:苏格兰议会大厦,其标志性的复杂花纹混凝土外墙即通过数控铣床切削曲面木模板后浇筑而成[66]（图 8-40）。苏黎世联邦理工学院 Block Research Group 在建造超薄带肋混凝土楼板的研究中,同样使用了铣削方法制作模板[67]（图 8-41）。

3）其他数控加工方法

（1）弯曲加工

空间弯曲金属构件主要采用辊弯、折弯、拉弯、冲压工艺加工,通过

---

① 图片来源:http://www.fab-union.com/.

② 图片来源:https://www.zaha-hadid.com/design/thallus-installation/.

图 8-39 Swatch 总部大楼（a）正在吊装的曲线形木梁[1]；（b）右为数控加工设备[2]

（a） （b）

图 8-40 苏格兰议会大厦外墙[3]（左）

图 8-41 带肋混凝土楼板模板[67]（右）

机械结构和模具使材料发生变形实现加工。其中，辊弯、拉弯适合制造连续弯曲的板材与型材，折弯适合加工局部弯曲的板材和杆件。

例如，凤凰国际传媒中心的主体钢结构为空间弯曲的箱形截面梁，采用了辊弯、局部油压后焊接的加工方式[68]。针对双曲面、多曲面造型金属板材，吉林大学李明哲团队开发了多点成型技术，该技术将整体模具离散为一系列规则排列的活动冲头，控制冲头运动形成上下包络面，将板材逐渐压紧在上下包络面之间形成曲面形态，因此无需模具即可实现曲面板材的快速、低成本生产[69]。在国家体育场（鸟巢）的主体钢结构中，空间曲面造型钢板即采用逐段多点成型工艺制造[70]（图 8-42）。

弯曲加工属于等材建造，在效率、节能、节材方面优于增材与减材建造。与板材弯曲相比，型材弯曲加工技术存在的主要问题是易出现局部缺陷，需要多次调试才能达到较高加工质量。原理层面，研究集中于对加工过程的有限元模拟[71]，或结合机器学习方法进行成形预测[72]；工艺层面，主要考虑使用填料或支撑性的型芯以避免型材截面畸变[73]；应用层面，清

① 图片来源：https://www.archdaily.com/catalog/us/products/19377/timber-construction-of-swatch-headquarters- blumer-lehmann.

② 图片来源：https://www.blumer-lehmann.com/en/implement-construction-projects/construction/production.html.

③ 图片来源：https://commons.wikimedia.org/wiki/File: Scottish_Parliament_Building.JPG.

图8-42 常用数控弯曲工艺
设备
（a）辊弯机 [71]；（b）折弯机①；
（c）拉弯机②；（d）无模多点成
形机 [70]

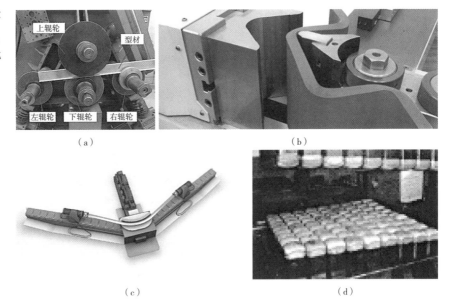

华大学黄蔚欣团队在2022年北京冬奥会主题"雪绒星"装置中使用多轴空间辊弯机，结合曲率计算与回弹修正经验公式，实现了空间连续弯扭方截面型材的定制化加工（图8-43）[74]。

图8-43 "雪绒星"装置建成
效果③

（2）纤维编织

以碳纤维和玻璃纤维为代表的高性能纤维材料具有优秀的结构性能，自重轻、强度高、模量高、耐候性能好，通常与其他材料，如塑料、树脂结合以形成纤维增强塑料（Fiber Reinforced Plastics，简称"FRP"），广泛用于制造飞行器、汽车与各类工业器械，也用于结构工程（如：碳布、FRP筋等产品）与建筑立面表皮构件。缠绕编织法将浸渍树脂的纤维束绷紧、缠绕在绕主轴旋转的模具表面，以所需的图案或角度铺设纤维，最后固化成型，该法可制造旋成体形态（主要是圆柱面）的纤维复合材构件 [75]。在

① 图片来源：https://www.euromac.com/categoria/presse-orizzontali/.
② 图片来源：https://www.kerstengroup.com/en/technology/stretch-bending.
③ 图片由清华大学建筑学院黄蔚欣研究室提供。

图 8-44　纤维编织工艺
（a）六轴铺丝机 [75]；（b）CFW
工艺原理；（c）CFW 工艺成品 [76]

缠绕编织方法基础上，斯图加特大学 ICD/ITKE 团队开发了纤维无模缠绕成型（CFW）工艺，用挂钩替代旋转的模具绷紧纤维束，借助纤维间的相互牵拉成形，可实现更多异形曲面造型，满足设计需求 [76]（图 8-44）。

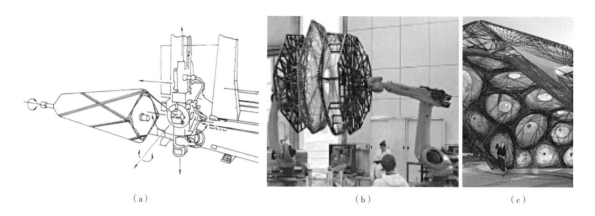

（a）　　　　　　　　　　　　（b）　　　　　　　　　　　（c）

8.3.2　数字化建造中的建筑机器人

1）建筑机器人的工作原理——以机械臂为例

常用数控设备控制轴数较少，因此可完成的工作种类较单一，无法完全替代人的双手完成各种复杂动作。根据仿生学原理，模仿人手臂的机械臂应运而生，其构造和性能上兼有人和机器各自的优点，能够在复杂环境下完成精细操作，且能够适应危险恶劣环境，部分代替人的繁重劳动并保护人身安全，因而广泛应用于各类工业部门（图 8-45）[77]。

图 8-45　常见机械臂产品①
（a）喷漆机器人；（b）焊接机
器人；（c）通用机器人；（d）交
互机器人；（e）导轨机器人

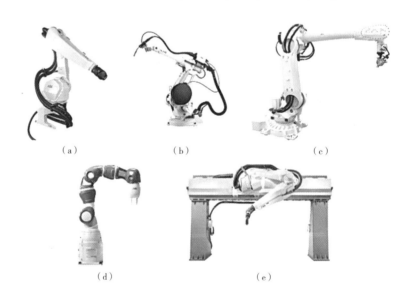

（a）　　　　　　　　（b）　　　　　　　　（c）

（d）　　　　　　　　（e）

机械臂主要由执行机构、驱动机构和控制系统三部分组成。末端机构用来抓持工件或工具，驱动机构使执行机构完成各种转动（摆动）、移动或复合运动来实现规定的动作，改变被抓持物件的位置和姿势。控制系统通

---

①　图片来源：https://new.abb.com/products/robotics/robots.

过对机械臂每个自由度的电机的控制，来完成特定动作，同时接收传感器反馈的信息，形成稳定的闭环控制。

在机械臂的设计中，自由度越多，机械手的灵活性越大，通用性越广。目前，主流的机械臂有6个自由度，被称作6轴机械臂。为适应更多样化的应用场景，研发者进一步增加轴数，在液压机械臂的基础上改进动作机制，产生了柔性机械臂[78]、气动机械臂[79]、可爬行机械臂等新产品，具有可观的应用前景。

2）建筑机器人在建造中的应用

建筑机器人在建造中的应用大致可分为两类：①旨在替代建筑工人的常规劳动，提高生产效率，如：瓷砖铺贴、地面找平等。②旨在探索适合机器人系统的建造方法，包括特殊工艺应用，以及多设备协同、人机交互的新型建造方法。

（1）替代人工

建筑机器人开发始于1980年代。至1990年代，其功能已涵盖搬运、焊接、配筋、喷涂、自动浇筑、磨光、混凝土切割、简单墙体砌筑等[80]。1993年，以色列理工学院Rosenfeld团队研发了一种多功能装修用机器人"TAMIR"[81]。1995年，Forsberg等研发了适用于墙体和天花的抹灰机器人[82]。2001年，埃因霍温理工大学Lichtenberg等人开展机器铺贴地砖研究：开发新型砂浆与瓷砖，提出一种瓷砖码垛和运输方法，研发砂浆找平、瓷砖铺设装置[80, 83]。2013年，King等人使用Grasshopper程序控制机械臂完成马赛克瓷砖选砖、切割与铺贴[84]。

国内建筑机器人研究起步较晚，但近年来发展迅速。目前，已有多型设备投入市场。其功能主要包括：铺路、挖掘、焊接、砌墙、喷涂、安装装配等（图8-46）。未来，建筑机器人将重点提升其智能感知、运动控制、自学习、决策与远程通信能力[85, 86]。

图8-46 部分实用化建筑机器人
（a）地砖机；（b）焊接机[1]；
（c）混凝土抹平机；（d）喷涂机；（e）墙砖机；（f）打磨机[2]

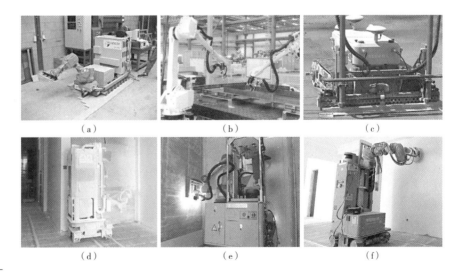

（a）　　　　　　　（b）　　　　　　　（c）

（d）　　　　　　　（e）　　　　　　　（f）

---

① 图片来源：https://www.roboticplus.com/index/factory/index/cate_id/31.html。

② 图片来源：https://www.bzlrobot.com/channels/3.html。

（2）特殊工艺应用

建筑机器人可协助完成工人难以手工完成的，复杂特殊的建筑工艺。前文已经介绍的混凝土 3D 打印中，大量利用机械臂或类似设备，实现精确可控的复杂形体建造。

此外，特殊的砌筑工艺也是机器人的典型应用之一。使用机器人系统进行砌筑最早可追溯至 1988 年，采用 4 轴机械臂抓取定制砖，沾取聚合物砂浆以砌筑直墙体 [87]。2007 年，Gramazio & Kohler 团队首先提出使用 6 轴机械臂、定制砖块和聚合物粘合剂建造自由曲面墙体的方法 [图 8-47（a）][88]。2014 年，Elashry 等人开发了 Grasshopper 平台上控制 KUKA 机械臂的插件 Scorpion，并通过对砂浆扫描建模修正砖块放置位置，解决了砂浆涂抹不均匀的问题 [89]。2019 年，徐卫国团队提出砌筑 + 砂浆打印交替的曲面墙体建造方法，完成一层水泥砂浆打印后，使用气泵控制吸砖器拾取普通红砖完成砌筑，成本更低、实用性更强 [图 8-47（b）]。

图 8-47　机械臂砌筑曲墙
（a）Gramazio & Kohler 团队方法 [88]；（b）徐卫国团队作品 ①

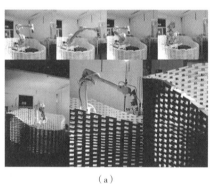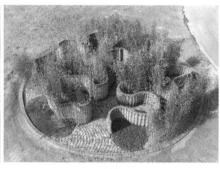

（a）　　　　　　　　　　　　　（b）

（3）多设备协同

尽管建筑机器人的功能较一般的数控加工设备更全面，但对于复杂、大规模施工现场而言，仍然需要多种建筑机器人系统共同工作，规划施工顺序以免冲突，控制建造质量与标准化水平，提高建造效率与经济性，优化施工组织端的人、机、料、法等全要素 [90]。软硬件层面，卫星定位、移动互联网、物联网和大数据等通信技术的普及，为多台建筑机器人协同工作提供了条件。特殊工艺方面，ICD/ITKE 团队在纤维编织工艺中引入无人机辅助建造，实现了较大尺度纤维复材结构一次成型 [91]；Parascho 等人提出了利用两台机械臂交替搭建 - 支撑、无需脚手架的砖拱建造方法（图 8-48）[92]。大型建筑项目方面，段翰等人以实验性数字建造住区"凤桐花园"项目为例，总结了数字化施工的流水模式 [90]。

（4）人机交互

尽管自动化建造系统解放了人力，但涉及复杂材料（如：混凝土、石膏等需要湿作业的材料）或环境（如：工地）的数字建造方法，往往难以

① 图片来源：https://www.gooood.cn/the-worlds-first-smart-constructed-garden.htm.

图 8-48 多设备协同建造案例
（a）纤维编织 [91]；（b）拱顶搭建 [92]

（a）   （b）

完全自动化。引入交互工具，可以帮助设计师和熟练工人直观地学习和操作复杂的设计和制造流程，最大限度地减少对机器人进行编程所需的背景知识（图 8-49）。

图 8-49 数字建造系统架构 [86]

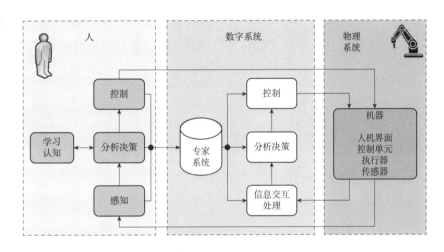

目前，数字建造中应用效果较好的人机交互方法主要基于增强现实（Augmented Reality，AR）技术。该技术允许使用者看到或感知与现实环境结合显示的虚拟图像。借助 AR 系统，人能够间接操纵机械臂，有效避免了人直接操纵机械运行可能产生的危险。Kyjanek 等人在木结构建筑的生产组装中验证了通过 AR 进行人机交互的可行性（图 8-50）。施工人员通过 AR 用户界面规划机器人轨迹，调整装配顺序，检查或激活机器人操作 [93]。此外，通过 AR，人的动作还可被转化为编程命令、手势 [94]、声音等，直接以可视化方式转换为机器人编程语言，用于规划、执行和评估加工方案 [95]。

图 8-50 在 AR 环境中操控机械臂装配木结构基座 [94]

本章参考文献

[1] 季珏，王新歌，包世泰，等．城市信息模型（CIM）基础平台标准体系研究 [J]．建筑，2022（14）：28-32.

[2] 鲍巧玲，杨滔，黄奇晴，等．数字孪生城市导向下的智慧规建管规则体系构建——以雄安新区规划建设 BIM 管理平台为例 [J]．城市发展研究，2021，28（8）：50-55+106.

[3] 高鑫磊，杨立功，罗向平．数字孪生城市的建设发展 [J]．智能建筑与智慧城市，2022（7）：76-78.

[4] 住房和城乡建设部，工业和信息化部，中央网信办关于开展城市信息模型（CIM）基础平台建设的指导意见 [Z]．2020.

[5] 王永海，王宏伟，于静，等．城市信息模型（CIM）平台关键技术研究与应用 [J]．建设科技，2022，（7）：62-66.

[6] 王朝霞．数据挖掘 [M]．北京：电子工业出版社，2018.

[7] Geeksforgeeks. Introduction to Support Vector Machines（SVM）[EB/OL]. [2023-11-01]. https://www.geeksforgeeks.org/introduction-to-support-vector-machines-svm/.

[8] 刘方园，王水花，张煜东．支持向量机模型与应用综述 [J]．计算机系统应用，2018，27（4）：1-9.

[9] 杨俊闯，赵超．K-Means 聚类算法研究综述 [J]．计算机工程与应用，2019，55（23）：7-14+63.

[10] ZHENG H, HUANG W X. Understanding and Visualizing Generative Adversarial Network in Architectural Drawings[C]//Learning, Prototyping and Adapting, Short Paper Proceedings of the 23rd International Conference on Computer-Aided Architectural Design Research in Asia（CAADRIA）. 2018：233-238.

[11] LUO Z N, HUANG W X. FloorplanGAN：Vector residential floorplan adversarial generation[J]. Automation in Construction, 2022, 142：104470.

[12] WU W, FU X M, TANG R, et al. Data-driven interior plan generation for residential buildings[J]. ACM Transactions on Graphics（TOG）, 2019, 38（6）：1-12.

[13] L Rouch. Pypotrace[EB/OL]. 2010[2023-11-01]. https://github.com/flupke/pypotrace.

[14] SONG S, YU F, ZENG A, et al. Semantic scene completion from a single depth image[C]//Proceedings of the IEEE conference on computer vision and pattern recognition. 2017：1746-1754.

[15] SU X, WU C, GAO W, et al. Interior layout generation based on scene graph and graph generation model[M]//Design Computing and Cognition' 20. Cham：Springer International Publishing, 2022：267-282.

[16] 黄蔚欣．基于室内定位系统（IPS）大数据的环境行为分析初探——以万科松花湖度假区为例 [J]．世界建筑，2016（4）：126-128.

[17] 黄蔚欣，吴明柏．室内定位大数据中的信息维度——环境行为研究的新视角 [J]．时代建筑，2017（5）：50-53.

[18] 黄蔚欣，张宇，吴明柏，等．基于 Wi-Fi 定位的智慧景区游客行为研究——以黄山风景
名胜区为例 [J]. 中国园林，2018，34（3）：25-31.

[19] HUANG W X, LIN Y M, LIN B R, et al. Modeling and Predicting the Occupancy in a
China Hub Airport Terminal Using Wi-Fi Data[J]. Energy and Buildings, 2019（203）：
109439.

[20] YOSHIMURA Y, SOBOLEVSKY S, RATTI C, et al. An Analysis of Visitors' Behavior
in the Louvre Museum：A Study Using Bluetooth Data[J].Environment and Planning B：
Planning and Design, 2014, 41（6）：1113-1131.

[21] YOSHIMURA Y, KREBS A, RATTI C. Noninvasive Bluetooth Monitoring of Visitors'
Length of Stay at the Louvre[J]. IEEE Pervasive Computing, 2017, 16（2）：26-34.

[22] YANG L J, HUANG W X. Multi-scale Analysis of Residential Behaviour Based on
UWB Indoor Positioning System：A Case Study of Retired Household in Beijing,
China[J]. Journal of Asian Architecture and Building Engineering, 2019, 18（5）：
494-506.

[23] 杨丽婧，黄蔚欣．基于空间定位信息的居住行为多案例比较研究 [J]. 住区，2019（5）：
101-105.

[24] YANG L, CHENG B, DENG N, et al. The influence of supermarket spatial layout
on shopping behavior and product sales[C]//Proceedings of the 24th CAADRIA
Conference, Victoria University of Wellington. 2019, 1：301-310.

[25] 怀特．小城市空间的社会生活 [M]. 上海：上海译文出版社，2016.

[26] 黄蔚欣，齐大勇，周宇舫，等．基于视频数据提取的环境行为分析初探——以清华大学
校河与近春园区域为例 [J]. 住区，2019（4）：8-14.

[27] TURING A M. I. COMPUTING MACHINERY AND INTELLIGENCE[J/OL]. Mind, 1950,
LIX（236）：433-460.

[28] 尹丽波主编．人工智能发展报告（2018~2019）[M]. 北京：社会科学文献出版社，
2019.6.

[29] MAGNIER L, HAGHIGHAT F. Multi objective optimization of building design using
TRNSYS simulations, genetic algorithm, and Artificial Neural Network[J/OL]. Building
and environment, 2010, 45（3）：739-746. DOI：10.1016/j.buildenv.2009.08.016.

[30] GOSSARD D, LARTIGUE B, THELLIER F. Multi-objective optimization of a
building envelope for thermal performance using genetic algorithms and artificial
neural network[J/OL]. Energy and buildings, 2013, 67：253-260. DOI：10.1016/
j.enbuild.2013.08.026.

[31] STAVRAKAKIS G M, ZERVAS P L, SARIMVEIS H, et al. Optimization of window-
openings design for thermal comfort in naturally ventilated buildings[J/OL]. Applied
mathematical modelling, 2012, 36（1）：193-211. DOI：10.1016/j.apm.2011.05.052.

[32] 李煜，李玲玲，刘滢．光舒适导向的体育运动训练馆顶界面采光口参数化设计研究 [C].
2020 计算性设计国际学术论坛．2020：413-429.

[33] SINGH M M, DEB C, GEYER P. Early-stage design support combining machine
learning and building information modelling[J/OL]. Automation in construction, 2022,

136: 104147. DOI: 10.1016/j.autcon.2022.104147.

[34] WESTERMANN P, WELZEL M, EVINS R. Using a deep temporal convolutional network as a building energy surrogate model that spans multiple climate zones[J/OL]. Applied energy, 2020, 278: 115563. DOI: 10.1016/j.apenergy.2020.115563.

[35] RUEDA-PLATA D, GONZáLEZ D, ACEVEDO A B, et al. Use of deep learning models in street-level images to classify one-story unreinforced masonry buildings based on roof diaphragms[J/OL]. Building and environment, 2021, 189: 107517. DOI: 10.1016/j.buildenv.2020.107517.

[36] TAKIZAWA A. Estimating potential event occurrence areas in small space based on semi-supervised learning [C]. Proceedings of the 34th eCAADe Conference. 2016: 169-178.

[37] TARABISHY S, PSARRAS S, KOSICKI M, et al. Deep learning surrogate models for spatial and visual connectivity[J/OL]. International journal of architectural computing, 2020, 18（1）: 53-66. DOI: 10.1177/1478077119894483.

[38] MEDJDOUB B, YANNOU B. Dynamic space ordering at a topological level in space planning[J/OL]. Artificial intelligence in engineering, 2001, 15（1）: 47-60. DOI: 10.1016/S0954-1810（00）00027-3.

[39] KALAY Y E. Architecture's new media : principles, theories, and methods of computer-aided design /[M]. Cambridge, Mass.: MIT Press, 2004.

[40] IZADINIA N, ESHGHI K. A robust mathematical model and ACO solution for multi-floor discrete layout problem with uncertain locations and demands[J/OL]. Computers & industrial engineering, 2016, 96: 237-248. DOI: 10.1016/j.cie.2016.02.026..

[41] BERSETH G, HAWORTH B, USMAN M, et al.. Interactive Architectural Design with Diverse Solution Exploration[J/OL]. IEEE transactions on visualization and computer graphics, 2021, 27（1）: 111-124. DOI: 10.1109/TVCG.2019.2938961.

[42] MERRELL P, SCHKUFZA E, KOLTUN V. Computer-generated residential building layouts[J/OL]. ACM transactions on graphics, 2010, 29（6）: 1-12. DOI: 10.1145/1882261.1866203.

[43] IAN J GOODFELLOW, JEAN POUGET-ABADIE, MEHDI MIRZA. Generative Adversarial Networks[J]. arXiv.org, 2014.

[44] HUANG W, ZHENG H. Architectural drawings recognition and generation through machine learning [C]. // Proceedings of the 38th Annual Conference of the Association for Computer Aided Design in Architecture, Mexico City, Mexico, 2018: 156-165.

[45] SUN C, ZHOU Y, HAN Y. Automatic generation of architecture facade for historical urban renovation using generative adversarial network[J/OL]. Building and environment, 2022, 212: 108781. DOI: 10.1016/j.buildenv.2022.108781.

[46] FERRANDO C, DALMASSO N, LLACH D, et.al. Architectural Distant Reading Using Machine Learning to Identify Typological Traits Across Multiple Buildings[C]// Proceedings of the 18th international conference CAAD futures, Daejeon, South

Korea, 2019: 26-28.

[47] WANG S M, HUANG C J. Using space syntax and information visualization for spatial behavior analysis and simulation [J]. Int. J. Adv. Comput. Sci. Appl. 10 (4)(2019): 510-521, http: //dx.doi.org/10.14569/ijacsa.2019.0100463.

[48] RACHELE J N, WANG J, WIJNANDS J S, et al. Using machine learning to examine associations between the built environment and physical function: A feasibility study[J/OL]. Health & place, 2021, 70: 102601-102601. DOI: 10.1016/j.healthplace.2021.102601.

[49] PHAM V D, BUI Q T. Spatial resolution enhancement method for Landsat imagery using a Generative Adversarial Network[J/OL]. Remote sensing letters, 2021, 12 (7): 654-665. DOI: 10.1080/2150704X.2021.1918789.

[50] IKENO K, FUKUDA T, YABUKI N. An enhanced 3D model and generative adversarial network for automated generation of horizontal building mask images and cloudless aerial photographs[J/OL]. Advanced engineering informatics, 2021, 50: 101380. DOI: 10.1016/j.aei.2021.101380.

[51] 于军琪, 雷小康, 曹建福. 建筑机器人研究现状与展望 [J]. 自动化博览, 2016 (8): 68-75.

[52] 袁烽. 从数字化编程到数字化建造 [J]. 时代建筑, 2012 (5): 10-21.

[53] 卢秉恒, 李涤尘. 增材制造（3D 打印）技术发展 [J]. 机械制造与自动化, 2013,42(4): 1-4.

[54] 王子明, 刘玮. 3D 打印技术及其在建筑领域的应用 [J]. 混凝土世界, 2015 (1): 50-57.

[55] HACK N, LAUER W V. Mesh - Mould: Robotically Fabricated Spatial Meshes as Reinforced Concrete Formwork[J]. Architectural Design, 2014, 84 (3): 44-53.

[56] 袁烽, 张立名, 陈哲文. 从连续到离散: 关于 2018 威尼斯建筑双年展中国馆"云市"的建造实验 [J]. 时代建筑, 2018 (5): 76-83.

[57] 王祥, 张准, 陈学剑, 等. 大跨度异形空间配筋砌体拱壳"红亭"的结构设计与试验研究 [J]. 建筑结构, 2021, 51 (24): 62-70.

[58] WOLFS R J M. 3D printing of concrete structures [D]. The Netherlands: Eindhoven University of Technology, 2015.

[59] 文俊, 蒋友宝, 胡佳鑫, 等. 3D 打印建筑用材料研究、典型应用及趋势展望 [J]. 混凝土与水泥制品, 2020 (6): 26-29.

[60] KHOSHNEVIS B, HWANG D, YAO K T, et al. Mega-scale fabrication by Contour Crafting[J]. International Journal of Industrial and Systems Engineering, 2006, 1(3).

[61] 黄舒弈, 张宇, 徐卫国. 机器人 3D 打印建筑的打印路径规划方法探索 [J]. 建筑技艺, 2022, 28 (7): 79-81.

[62] 肖绪文, 田伟, 苗冬梅. 3D 打印技术在建筑领域的应用 [J]. 施工技术, 2015, 44 (10): 79-83.

[63] 徐卫国. 从数字建筑设计到智能建造实践 [J]. 建筑技术, 2022, 53 (10): 1417-1420.

[64] 杨永强, 刘洋, 宋长辉. 金属零件 3D 打印技术现状及研究进展 [J]. 机电工程技术, 2013 (4): 1-7.

[65] GALJAARD S, HOFMAN S, PERRY N, et al. Optimizing Structural Building Elements in Metal by using Addictive Manufacturing[C]. Proceedings of IASS Annual Symposia. International Association for Shell and Spatial Structures（IASS）, 2015（2）: 1–12.

[66] WHITWORTH L J, BALLARD M, PENNINGTON M J, et al. The design and construction of the basement wall for the Scottish Parliament Building, Edinburgh[C]// BGA International Conference on Foundations: Innovations, observations, design and practice: Proceedings of the international conference organised by British Geotechnical Association and held in Dundee, Scotland on 2–5th September 2003. Thomas Telford Publishing, 2003: 931–939.

[67] LIEW A, LÓPEZ D, VAN MELE T, et al. Design, fabrication and testing of a prototype, thin–vaulted, unreinforced concrete floor[J]. Engineering Structures, 2017, 137: 323–335.

[68] 邵韦平. 凤凰中心数字建造技术应用 [M]. 北京：中国建筑工业出版社, 2020.

[69] 李明哲, 苏世忠, 刘纯国. 板材无模多点成形技术 [J]. 智能制造, 2000（4）: 18–20.

[70] 黄明鑫, 刘子祥, 戴为志, 等. 国家体育场"鸟巢"钢结构工程加工与安装关键技术 [J]. 工业建筑, 2007, 37（5）: 4.

[71] WANG A, XUE H, BAYRAKTAR E, et al. Analysis and control of twist defects of aluminum profiles with large z–section in roll bending process[J]. Metals, 2019, 10（1）: 31.

[72] CAO H, YU G, LIU T, et al. Research on the Curvature Prediction Method of Profile Roll Bending Based on Machine Learning. Metals[J]. Metals, 2023, 13（1）: 143.

[73] 陈毓勋. 板材与型材弯曲回弹控制原理与方法 [M]. 北京：国防工业出版社, 1990: 117–123.

[74] 黄蔚欣, 胡竞元. 力与美的融合——科技赋能冬奥"雪绒星"[J]. 世界建筑, 2022（6）: 82–85.

[75] PETERS S T. Composite filament winding[C]. ASM International, 2011.

[76] DÖERSTELMANN M, KNIPPERS J, MENGES A, et al. ICD/ITKE Research Pavilion 2013–14: Modular Coreless Filament Winding Based on Beetle Elytra[J]. Architectural Design, 2015, 85（5）.

[77] 郭洪武. 浅析机械手的应用与发展趋势 [J]. 中国西部科技, 2012, 11（10）: 3+12.

[78] DEEPAK T, RAHN C D, KIER W M, et al. Soft robotics: Biological inspiration, state of the art, and future research[J]. Applied Bionics & Biomechanics, 2008, 5（3）: 99–117.

[79] 王宣银. 气动机械臂的控制原理及其实现 [J]. 机械工程师, 2001（2）: 3.

[80] 刘海波, 武学民. 国外建筑业的机器人化——国外建筑机器人发展概述 [J]. 机器人, 1994.

[81] ROSENFELD Y, WARSZAWSKI A, ZAJICEK U. Full–scale building with interior finishing robot[J]. Automation in Construction, 1993, 2（3）: 229–240.

[82] FORSBERG J, GRAFF D, WERNERSSON K. An Autonomous Plastering Robot for

Walls and Ceilings[C]// IFAC Proceedings Volumes 28.11, 1995: 301-306.

[83] LICHTENBERG J. The Development of a Robot for Paving Floors with Ceramic Tiles[C]// International Symposium on Automation & Robotics in Construction (ISARC), 2003.

[84] KING N, BECHTHOLD M, KANE A, et al. Robotic tile placement: Tools, techniques and feasibility[J]. Automation in Construction, 2014, 39 (APR.): 161-166.

[85] 杜明芳. 中国智能建造新技术新业态发展研究 [J]. 施工技术（中英文）, 2021, 50（13）: 54-59

[86] ZHOU J, LI P, ZHOU Y, et al. Toward new-generation intelligent manufacturing[J]. Engineering, 2018, 4 (1): 11-20.

[87] LEHTINEN H, SALO E, AALTO H. Outlines of two masonry robot systems[C]// Proceedings of the 6th ISARC, San Francisco, USA, 1989.

[88] BONWETSCH T, GRAMAZIO F, KOHLER M. Digitally fabricating non-standardised brick walls[C]// ManuBuild-1st International Conference, 2007: 191-196.

[89] ELASHRY K, GLYNN R. An Approach to Automated Construction Using Adaptive Programing[M]// Robotic Fabrication in Architecture, Art and Design 2014. Cham: Springer International Publishing, 2014: 51-66.

[90] 段翰, 张峰, 陈高虹, 等. 建筑机器人驱动下的智能建造实践与发展 [J]. 建筑经济, 2022, 43（11）: 5-12.

[91] SOLLY J, FRUEH N, SAFFARIAN S, et al. ICD/ITKE Research Pavilion 2016/2017: Integrative Design of a Composite Lattice Cantilever[C]// Proceedings of IASS Annual Symposia, 2018.

[92] PARASCHO STEFANA, HAN I X, WALKER S, et al. Robotic vault: A cooperative robotic assembly method for brick vault construction[J]. Construction Robotics, 2020 (4): 117-126.

[93] SONG Y, KOECK R, LUO S. Review and analysis of augmented reality (AR) literature for digital fabrication in architecture[J]. Automation in Construction, 2021, 128 (2082): 103762.

[94] KYJANEK O, BAHAR B A, VASEY L, et al. Implementation of an Augmented Reality AR Workflow for Human Robot Collaboration in Timber Prefabrication, 2019 Banff [C]// International Symposium on Automation and Robotics in Construction (ISARC). 2019.

[95] BETTI G, AZIZ S, RON G, et al. Pop Up Factory: Collaborative Design in Mixed Rality Interactive live installation for the make City festival, 2018 Berlin[C]// eCAADe+SIGraDi 2019.

[96] 周志华. 机器学习 [M]. 北京: 清华大学出版社, 2016.

[97] LECUN Y, BOTTOU L, BENGIO Y, et al. Gradient-Based Learning Applied to Document Recognition[C]. Proceedings of the IEEE, 1998, 86 (11).

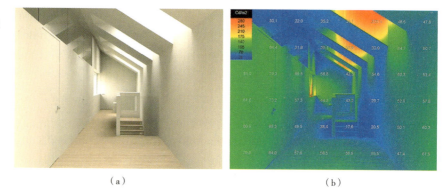

图 6-1 光环境的模拟
（a）直观视觉；（b）模拟数值
分析

（a）　　　　　　　　　　　　　　　　（b）

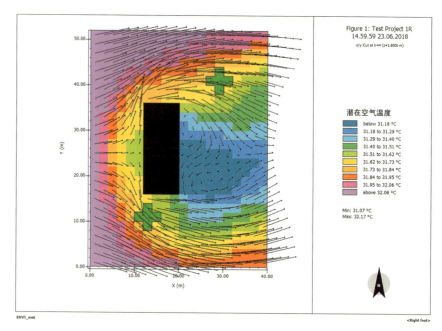

图 6-12 ENVI-met 对地面
高度 1.8m 的空气温度与即时
风速矢量模拟结果的可视化

图 6-15 尺度为 1km² 的某城
市开放空间风环境模拟案例

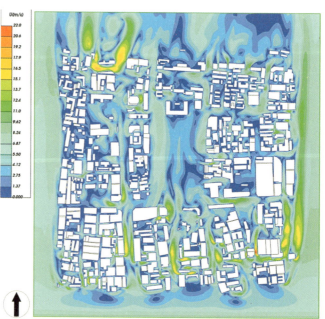

图 6-28 居住空间空气龄优化设计案例，右下图中黑框为增加的窗洞位置[27]

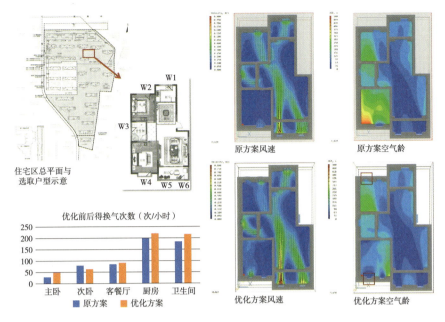

住宅区总平面与选取户型示意

优化前后得换气次数（次/小时）

原方案风速　　原方案空气龄

优化方案风速　　优化方案空气龄

图 6-32 全年制冷与采暖负荷模拟结果

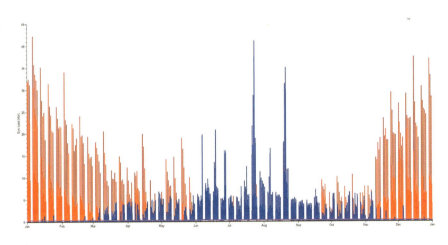

图 6-48 施工图阶段的室内风速模拟，PMV 色阶图

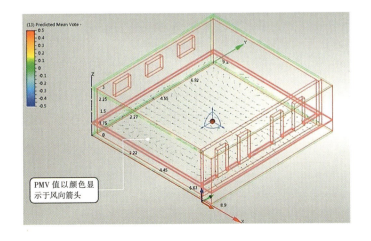

PMV 值以颜色显示于风向箭头